10▶年

真题精解

安全生产管理

环球网校注册安全工程师考试研究院　组编

立信会计出版社
LIXIN ACCOUNTING PUBLISHING HOUSE

图书在版编目(CIP)数据

安全生产管理 / 环球网校注册安全工程师考试研究
院组编. —上海：立信会计出版社，2024.1
（10年真题精解）
ISBN 978 - 7 - 5429 - 7465 - 5

Ⅰ.①安… Ⅱ.①环… Ⅲ.①安全生产—生产管理—
资格考试—题解 Ⅳ.①X92 - 44

中国国家版本馆 CIP 数据核字(2023)第 250254 号

责任编辑　蔡伟莉
助理编辑　胡蒙娜

10 年真题精解：安全生产管理

Shinian Zhenti Jingjie：Anquan Shengchan Guanli

出版发行	立信会计出版社		
地　　址	上海市中山西路 2230 号	邮政编码	200235
电　　话	(021)64411389	传　　真	(021)64411325
网　　址	www. lixinaph. com	电子邮箱	lixinaph2019@126.com
网上书店	http://lixin.jd.com	http://lxkjcbs.tmall.com	
经　　销	各地新华书店		
印　　刷	三河市中晟雅豪印务有限公司		
开　　本	787 毫米×1092 毫米	1 / 16	
印　　张	15		
字　　数	380 千字		
版　　次	2024 年 1 月第 1 版		
印　　次	2024 年 1 月第 1 次		
书　　号	ISBN 978 - 7 - 5429 - 7465 - 5/X		
定　　价	49.00 元		

如有印订差错，请与本社联系调换

真题是最好的备考资料。唯有对真题进行细致深入的分析，才能真正把握命题趋势、找准重点难点、击破薄弱点，进而高效率备考，顺利通过考试。

本书之所以选择对近 10 年真题进行深入分析，是因为 10 年的跨度足够长。一个成熟的考试，经历 10 年命题、答题、复盘、检验，会形成一定的规律。这个规律不仅反映了考试情况，也反映了行业特点、发展趋势。

尽管注册安全工程师职业资格考试在 2019 年进行了改革，由之前的不分专业考试改为分专业考试；同时，由于很多法律、法规、规范等进行了修订，之前的考试题目大多已经不适应应试要求，被重新调整，但是经仔细分析发现，一些重点、难点自始至终没有发生太大变化，这是由于安全行业的一些核心内容没有发生变化。考虑到注册安全工程师职业资格考试的特点，本书在编写过程中主要以近 5 年真题为主，融合近 10 年的考查重点，结合最新法律、法规及规范对真题进行精解。

"10 年真题精解"中的"精"意味着精雕细刻、精耕细作、精益求精；"精解"意味着本书对真题的分析精细入微。本书不仅对 10 年真题涉及的考点进行提炼分析、归纳总结，还设置了"举一反三"的精选习题、恰到好处的"环球君点拨"等栏目。

"10 年真题精解"的策划、撰稿、审校、测评、发行，不是一蹴而就的，而是经历了 3 年的磨砺、沉淀，得到环球网校百余位老师、教研员的大力支持。在本书付梓之时，感谢所有参与创作、审校的老师：李征、杨云飞、康小瑜、王颖、程博悦、杨亚男、田立方、袁文嵩等。

特别感谢本书作者康小瑜。康小瑜老师拥有国家一级注册消防工程师、中级注册安全工程师等多项职业资格证书；曾就职于国内某大型石油化工企业，工作期间屡获殊荣，多次被评为厂级劳动模范。康老师对注册安全工程师职业资格考试研究透彻，擅长化繁为简，授课轻松幽默，深受广大考生喜爱。

环球网校自 2003 年成立至今，已经陪伴、帮助千万考生通过资格考试。20 年来，环球网校始终秉持"以考生为中心"的理念设计产品，不仅制作了大量精良的课程，还推出了备受考生好评的"云私塾 Pro"，打造千人千面的 AI 自适应学习系统。作为产品的重要组成部分，图书也不例外。近些年来，我们的图书品质不断优化，品种逐步丰富。相信这套"10 年真题精解"丛书将成为帮助您顺利通过考试的利器。

亲爱的考生，加油！

环球网校注册安全工程师考试研究院

　　复习备考是一个枯燥乏味但又需要长期坚持的过程，不仅需要努力，而且需要科学的方法。有了科学合理的备考方法，复习会变得容易，效率会更高。环球君针对资格考试复习备考总结了一套完整的方法论，在这里分享给大家，以帮助您更好地使用本书，高效备考！

一、学习价值曲线

　　环球君建议您在复习备考之前，先了解学习逻辑，因为这是指导学习的基础，解决大家不知道怎么学，以及如何更高效学习的问题。对此，环球君也发现了学习逻辑规律——如下图所示的学习价值曲线，其在整个在线培训行业的课程设置上都产生了深远的影响力。

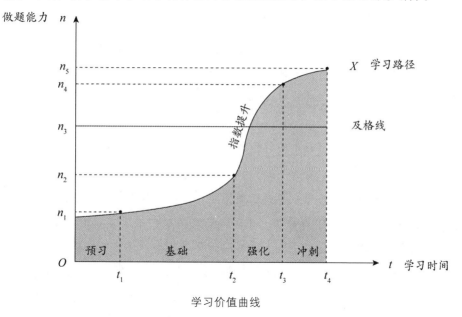

学习价值曲线

　　对学习价值曲线进行解读如下：

　　（1）在预习和基础阶段，核心目的是构建知识框架。这个阶段知识量太大，很容易遗忘，要理解知识，不必苛求当下就能掌握。

　　（2）备考的目的是通过考试，通过考试的关键是提高做题能力。根据学习价值曲线可以看出，强化和冲刺阶段是提升做题能力的关键。强化阶段的重点是以做题的方式对知识进行输出，总结错题、难题，归纳关联知识点；冲刺阶段的重点是查漏补缺，强化高频考点和必考点的学习，进行突击提分。

二、本书使用方法

　　三分学、七分练，无论采用哪种复习方法，都要把做题放在第一位。做题就要做好题，好题的代表是真题。通过对近10年的考试真题进行剖析、比对、筛选，环球网校注册安全工程师考试研究院精心挑选出典型真题，并对其进行深入分析，对相关考点进行点题和适度拓展，组编了这套"10年真题精解"丛书，以有效帮助您提升做题能力。建议您按照以下方法使用本书，以达到最佳复习效果。

(一) 什么时候开始用这套丛书

做真题之前，建议先对自己的基础进行判断。如果认为自己基础还不错，可以直接开始做本书中的题目；如果基础较差，建议先听环球网校基础班课程，快速听一遍之后，就可以开始做本书的题目了。

(二) 如何使用这套丛书

第一步：独立做题，标记正确与否。建议用红色笔对错题进行突出标记。

第二步：认真分析答案解析（无论是否正确，都要认真看解析），判断自己对知识是否"真正"掌握。

第三步：逐字逐句阅读真题精解部分。真题精解部分对真题相关考点进行了考情分析，并对其核心内容进行了细致阐述。通过对这部分的学习，您会对该考点的内容、考查方式、重要程度了然于胸。

第四步：做"举一反三"栏目中的典型题。学习要学以致用、融会贯通。做更多优质的题目不仅可以检验自己能否准确运用所学知识点，还可以训练解题思路。

为方便您更好、更高效地学习，本书在重要的、不易理解的考点设有二维码，您扫码即可看到环球网校名师对该考点的详细讲解。此外，您还可以扫描下方"看课扫我""做题扫我"二维码兑换安全工程师课程和题库App，随时随地学习，全方位提升应试水平。

"10年真题精解"是环球网校呕心沥血之作，期待这套丛书能够帮助您熟悉出题"套路"，学会解题"思路"，找到破题"出路"。在注册安全工程师职业资格考试备考之路上，环球网校全体教学教研团队将与您携手同行，助您一路通关！

• 增值服务 •

课程兑换　看课扫我　题库兑换　做题扫我

目 录

第一篇 走进中级注册安全工程师考试

第二篇 10 年真题精解

第一篇
走进中级注册安全工程师考试

一、考试特点

中级注册安全工程师考试在 2019 年进行了改革，考试内容和考试大纲均做了很大调整。以 2019 年为"分水岭"，改革之前安全生产管理科目考试比较简单，主要以直接考查字面知识点为主；改革之后的考试难度逐年增加，2021 年达到了历史最难；2022 年 A 卷和 B 卷难度虽然有所降低，但是整体上难度依然很大；2023 年考试难度有所降低，属于中等偏下水平。管理科目的考试重点及难点如下。

（一）考试重点

通过对近 10 年真题考查内容进行分析，管理科目考试的重点主要集中在第一章、第二章、第五章和第六章。

（1）第一章分值占比在 10% 左右，内容抽象、难理解，涉及安全生产管理的概念、安全五大理论、安全四大原理，文字多、记忆难。

（2）第二章分值占比在 50% 左右，是每年考查的重点内容，涉及安全生产管理的方方面面，如安全生产责任制、安全操作规程、安全生产教育培训、建设项目安全设施"三同时"、重大危险源、安全生产检查与隐患排查治理、特殊作业安全管理、承包商管理、企业安全文化建设、安全生产标准化等。熟练掌握本章内容是通过考试的关键。

（3）第五章分值占比在 8% 左右，涉及企业安全生产应急管理体系、事故应急预案的编制以及应急演练，也包括很多专业实务科目的案例简答内容。

（4）第六章分值占比在 8% 左右，涉及生产安全事故分级分类、事故报告、调查分析等，内容少、分值高，备考性价比高。

（二）考试难点

管理科目的考试难点主要集中在第一章和第二章。

第一章难点内容体现在以下三个方面：

（1）安全生产管理的概念。对在安全方面缺乏工作经验的考生来说，抽象的概念较难理解，需要反复学习方可理解掌握。例如，事故隐患、危险源、本质安全等，只把文字看懂远远不够，需要深入理解并运用。

（2）安全五大理论。根据国内外安全理念的发展，安全五大理论涉及事故频发倾向理论、事故因果连锁理论、能量意外释放理论、轨迹交叉理论、系统安全理论。考生需要掌握每个理论的内容及特点，记忆量大，抽象，难理解。

（3）安全四大原理。四大原理有系统原理、人本原理、预防原理、强制原理，共包括十四个原则，每一个原则的内容及特点均是考查重点、理解难点，考生需要在考试时灵活运用。

第二章难点内容体现在以下两个方面：

（1）第二章分值高、内容多，共有十七节，涉及与法规科目、技术科目的衔接，需要考生具备综合运用的能力。例如，2022 年考查了对企业违法行为的罚款，这种考查形式在管理科目中不常见，主要是法规科目的考查形式；另外，2020 年、2021 年还分别考查了技术科目的防火防爆要求以及消防安全管理的内容。

（2）第二章涉及超纲知识点、时政要点内容较多，考查灵活，难拿分。超纲知识点主要来自重要规范、新修订规范；时政要点主要来自国务院安委办文件、应急管理部令、当年的时政热点等。

备考的难点在于对这方面内容的把控。

二、考情分析

根据近几年的考查趋势，管理科目考查的内容越来越广，涉及工贸、化工、矿山等行业领域，对常规知识点考查得越来越细，同时要求考生对知识点有较深入的理解和较强的运用能力。近5年考试真题分值统计表见下表。

近 5 年考试真题分值统计表　　　　（单位：分）

各章考点名称		考试年份					考频
		2023	2022	2021	2020	2019	
第一章	安全生产管理基本理论	7	11	17	5	7	
考点名称	事故隐患	3	2	3	1	1	高频
	海因里希法则	1	0	0	0	1	低频
	危险源	1	1	4	0	0	中频
	本质安全	0	1	1	1	0	中频
	事故致因原理	1	4	4	2	5	高频
	安全原理	1	0	1	0	0	低频
	影响人行为的因素	0	2	2	0	0	中频
	安全哲学观	0	0	2	0	0	低频
	安全文化的定义与内涵	0	1	0	1	0	中频
第二章	安全生产管理内容	62	52	41	63	54	
考点名称	安全生产责任制的主要内容	2	3	0	0	1	中频
	主体责任	0	0	0	0	1	低频
	安全生产规章制度四大体系	1	0	0	0	1	低频
	安全生产规章制度建立流程	2	2	2	1	0	高频
	安全操作规程的编制	4	3	1	1	2	高频
	教育培训的组织	3	0	0	1	0	低频
	培训的内容、学时及三级安全教育培训	2	5	1	1	4	高频
	"三同时"的相关要求及监管责任	2	2	1	3	1	高频
	安全设施设计审查与竣工验收	2	3	1	3	1	高频
	重大危险源辨识、分级	4	1	2	4	3	高频
	重大危险源管理	2	3	0	2	0	中频
	特种设备的分类	2	0	2	0	1	中频
	特种设备安全管理	5	4	2	4	6	高频
	安全技术措施的类别	1	1	2	2	4	高频
	安全技术措施计划	1	1	2	1	2	高频

续表

各章考点名称		考试年份					考频
		2023	2022	2021	2020	2019	
考点名称	作业现场环境的危险和有害因素	0	2	2	2	3	高频
	安全管理要求及方法	0	2	3	3	1	高频
	安全生产投入	8	3	3	5	2	高频
	安全生产责任保险	0	1	1	0	4	高频
	安全生产检查	0	0	0	1	2	中频
	隐患排查治理	1	1	2	3	0	高频
	个体防护装备分类	0	1	0	1	0	中频
	配备管理	5	2	3	4	1	高频
	4类人的基本要求	0	0	0	5	0	低频
	8大特殊作业	8	3	5	7	7	高频
	承包商管理	2	5	2	6	4	高频
	企业安全文化建设	0	1	1	1	1	高频
	安全生产标准化基本要求	4	1	1	2	2	高频
	安全生产标准化定级管理	1	1	1	0	1	高频
	企业双重预防机制建设	0	1	1	0	0	中频
第三章	安全评价	7	8	4	8	6	
考点名称	安全评价的程序和内容	0	3	1	0	1	高频
	危险、有害因素辨识	1	4	2	6	3	高频
	安全评价方法	6	1	1	2	2	高频
第四章	职业病危害预防和管理	5	3	5	0	1	
考点名称	职业病危害概述	2	0	1	0	0	低频
	职业病危害识别与控制	3	3	4	0	1	高频
第五章	安全生产应急管理	3	10	7	8	18	
考点名称	应急管理体系	0	1	0	0	5	中频
	应急预案体系	1	2	3	5	3	高频
	应急预案的编制程序	0	2	2	1	5	高频
	应急演练	2	5	2	2	5	高频
第六章	生产安全事故调查与分析	2	8	9	4	7	
考点名称	生产安全事故报告	0	3	5	0	0	中频
	事故调查与分析	2	5	4	4	7	高频
第七章	安全生产监管监察	0	1	0	1	0	
考点名称	安全生产监管监察的方式	0	1	0	1	0	低频
第八章	安全生产统计分析	3	2	4	2	2	
考点名称	统计图表及指标计算	3	2	4	2	2	高频

三、备考指导

（一）学习过程

管理科目考试以文字为主，记忆量大，考生可以根据自己实际情况进行学习。例如，一年报考两科以上的，可以每天交叉学习，这种学习方式往往更高效。整体学习过程可以分为三个阶段。

1. 基础阶段

在此阶段，以打基础为主，掌握每一节的零散知识点。方法是该背的背，该记的记，对模糊点、重要点、口诀等，应及时做笔记，配合基础习题巩固学习。建议每天学习时间保持在 3 小时以上，坚持学习不要间断。

2. 强化阶段

在此阶段，有一定基础的情况下，对知识点进行串联，逐渐形成体系。方法是多做总结、归纳，配合综合习题练习，每两周做一套模拟卷，对掌握不足的知识点及时查漏补缺。建议每天学习时间保持在 3 小时以上。

3. 冲刺阶段

本阶段主要对标考试，通过拔高性习题对知识点再次深入理解。方法是每周做一套试卷，同时把 2019—2023 年真题试卷按照考试要求做一遍，找出错题原因，进行查漏补缺。建议每天学习时间保持在 4 小时以上，在刷题的同时应背诵基础阶段的笔记内容，做到不遗忘。

以上学习过程是从零基础到通过考试必须经过的三个阶段。一般情况下，基础阶段总时长在4 个月左右，强化阶段总时长在 2 个月左右，冲刺阶段总时长在 2 个月左右。如果备考时间短，要提高每日学习时间。有时学习过程可能是枯燥乏味的，一定要合理安排工作和学习时间，做到每天坚持学习，切忌"三天打鱼两天晒网"。

（二）学习方法

本科目是以记忆为主的考试科目，重在熟记。好的学习方法往往能够事半功倍，让学习更轻松，以下是三种推荐的学习方法。

1. 温故知新

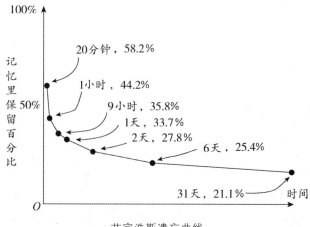

艾宾浩斯遗忘曲线

从艾宾浩斯遗忘曲线可以看出，最佳的第一次复习时间是在当天，最迟是第二天，所以纠错整

理要及时到位，这也是第一遍复习的必要性。

具体可以按照下面方法学习：在今天学习之前，先把昨天的内容回顾一遍，可以采取闭眼回忆、快速翻看笔记等方式，时间为 10 分钟左右；在明天学习之前，先把今天学习内容回顾一下；另外，周回顾、月总结也是必不可少的。做到温故知新，如此才可养成良好学习习惯，让记忆量始终处于饱和状态。

2. 录音记忆法

当学习内容达到一定量时，或者当笔记内容很多时，可以利用录音记忆法利用零散时间快速记忆知识点。具体方法如下：打开手机录音机，把自己需要背诵的内容大声朗读出来，以音频文件的形式记录在手机中，在工作之余、上下班途中、睡觉前等，随时随地听录音，随时随地学习。

3. 真题捷径法

考试真题最能反映考试的方向、趋势、深度和广度，通过研究每一道真题把控考试方向往往能够找到学习的捷径。例如，2021 年考查了安全评价方法中故障树的分析步骤、逻辑分析及概率计算，2022 年、2023 年再次考查；2020 年考查了安全技术措施中辅助措施的淋浴室和卫生室，2021 年再次考查了淋浴室和卫生室；2020 年把重大事故隐患下达限期整改指令通知书作为题目的题干，2021 年就其单独出了一道单项选择题。所以，弄清每一道真题涉及的知识点以及相关扩展内容显得尤为重要，这也是本书编写的初衷。

四、答题技巧

管理科目考查题型均为选择题，共计 85 题。其中，单项选择题 70 题，多项选择题 15 题。选择题的特点是答案从选项中选择，所以，掌握一定的答题技巧不但能够节省时间，而且能够提高答案的准确性。下面是推荐的三种答题技巧。

（一）对比、排除法

单项选择题有 A、B、C、D 四个选项，答案只有 1 个；多项选择题有 A、B、C、D、E 五个选项，答案有 2～4 个。考试时可以先快速阅读所有选项内容，一般能够排除掉 1～2 个选项，这就把正确答案锁定在了很小的范围内，再结合题干对比，答案自然会轻松选出来。

（二）多选题少选

多项选择题答案有 2～4 个，每题分值 2 分。得分规则举例：如果正确答案是 A、B、C 三项，全选对的得 2 分；选对两个选项的得 1 分；选出一个错误选项的不得分。所以，考试时，对于不太确定的选项不选，没有把握尽量不选四个选项，宁可少选也不多选，保证每题得分。根据历届考生考后估分结果，"贪多"导致失分的情况比比皆是。

（三）结合常识

对于超纲或者时政热点等陌生题目，可结合自己的生活或工作常识进行选择，最符合常识的选项往往就是正确答案。

第二篇

10年真题精解

第一章　安全生产管理基本理论

第一节　安全生产管理基本概念

▶考点1　事故隐患 [2023、2022、2021、2020、2019、2018、2017、2016、2014]

真题链接

[2022·单选] 某省安委会在2022年全国"安全生产月"期间，组织工贸和矿山行业的专家进行现场督查时，发现某集团公司下属企业存在以下生产安全事故隐患：

序号	某汽车制造厂	某白酒厂	某煤矿	某铁矿
1	有限空间作业场所未设置明显安全警示标志	白酒勾兑场所未规范设置乙醇浓度报警装置	采掘工作面风量不足	工作面风量不符合行业标准
2	叉车转向灯损坏	职工更衣室设置在联合厂房内	安全帽过期	不能准确使用自救器

根据工贸和矿山行业类重大生产事故隐患判定标准，全部隐患属于重大事故隐患的是（　　）。

A. 某汽车制造厂　　　　　　　　　　B. 某白酒厂

C. 某煤矿　　　　　　　　　　　　　D. 某铁矿

[解析] 根据《工贸企业重大事故隐患判定标准》，有限空间作业场所未设置明显安全警示标志属于重大事故隐患；易燃易爆气体聚集区域未设置监测报警装置属于重大事故隐患；会议室、活动室、休息室、更衣室等场所设置在熔炼炉、熔融金属吊运和浇注影响范围内属于重大事故隐患。根据《金属非金属矿山重大事故隐患判定标准》，作业工作面风速、风量、风质不符合国家标准或者行业标准要求属于重大事故隐患；未配齐或者随身携带具有矿用产品安全标志的便携式气体检测报警仪和自救器，或者从业人员不能正确使用自救器属于重大事故隐患。

[答案] D

[2023·多选] 甲化工厂三车间制气釜事故抢修过程中，发现下列情况：①未对制气釜内气态物料进行退料、隔离和置换；②进入制气釜作业前未进行气体分析；③作业前未办理受限空间作业票；④作业过程中监护人员临时离开；⑤固定动火点作业现场未设置警戒线。根据《化工和危险化学品生产经营单位重大生产安全事故隐患判定标准（试行）》，属于重大事故隐患的有（　　）。

A. ①　　　　　　　　　　　　　　　B. ②

C. ③　　　　　　　　　　　　　　　D. ④

E. ⑤

[解析] 根据《化工和危险化学品生产经营单位重大生产安全事故隐患判定标准（试行）》，未按照国家标准制定动火、进入受限空间等特殊作业管理制度，或者制度未有效执行，均属于重大事故隐患。本题中，受限空间未进行清洗置换、气体分析、未办理作业票、监护人员临时离开，属于

受限空间作业制度未有效执行，构成重大事故隐患。选项 E 不属于重大事故隐患。

[答案]ABCD

[2021·单选] 某施工项目部收到公司下发的"隐患整改通知单"：①架子工在搭设脚手架时，未正确系安全带；②汛期后，职工宿舍后低洼处有积水；③绿化带一处井盖未有效盖放；④现场基坑支护设计存在严重缺陷；⑤场地内个别地点有未熄灭的烟头；⑥超过 6m 的墩柱安全爬梯腐蚀断裂。根据《安全生产事故隐患排查治理暂行规定》，按隐患整改的难易程度，属于重大事故隐患的是（   ）。

A. ①②   B. ②③
C. ④⑥   D. ⑤⑥

[解析] 根据《安全生产事故隐患排查治理暂行规定》，一般事故隐患是指危害和整改难度较小，发现后能立即整改排除的隐患；重大事故隐患是指危害和整改难度较大，应当全部或者局部停产停业，并经过一定时间整改治理方能排除的隐患，或者受外部因素影响生产经营单位自身难以排除的隐患。架子工未正确系安全带、低洼处有积水、井盖未有效盖放、未熄灭的烟头均可以立即整改、整改难度较小，属于一般事故隐患；基坑支护设计存在严重缺陷、超过 6m 的墩柱安全爬梯腐蚀断裂，整改难度较大，需要局部或全部停产停业，属于重大事故隐患。

[答案]C

[2020·单选] 某肉制品加工企业为了有效提升本质安全管理水平，遏制涉氨制冷企业重特大事故的发生，特邀请第三方进行现场隐患排查。现场发现：①使用铍铜合金助力扳手；②压缩机房采用防爆排风机；③氨浓度检测仪安装在液氨储罐上方；④事故风机启停按钮安装在压缩机房内等情况。其中属于事故隐患的是（   ）。

A. ①   B. ②
C. ④   D. ③

[解析] 压缩机发生故障时需要及时打开事故风机进行排风，事故风机启停按钮应安装在机房外部，安装在机房内部会导致事故发生后不能及时操作，属于事故隐患。

[答案]C

■ 真题精解

点题：事故隐患是每年必考点，主要考查事故隐患的分类，通过题干描述判断属于一般事故隐患还是重大事故隐患。近年真题对不同行业、不同领域事故隐患考查涉及的规范以及频次如图 1-1 所示。

事故
隐患
考查
涉及的
规范
{
《安全生产事故隐患排查治理暂行规定》（2021、2023）
《化工和危险化学品生产经营单位重大生产安全事故隐患判定标准（试行）》（2019、2021、2022、2023）
《工贸企业重大事故隐患判定标准》（2020、2022）
《金属非金属矿山重大事故隐患判定标准》（2022）
《煤矿重大事故隐患判定标准》（2022）
}

图 1-1   近年真题对不同行业、不同领域事故隐患考查涉及的规范以及频次

2019—2023 年，《安全生产事故隐患排查治理暂行规定》《化工和危险化学品生产经营单位重大生产安全事故隐患判定标准（试行）》《工贸企业重大事故隐患判定标准》三部规范均是重点考查内容，2022 年提高了考查难度，考查面再次扩展，涉及《金属非金属矿山重大事故隐患判定标准》和《煤矿重大事故隐患判定标准》。

分析：本考点主要考查的规范是《安全生产事故隐患排查治理暂行规定》，属于常规考点。但是通过历年真题可以看出，超纲点也是每年重点考查内容，例如，《化工和危险化学品生产经营单位重大生产安全事故隐患判定标准（试行）》几乎是必考点，《工贸企业重大事故隐患判定标准》属于高频考点。

下面是关于本考点常规考查和超纲考查内容的梳理：

1. 常规考查

根据《安全生产事故隐患排查治理暂行规定》，隐患分类如图 1-2 所示。

隐患分类
- 一般事故隐患：危害和整改难度较小，发现后能立即整改排除的隐患
- 重大事故隐患：危害和整改难度较大，应当全部或者局部停产停业，并经过一定时间整改治理方能排除的隐患，或者受外部因素影响生产经营单位自身难以排除的隐患

图 1-2 隐患分类

2. 超纲考查

根据《化工和危险化学品生产经营单位重大生产安全事故隐患判定标准（试行）》，化工和危险化学品企业重大隐患见表 1-1。

表 1-1 化工和危险化学品企业重大隐患

化工和危险化学品企业重大隐患	危险化学品生产、经营单位主要负责人和安全生产管理人员未依法经考核合格
	特种作业人员未持证上岗
	涉及"两重点一重大"的生产装置、储存设施外部安全防护距离不符合国家标准要求
	涉及重点监管危险化工工艺的装置未实现自动化控制，系统未实现紧急停车功能，装备的自动化控制系统、紧急停车系统未投入使用
	构成一级、二级重大危险源的危险化学品罐区未实现紧急切断功能；涉及毒性气体、液化气体、剧毒液体的一级、二级重大危险源的危险化学品罐区未配备独立的安全仪表系统
	液化烃、液氨、液氯等易燃易爆、有毒有害液化气体的充装未使用万向管道充装系统
	光气、氯气等剧毒气体及硫化氢气体管道穿越除厂区（包括化工园区、工业园区）外的公共区域
	使用淘汰落后安全技术工艺、设备目录列出的工艺、设备
	涉及可燃和有毒有害气体泄漏的场所未按国家标准设置检测报警装置，爆炸危险场所未按国家标准安装使用防爆电气设备
	化工生产装置未按国家标准要求设置双重电源供电，自动化控制系统未设置不间断电源
	安全阀、爆破片等安全附件未正常投用
	未建立与岗位相匹配的全员安全生产责任制或者未制定实施生产安全事故隐患排查治理制度
	未制定操作规程和工艺控制指标
	未按国家标准分区分类储存危险化学品，超量、超品种储存危险化学品，相互禁配物质混放混存

根据《工贸企业重大事故隐患判定标准》，工贸企业重大隐患见表 1-2。

第一章

表 1-2　工贸企业重大隐患

工贸企业重大隐患	工贸行业	（1）未对承包单位、承租单位的安全生产工作统一协调、管理，或者未定期进行安全检查的 （2）特种作业人员未按照规定经专门的安全作业培训并取得相应资格，上岗作业的 （3）金属冶炼企业主要负责人、安全生产管理人员未按照规定经考核合格的
	冶金企业	（1）会议室、活动室、休息室、操作室、交接班室、更衣室（含澡堂）等 6 类人员聚集场所，以及钢铁水罐冷（热）修工位设置在铁水、钢水、液渣吊运跨的地坪区域内的 （2）生产期间冶炼、精炼和铸造生产区域的事故坑、炉下渣坑，以及熔融金属泄漏和喷溅影响范围内的炉前平台、炉基区域、厂房内吊运和地面运输通道等 6 类区域存在积水的 （3）煤气生产、回收净化、加压混合、储存、使用设施附近的会议室、活动室、休息室、操作室、交接班室、更衣室等 6 类人员聚集场所，以及可能发生煤气泄漏、积聚的场所和部位未设置固定式一氧化碳浓度监测报警装置，或者监测数据未接入 24 小时有人值守场所的
	建材企业	（1）煤磨袋式收尘器、煤粉仓未设置温度和固定式一氧化碳浓度监测报警装置，或者未设置气体灭火装置的 （2）筒型储库人工清库作业未落实清库方案中防止高处坠落、坍塌等安全措施的 （3）制氢站、氮氢保护气体配气间、燃气配气间等 3 类场所未设置固定式可燃气体浓度监测报警装置的
	轻工企业	（1）白酒勾兑、灌装场所和酒库未设置固定式乙醇蒸气浓度监测报警装置，或者监测报警装置未与通风设施联锁的 （2）纸浆制造、造纸企业使用蒸气、明火直接加热钢瓶汽化液氯的 （3）锂离子电池储存仓库未对故障电池采取有效物理隔离措施的
	纺织企业	保险粉、双氧水、次氯酸钠、亚氯酸钠、雕白粉（吊白块）与禁忌物料混合储存，或者保险粉储存场所未采取防水防潮措施的
	存在粉尘企业	（1）粉尘爆炸危险场所设置在非框架结构的多层建（构）筑物内，或者粉尘爆炸危险场所内设有员工宿舍、会议室、办公室、休息室等人员聚集场所的 （2）不同类别的可燃性粉尘、可燃性粉尘与可燃性气体等易加剧爆炸危险的介质共用一套除尘系统，或者不同建（构）筑物、不同防火分区共用一套除尘系统、除尘系统互联互通的 （3）干式除尘系统未采取泄爆、惰化、抑爆等任一种爆炸防控措施的 （4）铝镁等金属粉尘除尘系统采用正压除尘方式，或者其他可燃性粉尘除尘系统采用正压吹送粉尘时，未采取火花探测消除等防范点燃源措施的 （5）除尘系统采用重力沉降室除尘，或者采用干式巷道式构筑物作为除尘风道的 （6）铝镁等金属粉尘、木质粉尘的干式除尘系统未设置锁气卸灰装置的 （7）除尘器、收集仓等划分为 20 区的粉尘爆炸危险场所电气设备不符合防爆要求的 （8）粉碎、研磨、造粒等易产生机械点燃源的工艺设备前，未设置铁、石等杂物去除装置，或者木制品加工企业与砂光机连接的风管未设置火花探测消除装置的 （9）遇湿自燃金属粉尘收集、堆放、储存场所未采取通风等防止氢气积聚措施，或者干式收集、堆放、储存场所未采取防水、防潮措施的 （10）未落实粉尘清理制度，造成作业现场积尘严重的

根据《金属非金属矿山重大事故隐患判定标准》，金属非金属矿山重大隐患见表 1-3。

表1-3　金属非金属矿山重大隐患

金属非金属矿山重大隐患	矿井直达地面的独立安全出口少于2个，或者与设计不一致
	相邻矿山采区位置关系与实际不符
	未按设计采取防排水措施
	井下排水泵数量少于3台，或者工作水泵、备用水泵的额定排水能力低于设计要求
	未配备防治水专业技术人员
	未设置防治水机构，或者未建立探放水队伍
	未立即向调度室和企业主要负责人报告，或者未采取必要安全措施
	作业工作面风速、风量、风质不符合国家标准或者行业标准要求
	一级负荷未采用双重电源供电，或者双重电源中的任一电源不能满足全部一级负荷需要
	未配齐或者随身携带具有矿用产品安全标志的便携式气体检测报警仪和自救器，或者从业人员不能正确使用自救器

根据《煤矿重大事故隐患判定标准》，煤矿重大隐患见表1-4。

表1-4　煤矿重大隐患

煤矿重大隐患	超能力、超强度或者超定员组织生产
	瓦斯超限作业
	高瓦斯矿井未建立瓦斯抽采系统和监控系统，或者系统不能正常运行
	有严重水患，未采取有效措施
	超层越界开采
	自然发火严重，未采取有效措施
	使用明令禁止使用或者淘汰的设备、工艺
	通风系统不完善、不可靠，矿井总风量不足或者采掘工作面等主要用风地点风量不足的
	煤矿没有双回路供电系统
	新建煤矿边建设边生产，煤矿改扩建期间，在改扩建的区域生产，或者在其他区域的生产超出安全设施设计规定的范围和规模
	煤矿实行整体承包生产经营后，未重新取得或者及时变更安全生产许可证而从事生产，或者承包方再次转包，以及将井下采掘工作面和井巷维修作业进行劳务承包
	煤矿改制期间，未明确安全生产责任人和安全管理机构，或者在完成改制后，未重新取得或者变更采矿许可证、安全生产许可证和营业执照
	煤与瓦斯突出矿井，未依照规定实施防突出措施
	有冲击地压危险，未采取有效措施

拓展：本考点综合性强，涉及面广，可能还会结合技术科目中的防火防爆知识考查，这是科目之间的联系，所以在做题中要结合常识以及其他科目的知识点综合选择、灵活运用。

易混提示

考试时，需要注意题干中规范的名称是"危险化学品企业"还是"工贸企业"，因为对于同一种隐患在不同规范中类别是不同的。例如，安全阀不能正常投入使用，在《化工和危险化学品生产经营单位重大生产安全事故隐患判定标准（试行）》中属于重大事故隐患，但是在《工贸企业重大事故隐患判定标准》中属于一般事故隐患，备考时需要留意这一点。

举一反三

[典型例题1·单选] 某大型化肥生产企业定期开展了安全大检查，在检查过程中发现2♯车间机械设备发出异响，旋转的皮带轮防护罩螺丝松动，生产线主要设备润滑、紧固保养缺失，易燃易爆场所地面采用水泥地面，配电室设置的自动气体灭火系统处于手动状态。现场技术人员立即进行了维修、整改，排除了安全隐患。下列整改措施中，符合安全管理以及防火防爆要求的是（　　）。

A. 易燃易爆场所地面采用水泥地面

B. 配电室设置的自动气体灭火系统处于手动状态

C. 旋转的皮带轮防护罩螺丝松动按照一般事故隐患整改

D. 设备润滑、紧固保养缺失按照重大事故隐患进行整改

[解析] 选项A，易燃易爆场所地面不应采用发火花的水泥地面，容易引起爆炸事故。选项B，配电室设置的自动气体灭火系统应处于自动状态。选项C，旋转的皮带轮防护罩螺丝松动整改简单，能够立即整改，属于一般事故隐患。选项D，设备润滑、紧固保养缺失属于一般事故隐患，虽然需要生产线的停产方可治理，但是整改难度不大。

[答案] C

[典型例题2·单选] 某聚乙烯生产企业在隐患排查过程中，检查出本企业存在以下隐患：①特种作业人员未持证上岗；②制定的操作规程和工艺控制指标不完善；③输送硫化氢的气体管道穿越公共区域；④某储罐区构成一级重大危险源未实现紧急切断功能。根据《化工和危险化学品生产经营单位重大生产安全事故隐患判定标准（试行）》，属于重大生产安全事故隐患的是（　　）。

A. ①③

B. ①④

C. ②③

D. ②④

[解析] 根据《化工和危险化学品生产经营单位重大生产安全事故隐患判定标准（试行）》，特种作业人员未持证上岗、某储罐区构成一级重大危险源未实现紧急切断功能均属于重大事故隐患，即①、④项属于重大生产安全事故隐患。未建立与岗位相匹配的全员安全生产责任制或者未制定实施生产安全事故隐患排查治理制度，未制定操作规程和工艺控制指标，均属于重大事故隐患，②项不属于重大生产安全事故隐患。光气、氯气等剧毒气体及硫化氢气体管道穿越除厂区（包括化工园区、工业园区）外的公共区域，属于重大事故隐患，穿越厂区内部不属于重大隐患，③项不属于重大生产安全事故隐患。

[答案] B

[典型例题3·单选] 2022年11月11日，某市应急管理部门对该市一家大型面粉加工企业进行了现场安全检查。根据《工贸企业重大事故隐患判定标准》，下列不属于重大事故隐患的是（　　）。

A. 该面粉企业未制定粉尘清扫制度，作业现场积尘未及时规范清理

B. 未对有限空间作业场所进行辨识，并设置明显的安全警示标志

C. 位于生产车间外粉尘爆炸危险场所的22区未使用防爆电气设备设施

D. 面粉加工车间粉尘爆炸危险场所设置在非框架结构的多层建（构）筑物内

[解析] 根据《工贸企业重大事故隐患判定标准》，未制定粉尘清扫制度，作业现场积尘未及时规范清理属于重大事故隐患；未对有限空间作业场所进行辨识，并设置明显的安全警示标志属于重

大事故隐患；粉尘爆炸危险场所设置在非框架结构的多层建（构）筑物内属于重大事故隐患；位于生产车间外粉尘爆炸危险场所的20区未使用防爆电气设备设施属于重大事故隐患，选项C不属于重大事故隐患。

[答案] C

环球君点拨

本考点是每年的必考点，事故隐患的分类内容记忆量很大，一般只会考查选择题，专业实务考查案例简答的概率不大，所以可以按照关键词记忆。考试时利用选择题的特点进行对比和排除，再结合关键词，往往可以锁定答案。

扫码听课

▶ **考点2 海因里希法则** [2023、2019、2017、2015、2014]

真题链接

[2015·单选] 经统计，某机械厂十年中发生了1 649起可记录意外事件。根据海因里希法则，该厂发生的1 649起可记录意外事件中，轻伤人数可能是（ ）。

A. 50人 　　　　　　　　　　B. 130人

C. 145人 　　　　　　　　　　D. 170人

[解析] 海因里希法则认为，在机械事故中，伤亡、轻伤、不安全行为的比例为 1:29:300，因此，1 649起意外事故中，轻伤人数=1 649×29/（1+29+300）=145（人）。

[答案] C

[2019·单选] 某机械制造加工重点市的应急管理部门人员王某，根据《企业职工伤亡事故分类》（GB 6441—1986）规定，统计了该县2009年至2018年年底失能伤害的起数，见下表（单位：人数）。根据海因里希法则，在机械事故中伤亡（死亡、重伤）、轻伤、不安全行为的比例为 1:29:300，可以推测该县自2009年至2018年年底前，不安全行为总的起数是（ ）起。

伤害名称	年份									
	2009年	2010年	2011年	2012年	2013年	2014年	2015年	2016年	2017年	2018年
远端指骨（拇指）	0	0	0	0	0	1	0	0	0	0
远端指骨（食指）	0	0	1	0	0	0	0	0	0	1
远端指骨（中指）	1	0	1	1	0	1	0	1	1	1
远端指骨（无名指）	2	1	1	1	1	1	2	1	0	1
远端指骨（小指）	1	2	0	1	1	0	1	1	1	1

A. 300 　　　　　　　　　　B. 600

C. 900 　　　　　　　　　　D. 1 200

[解析] 手：一个事故中，任意截肢或完全失能两节，拇指指骨受伤，属于重伤；脚：一个事故中，任意截肢或完全失能三节，属于重伤。本题中，只有 2014 年拇指的远端指骨受伤属于重伤，故 2009 年至 2018 年年底发生重伤事故 1 起，不安全行为总的起数＝1/1×300＝300（起）。

[答案] A

[2023·单选] 某大型疗养连锁机构为减少老年人摔倒事故，运用海因里希法则对该机构历年来老年人摔倒的事故数据进行了统计分析。下列统计分析报告中，对海因里希法则的理解应用的说法，错误的是（　　）。

　　A. 运营部通过关注小事故和未遂事件的根本原因，以防止发生更严重的事故

　　B. 疗养机构场所由于地砖光滑导致的摔伤，可以通过采取更换防滑砖来预防

　　C. 通过减少老年人居室内未遂事件的数量降低重伤事故

　　D. 每 1 次老人摔倒重伤事故，都对应 29 次老人摔倒轻伤事故和 300 次未遂事件

[解析] 海因里希法则认为：在机械生产过程中，每发生 330 起意外事件，有 300 件未产生人员伤害，29 件造成人员轻伤，1 件导致重伤或死亡。1：29：300 只是一种近似比例关系，选项 D 错误。

[答案] D

📖 真题精解

　　点题：海因里希法则在 2019 年之前属于高频考点，在 2019 年考试改革之后只在 2023 年考查一次，主要以计算题为主要考查方向。

　　分析：美国安全工程师海因里希在运用统计学原理对大量机械事故进行了统计后，得出了一个事故发生的大概比例关系：1：29：300，这个比例关系说明，在机械生产过程中，每发生 330 起意外事件，有 300 起事故属于不安全行为，未产生人员伤害，29 起事故造成了人员的轻伤，1 起事故导致了重伤或死亡。

　　对于海因里希法则的考查形式，应掌握如下内容：

1. 考查文字题

（1）1：29：300 的比例关系不是必然，是大概率统计的结果。

（2）无数次意外事件必然导致重大伤亡事故的发生（常在河边走，哪能不湿鞋）。

2. 考查计算题

数字"1"代表的是死亡或重伤的事故起数；"29"代表的是轻伤事故起数；"300"代表的是不安全行为起数；"330"代表的是总的意外事件的事故起数。

　　拓展：在计算本考点时，可以按照以下步骤进行：

　　第一步，把 1：29：300：330 写在试卷上。

　　第二步，回到题干中找给出的已知条件，例如，给出了轻伤事故发生了 2 起，把"2"对应写在轻伤"29"的下面。

　　第三步，找题干的问题，例如，问的是不安全行为的事故起数，设为 X，把 X 写在不安全行为代表数字"300"的下面。

　　第四步，通过数学计算得出 X 值，$X = 2 \times 300/29 = 21$（起）。

📖 易混提示

　　（1）1、29、300、330 四个数字的单位是事故发生的起数，不是伤亡人数，这一点在之前考试

中是很多考生踩过的坑。

（2）在考查计算题时，需要把四个数字代表的含义一一对应起来，例如，死亡或重伤代表的数字是 1，轻伤对应的数字是 29，不安全行为代表的数字是 300，意外事件代表的数字是 330。

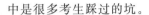 举一反三

[典型例题 1·单选] 某机械制造企业对 2020 年至 2022 年发生的全部意外事件进行了统计，统计发现这些意外事件中共有 58 起事故造成了人员的轻伤，均是由违章操作引起的，而且多发于入职 1 年以内的新职工。根据海因里希法则，下列说法不正确的是（ ）。

A. 这些意外事件中一定会发生 2 起事故造成人员的重伤或死亡

B. 无数次的违章操作必然会导致重大伤亡事故的发生

C. 这些意外事件的总数可能是 660 件

D. 这些意外事件中发生不安全行为的事故起数可能是 600 起

[解析] 海因里希法则说明，无数次意外事件必然导致重大伤亡事故的发生，1∶29∶300 不是必然关系，是大概率事件。

[答案] A

[典型例题 2·单选] 某大型机械制造企业在年终事故分析时发现，机床加工车间事故频发，按照《事故伤害损失工作日标准》，在上半年一次事故中有 2 名员工违章操作受伤，分别造成损失 286 个、195 个工作日，在下半年一次事故中同样的违章操作造成 1 名员工永久性失能伤害。按照海因里希事故法则推断，该企业在下一年度可能发生的轻伤事故为（ ）起。

A. 29   B. 58

C. 87   D. 990

[解析] 根据海因里希法则，在机械事故中，伤亡、轻伤、不安全行为的比例为 1∶29∶300，本题发生 2 起重伤或死亡事故，所以轻伤事故起数为：2×29/1＝58（起）。

[答案] B

环球君点拨

本考点的难点在于计算，只要按照上面的计算模板一步一步进行，考试时会稳而不乱地得出答案。

考点 3 危险源 [2023、2022、2021、2017、2015]

真题链接

[2023·单选] 某制冷企业对使用的有关设备进行风险辨识和危险源分类，根据第一、第二类危险源的定义，属于第二类危险源的是（ ）。

A. 高速旋转的压缩机   B. 腐蚀受损的安全阀

C. 15t 液氨储罐   D. 承压 0.6MPa 的高压管道

[解析] 第二类危险源是指导致能量或危险物质约束或限制措施破坏或失效的各种因素。选项 A、C、D 均属于第一类危险源。

[答案] B

[2022·单选] 某危险货物运输企业，载重 20t 的甲醇罐车经常高速穿越山区道路，罐车装设

的紧急切断阀有失灵现象，偶尔导静电橡胶拖地带悬空，驾驶员偶尔存在长时间疲劳驾驶情况。根据危险源的分类，下列危险源中，属于第一类危险源的是（　　）。

A. 装有甲醇的罐车

B. 失灵的罐车紧急切断阀

C. 疲劳驾驶的驾驶员

D. 悬空的导静电橡胶拖地带

［解析］第一类危险源是指生产过程中存在的，可能发生意外释放的能量，包括生产过程中各种能量源、能量载体或危险物质。本题中，装有甲醇的罐车存在静电爆炸的可能，属于第一类危险源；失灵的罐车紧急切断阀、疲劳驾驶的驾驶员、悬空的导静电橡胶拖地带均属于第二类危险源。

［答案］A

［2021·多选］某化工企业新入职的安全员小周根据集团总部统一要求，对所属厂内运行的制冷设备附属装置、使用的机器设备和劳动防护用品等各类危险源进行归类。依据第一、第二类危险源的定义，属于第二类危险源的有（　　）。

A. 装有 10t 液氨的储罐　　　　　　　B. 腐蚀受损的减压阀

C. 氮气瓶中的高压氮气　　　　　　　D. 飞速旋转的车床

E. 失效的防护用品

［解析］第二类危险源是指导致能量或危险物质约束或限制措施破坏或失效的各种因素。腐蚀受损的减压阀、失效的防护用品均属于第二类危险源；装有 10t 液氨的储罐、高压氮气、飞速旋转的车床属于第一类危险源。

［答案］BE

真题精解

点题：近两年，本考点的考查内容基本上是危险源的分类，几乎不考概念。

分析：危险源分为第一类危险源和第二类危险源。第一类危险源是指各种能量源，本身就很危险的物质，我们可以用"能吃人、能伤人的大老虎"来形容；第二类危险源是指各种失效的因素，坏了、漏了或故障了，由于是对第一类危险源的约束措施失效了，第二类危险源可以形容为"破损的老虎笼子"。

对于本考点，核心是掌握第一类危险源和第二类危险源的典型特点。考试时需要根据题干描述，直接找出"能吃人的大老虎"（第一类危险源）和"破损的老虎笼子"（第二类危险源）即可。

易混提示

（1）旋转的飞轮属于能量的载体，是第一类危险源，但是飞轮静止时并不是危险源。

（2）人的不安全行为、操作规程的缺失以及规章制度的不完善均属于第二类危险源。

举一反三

［典型例题 1·单选］2022 年 5 月 25 日，某市应急管理部门对该市一家化工企业进行现场安全检查，对储罐区、成品库房、工艺流程区以及员工食堂和宿舍进行了监督检查。依据第一、第二类危险源的定义，属于第一类危险源的是（　　）。

A. 在检查成品库房时，发现员工张某进行高处作业没有佩戴安全带

B. 在对厂区食堂检查时，发现食堂没有张贴安全用气规章制度

C. 在对罐区检查时，发现 16♯ 储罐的呼吸阀损坏

D. 在检查生产流程时，发现某高压输送管道阀门泄漏的硫化氢溶液

[解析]　第一类危险源是本身就很危险的能量物质，高压输送管道阀门泄漏的硫化氢溶液是剧毒液体，属于第一类危险源；高处作业没有佩戴安全带属于人的不安全行为，是第二类危险源；食堂没有张贴安全用气规章制度属于管理的缺失，是第二类危险源；储罐的呼吸阀损坏属于失效的各种因素，是第二类危险源。

[答案]　D

[典型例题 2·单选]　某机械制造企业安全总监在年度安全总结大会上说，个别部门员工现场安全意识差，屡次发现不戴安全帽冒险进入危险场所、厂区内车辆超速行驶、违章操作旋转的机床、在汽油储存间吸烟，需要立即加强安全教育培训。根据危险源的分类，下列说法中，属于第二类危险源的是（　　）。

A. 旋转的机床　　　　　　　　　B. 超速行驶的车辆

C. 汽油储存间未熄灭的烟头　　　　D. 不戴安全帽冒险进入危险场所

[解析]　本题中，第一类危险源有旋转的机床、超速行驶的车辆、汽油储存间未熄灭的烟头，第二类危险源有不戴安全帽冒险进入危险场所、人员的违章操作。

[答案]　D

[典型例题 3·多选]　汽车铝轮毂最主要的生产工艺流程是：熔化→精炼→材料检验→低压铸造→X射线探伤→热处理→机械加工→动平衡检验→气密性检验→涂装。根据危险源的分类，下列属于第一类危险源的有（　　）。

A. X 射线　　　　　　　　　　　B. 高压气体

C. 涂装油漆　　　　　　　　　　D. 精炼操作规程不完善

E. 低压铸造车间人员的不安全行为

[解析]　本题中，X射线、高压气体、涂装油漆属于第一类危险源；精炼操作规程不完善、低压铸造车间人员的不安全行为属于第二类危险源。

[答案]　ABC

■ 环球君点拨

本考点一般以考查多项选择题为主，分值较高，考试时可按照"大老虎"的记忆方法找出答案。第二类危险源一般会带有定语，例如，失效的……，发生裂纹的……，缺失的……，不完善的……，抓住这个特点能够帮助我们快速做出选择。

▶考点4　**本质安全**［2022、2021、2020、2017、2015］

■ 真题链接

[2022·单选]　越来越多的家用轿车安装了防碰撞安全系统，当系统判定即将发生碰撞时，如果驾驶员没有做出正确的反应，系统会自动制动并禁用加速踏板，从而避免发生碰撞或减轻碰撞的后果。该系统具有本质安全技术中的（　　）。

A. 失误—安全功能　　　　　　　B. 故障—安全功能

C. 警报—安全功能　　　　　　　D. 事后—安全功能

[解析] 题干中，"如果驾驶员没有做出正确的反应，系统会自动制动并禁用加速踏板"指的是人在失误的情况下保证的本质安全属性，属于失误—安全功能。

[答案] A

[2021·单选] 某化肥厂水洗塔系统内发生过氧，3♯气化炉严重超温后紧急停车，但2♯水洗塔与系统相连的阀门没有联锁关闭，1♯水洗塔中的裂解气通过止回阀倒入2♯水洗塔内，此时操作工甲某离开岗位到厂门口取快递，未实时监控仪表盘，导致2♯水洗塔内的气体浓度升至爆炸浓度范围，造成爆炸事故。经调查发现：①操作工长时间未检查各水洗塔工艺参数；②操作人员配备不足；③操作人员对装置特性和存在的潜在风险辨识不够；④水洗塔报警及联锁装置失灵；⑤1♯水洗塔止回阀长期内漏；⑥气化炉系统的紧急放空系统设计有缺陷。根据狭义本质安全管理的观点，在本质安全方面存在缺陷的是（ ）。

A. ①②
B. ③④
C. ④⑥
D. ⑤⑥

[解析] 本质安全是指通过设计等手段使生产设备或生产系统本身具有安全性，即使在误操作或发生故障的情况下也不会造成事故。其具体包括失误—安全功能（误操作不会导致事故发生或自动阻止误操作）、故障—安全功能（设备、工艺发生故障时还能暂时正常工作或自动转变为安全状态）。止回阀长期内漏、紧急放空系统设计有缺陷均属于故障—安全功能方面存在缺陷。

[答案] D

[2020·单选] 某煤矿经鉴定由低瓦斯矿井变更为高瓦斯矿井，该矿设备科拟购置一批防爆电气设备，在征求部门意见时，安全部门提出设备选型要考虑本质安全型防爆结构型式及相应的设备保护等级。下列关于防爆结构型式及设备保护等级的选择中，正确的是（ ）。

A. 型式选 ia，设备保护等级选 Ma
B. 型式选 d，设备保护等级选 Mb
C. 型式选 e，设备保护等级选 Mb
D. 型式选 o，设备保护等级选 Ma

[解析] 具备本质安全属性设备的标识是 i，选项 A 正确。用于煤矿有甲烷的爆炸性环境中的Ⅰ类设备的 EPL 分为 Ma、Mb 两级。用于爆炸性气体环境的Ⅱ类设备的 EPL 分为 Ga、Gb、Gc 三级。用于爆炸性粉尘环境的Ⅲ类设备的 EPL 分为 Da、Db、Dc 三级。其中，Ma、Ga、Da 级的设备具有"很高"的保护级别，该等级具有足够的安全程度，使设备在正常运行过程中、在预期的故障条件下或者在罕见的故障条件下不会成为点燃源。对 Ma 级来说，甚至在气体突出时设备带电的情况下也不可能成为点燃源。Mb、Gb、Db 级的设备具有"高"的保护级别，在正常运行过程中、在预期的故障条件下不会成为点燃源。对 Mb 级来说，在从气体突出到设备断电的时间范围内预期的故障条件下不可能成为点燃源。Gc、Dc 级的设备具有爆炸性气体环境用设备，具有"加强"的保护级别，在正常运行过程中不会成为点燃源，也可采取附加保护，保证在点燃源有规律预期出现的情况下（如灯具的故障），不会点燃。本题中是高瓦斯矿井，所以应选用 Ma 级别。

[答案] A

[2017·单选] 近年来，人们对红木家具追捧热度越来越高，某木材加工厂看准市场形势，接受了大批红木家具的加工订单，但该厂木工机械设备老化且长期超负荷运转，导致伤害事故频发。为避免员工再受到机械伤害，该厂采取了一系列管控措施。以下措施中，属于本质安全技术措施的

是（　　）。

  A. 采取冷却措施，降低木工机械运转温度

  B. 减少木工机械的运转时间

  C. 增加木工机械的检修频度

  D. 木工机械加装紧急自动停机系统

  [解析] 本质安全强调设计手段使生产设备或生产系统本身具有安全性，非事后补偿。选项 A、B、C 均属于管理手段。

[答案] D

真题精解

  点题：本质安全属于非高频考点，一般侧重于考查本质安全的内容。

  分析：本质安全强调的是设计手段，通过设计使生产系统、设备设施具有本质安全属性，在人员的违章操作（失误—安全功能）和设备发生故障（故障—安全功能）后均不会发生事故。本质安全从人和物两个方面预防了事故的发生，而人的不安全行为和物的不安全状态是事故发生的直接原因，所以具备本质安全属性的设备是不会发生事故的，这是安全生产的最高境界。目前还很难全部实现本质安全，只能是让部分设备具备本质安全的属性，对应设备铭牌上会有字母"i"标识，例如 Exib，Ex 表示该设备为防爆型，ib 是本质安全的级别。

  一般题干会以案例的形式考查本质安全，例如，描述某个企业发生的一起事故，根据本质安全的内容找出原因。需要记住以下三点：

  (1) 本质安全强调设计手段，而非事后补偿、亡羊补牢。

  (2) 本质安全从两个方面入手来防止事故的发生：失误—安全功能和故障—安全功能。

  (3) 本质安全是以预防为主的根本体现，目前还很难全部实现，只能作为追求的目标。

  拓展：本质安全强调的是设计手段，考试时可以在读完四个选项后选择出技术含量比较高的选项，这往往就是答案，这个技巧可以应对陌生的习题。

易混提示

  本质安全能够预防事故发生，因此大家都"爱"，故具备本质安全属性的设备标识为"i"。

举一反三

  [典型例题1·单选] 针对锻造车间由于人员误操作断手事故多发，以及锻造机长时间超负荷运行造成设备温度过高的问题，遵循本质安全理念，某机械制造企业以安全装备科和生产科牵头开展了技术改造和革新。下列安全管理和技术措施中，属于本质安全措施的是（　　）。

  A. 加强维保，保证锻造机运行良好

  B. 加强员工的安全教育培训，提高安全意识

  C. 设置安全警示标志，同时缩短锻造机的运行时间

  D. 选择购买安装双按钮控制开关的锻造机

  [解析] 本质安全强调的是设计手段，通过设计让设备本身具备本质安全的属性。双按钮控制开关强调的是设计手段，加强维保、加强安全教育培训和缩短锻造机的运行时间均为管理手段。

[答案] D

  [典型例题2·单选] 根据本质安全的定义，下列装置或设备中，属于从本质安全角度出发而

采取的安全措施的是（　　）。

A. 切割机械上设置的光控断电装置　　　　B. 汽车上设置的安全气囊

C. 为探险人员配备的降落伞　　　　D. 煤矿工人佩戴的自救器

[解析] 本质安全有两方面内容，即失误—安全功能和故障—安全功能，可以从人和物两个方面来预防事故的发生。本质安全强调设计手段，切割机械上设置的光控断电装置属于本质安全；汽车安全气囊的安装不会防止汽车的碰撞；为探险人员配备降落伞不会防止坠落事故的发生；矿工佩戴的自救器属于事后补偿，不会防止煤矿事故的发生。

[答案] A

环球君点拨

本质安全属于中低频考点，掌握其内容和做题技巧是得分的关键。

第二节　事故致因及安全原理

考点 1　事故致因原理 [2023、2022、2021、2020、2019、2018、2017、2015、2014、2013]

真题链接

[2023·单选] 某精密机械制造厂对近 10 年发生的人身伤害类事故进行了统计分析，发现性格内向不爱说话的员工发生事故的概率相对较高，该企业决定在下一步增加心理测试环节以避免该类人员从事高风险工作。根据事故理论，该企业人员以及岗位适配的做法，符合的理论是（　　）。

A. 能量意外释放理论　　　　B. 事故轨迹交叉理论

C. 瑞士奶酪模型理论　　　　D. 事故频发倾向理论

[解析] 事故频发倾向是指个别容易发生事故的稳定的个人的内在倾向。事故频发倾向者的存在是工业事故发生的主要原因，即少数具有事故频发倾向的工人是事故频发倾向者，他们的存在是工业事故发生的原因。如果企业中减少了事故频发倾向者，就可以减少工业事故。因此，人员选择就成为预防事故的重要措施，通过严格的生理、心理检验，从众多的求职人员中选择身体、智力、性格特征及动作特征等方面优秀的人才就业，而把企业中的所谓事故频发倾向者解雇。本题符合事故频发倾向理论。

[答案] D

[2022·单选] 某矿业公司码头采用卸船机作业，卸船机抓斗从船舱抓取铁矿石，通过皮带转运至厂内堆取料仓，公司事故统计发现，卸船机抓斗从船舱抓取铁矿石过程中发生的人身伤害事故较多，事故主要原因是个别作业人员在卸船作业的同时违章进入船舱清理船底矿石。为防范事故发生，该公司集中采取了"反违章"专项措施，打断事故链，该措施符合的事故致因理论是（　　）。

A. 事故频发倾向理论　　　　B. 海因里希事故因果连锁理论

C. 瑞士奶酪模型理论　　　　D. 轨迹交叉理论

[解析] 题干中采取了"反违章"专项措施，打断事故链，针对的是人的不安全行为，符合海因里希事故因果连锁理论。轨迹交叉理论强调设备在事故中的作用，主要考虑采用先进设备来防止事故链的发生。

[答案] B

[2021·单选] 某金矿基建施工过程中发生爆炸事故，为预防此类事故再次发生，矿山开展了安全理念、风险管控和隐患排查研讨会。会上，安全员小王说："岩巷掘进需要采取超前预防理念进行管理，如引进风险指标衡量岩巷的掘进工作"；负责材料采购的小李补充："锚杆购置需要考虑安全系数，施工应考虑施工工艺的差异"；负责宣传工作的老张说："应该将巷道掘进中各种事故频率作为安全指标"；施工班长老江补充："巷道掘进以隐患排查为核心，危险为零作为标准，这样才安全"。上述人员的讨论意见中，错误的是（ ）。

A. 安全员小王

B. 负责材料采购的小李

C. 负责宣传工作的老张

D. 施工班长老江

[解析] 根据系统安全理论，没有任何一种事物是绝对安全的，不可能根除一切危险源和危险。施工班长老江的说法"巷道掘进以隐患排查为核心，危险为零作为标准，这样才安全"错误，因为危险不可能为零。

[答案] D

[2018·单选] 某汽车制造企业拟引进可靠度高的自动化生产线，代替原有人员手工操作生产线，同时加强人员行为失误校正和培训，减少事故发生。这种做法符合事故致因理论中的（ ）。

A. 事故因果连锁理论　　　　　　B. 轨迹交叉理论

C. 能量意外释放理论　　　　　　D. 系统安全理论

[解析] 轨迹交叉理论是指在事故发展过程中，人的因素运动轨迹与物的因素运动轨迹的交点就是事故发生的时间和空间。对人的因素而言，强调工种考核，加强安全教育和技术培训，进行科学的管理，从生理、心理和操作管理上控制人的不安全行为的产生。对物的因素而言，提倡采用可靠性高、结构完整性强的系统和设备。本题从人的因素和物的因素进行改善，符合轨迹交叉理论的内容。

[答案] B

[2019·多选] 某煤矿由于煤层倾角大，留设的隔离煤柱在工作面回采后压力增大，造成垮塌，导致上下采空区相通，巷道漏风，为防止发生煤层自燃，该矿采取了：①注入惰性气体防止煤层自燃；②对采空区气体连续监测；③构筑密闭墙；④严格管理，加强作业人员安全意识；⑤强化应急管理等措施。以上属于防止能量意外释放的技术措施有（ ）。

A. ①　　　　　　　　　　　　　B. ②

C. ③　　　　　　　　　　　　　D. ④

E. ⑤

[解析] 注入惰性气体属于从源头上控制能量释放；对采空区气体连续监测属于提高防护标准；构筑密闭墙属于控制能量释放；加强作业人员安全意识以及强化应急管理均属于管理措施，不符合能量意外释放理论。

[答案] ABC

真题精解

点题：事故致因原理是每年的必考点，主要掌握每个理论的内容和核心特点，考试时根据题干描述找出符合的理论内容。其2018—2023年考查频次统计如图1-3所示。

事故致因原理 ⎰
- 事故频发倾向理论 ⎰
  - 泊松分布
  - 偏倚分布
  - 非均等分布（2023）
- 事故因果连锁理论 ⎰
  - 海因里希因果连锁理论（2021、2022）
  - 现代因果连锁理论
  - 日本北川彻三理论
- 能量意外释放理论（2019、2022）
- 轨迹交叉理论（2018、2019、2020、2022）
- 系统安全理论（2021、2022）

图 1-3　事故致因原理 2018—2023 年考查频次统计

分析：针对本考点，应重点学习海因里希因果连锁理论、能量意外释放理论、轨迹交叉理论和系统安全理论。对于低频考点，掌握事故频发倾向理论三个分布的特点，掌握现代因果连锁理论五个方面的内容以及日本北川彻三理论中事故发生的基本原因和间接原因。以下是考点梳理。

1. 事故频发倾向理论

事故频发倾向理论考点梳理如图 1-4 所示。

事故频发倾向理论 ⎰
- 泊松分布典型特点：工厂中无"刺儿头"，事故发生在于设备
- 偏倚分布典型特点：有生理缺陷、精神缺陷
- 非均等分布典型特点：工厂中有"刺儿头"，事故发生概率不一样

图 1-4　事故频发倾向理论考点梳理

2. 事故因果连锁理论

事故因果连锁理论考点梳理如图 1-5 所示。

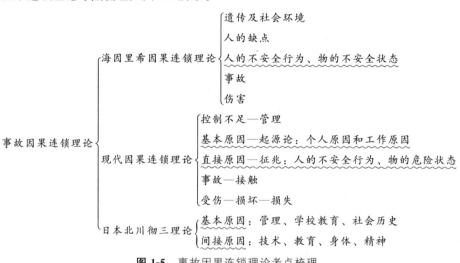

图 1-5　事故因果连锁理论考点梳理

3. 能量意外释放理论

（1）伤害的分类。

第一类伤害：施加的能量是人体承受不住的，如骨折。

第二类伤害：主要指能量的交换，如中毒、窒息和冻伤。

（2）防止能量意外释放的 11 种屏蔽措施见表 1-5。

第一章

表 1-5　防止能量意外释放的 11 种屏蔽措施

屏蔽措施	举例
用安全的能源代替不安全的能源	①空气动力代替电力；②水力采煤代替火药爆破
限制能量	①低电压；②限制设备运转速度；③限制装药量
防止能量蓄积	①控制爆炸性气体浓度；②静电接地；③避雷针放电
开辟释放能量的渠道	①安全接地；②矿山探放水；③抽放瓦斯
控制能量释放	建立水闸墙
延缓释放能量	①安全阀；②减振装置
设置屏蔽设施	①防护罩；②安全围栏；③个体防护用品
在人、物与能源之间设置屏障	①防火门；②防火密闭
提高防护标准	①双重绝缘；②用耐高温、高寒材料制作个体防护用具
改变工艺流程	用无毒、少毒物质代替剧毒有害物质
修复或急救	紧急救护，进行自救教育

4. 轨迹交叉理论

人的不安全行为和物的不安全状态发生于同一时间、同一空间或二者相遇，则会发生事故。

人的因素运动轨迹包括生理、心理、行为、感官方面的缺陷，企业管理层面的缺陷；物的因素运动轨迹包括设备系统的设计缺陷、工艺流程上的缺陷、保养上的缺陷、使用上的缺陷。

5. 系统安全理论四大观点

（1）强调设备等硬件故障对事故的影响作用，而不只是说事故的发生在于人的不安全行为。

（2）安全是相对的，只有相对的安全，没有绝对的安全。

（3）危险无处不在，安全生产是对危险的控制，而不是消灭。

（4）对企业中的危险源辨识后形成辨识清单，但是随着工艺设备的更新，还会产生新的危险源。

拓展： 在备考中，五大理论的主要考查内容可以采用关键词记忆，考查形式主要有以下两种：

（1）正考。根据题干描述选出与理论对应的内容。

（2）反考。根据题干描述选出符合哪种理论。

易混提示

海因里希事故因果连锁理论和轨迹交叉理论均提出了事故发生的直接原因是人的不安全行为和物的不安全状态，二者区别如下：

（1）海因里希把事故的发生过多的归咎于"人"，强调砍断"人"的事件链，如通过加强安全教育培训来提高人的安全意识。

（2）轨迹交叉理论强调的是砍断"物"的事件链，如引进先进的设备系统。

考试时应结合题干重点描述的内容选择答案。

举一反三

[典型例题 1·单选] 2022 年 4 月 2 日，某石化企业在进行原油脱水时，操作工刘某和王某由于加注脱水剂时未佩戴防毒面具中毒窒息，后经抢救无效死亡。事故发生后，上级主管部门组织该厂进行事故反思，生产科科长李某认为，该起事故发生的间接原因主要是操作工的安全教育培训不

足，安全意识淡薄；同时，生产科的安全管理存在疏漏是本起事故发生的基本原因。李科长的观点属于安全管理基本理论中的（　　）。

A. 能量意外释放理论　　　　　　　　B. 日本北川彻三理论

C. 系统安全理论　　　　　　　　　　D. 事故频发倾向理论

［解析］日本北川彻三在博德理论的基础上再次进行调整，认为事故发生的基本原因是企业的管理问题、学校的教育问题、社会或历史因素，间接原因是员工的技术问题、企业的安全教育培训、员工的身体因素和精神因素。本题中，事故发生后李科长认为操作工的安全教育培训不足是事故发生的间接原因，管理存在疏漏是基本原因，符合日本北川彻三理论的观点。

［答案］B

［典型例题 2·单选］为了提高企业安全管理水平，某大型机械制造企业安全生产管理部门组织了一次全员安全文化交流活动。活动中，各个部门人员均提出了自己对安全管理的看法。生产科王某说，我们科室一直保持着随时开会、随时解决问题的态度，人心齐，也很少发生事故，只要保证生产设备不出问题，事故大概率会避免；喷漆车间李某说，我们车间存在很多临时工以及实习生，受技术水平、经验水平影响管理困难，每个人发生事故的次数均不相同，所以要求安全科加强组织教育培训；锻压车间赵某也提出了看法，认为教育培训可以极大地提高员工安全意识，应该加强；人力资源刘总说，锻压车间和喷漆车间由于违章严重，已经解聘了 5 个人，其他员工要引以为戒。上述四人的说法中，符合事故频发倾向理论泊松分布的是（　　）。

A. 赵某　　　　　　B. 刘总　　　　　　C. 王某　　　　　　D. 李某

［解析］泊松分布的内容：当发生事故的概率不存在个体差异时，事故的发生是由工厂里的生产条件、机械设备以及一些其他偶然因素引起的。本题中，王某说，我们科室一直保持着随时开会、随时解决问题的态度，人心齐，也很少发生事故，只要保证生产设备不出问题，事故大概率会避免，符合事故频发倾向理论泊松分布的内容。

［答案］C

［典型例题 3·单选］2022 年 11 月 30 日，某化工厂锅炉工李某在进行正常锅炉操作时误把进水管常开阀门关闭，造成锅炉在 8 小时后发生严重缺水事故。在安全科和设备科领导对其进行处罚后，由于心理紧张，在一周之内再次发生类似责任事故。根据事故频发倾向理论，本次事故符合（　　）。

A. 泊松分布　　　　　　　　　　　　B. 偏倚分布

C. 非均等分布　　　　　　　　　　　D. 海因里希事故分布

［解析］偏倚分布：一些工人由于在生产操作过程中发生过一次事故，则会造成胆怯或神经过敏，可能重复发生第二次、第三次事故，主要是少数有精神或心理缺陷的工人。

［答案］B

［典型例题 4·单选］2022 年 4 月 22 日，某石油天然气开采企业在原油销售时发生静电起火爆炸事故，虽然没有造成人员伤亡，但造成了一台油罐车损毁和 50t 原油损失，直接经济损失 48 万元。针对此次事故，企业主要负责人要求安全科和生产科牵头进行全厂员工安全教育培训，同时要求销售科全面排查输油区、储罐区静电消除器的配备数量和安全检查，要求物资科检查防静电服装的质量和合格证情况。根据安全生产的理论，该企业的做法符合（　　）。

A. 海因里希事故因果连锁理论　　　　B. 现代事故因果理论

C. 能量意外释放理论 　　　　　　　D. 轨迹交叉理论

[解析] 轨迹交叉理论强调的是人的不安全行为和物的不安全状态发生在同一时间、同一空间，事故就会发生。本题中，事故发生后该企业进行全厂员工安全教育培训，这是防止人的不安全行为，同时检查静电消除器和静电服装，这是防止物的不安全状态，符合轨迹交叉理论的内容。

[答案] D

■ 环球君点拨

考试大纲要求掌握事故致因原理，能够运用理论解决实际问题，所以近几年考查的主要是理论内容的实际运用。备考过程中不能死背知识点，要活学活用。

▶ 考点 2　安全原理 [2023、2021、2018、2017、2015]

■ 真题链接

[2023·单选] 某疫苗生产企业对公司构架进行调整后，根据人员教育背景、工作经历和实际绩效，重新明确了每个部门和所有人员的安全生产分工，实现了安全生产责任的"横向到边，纵向到底"。该企业上述做法基于（　　　）。

A. 动态相关性原则和3E原则　　　　B. 整分合原则和能级原则

C. 安全第一原则和动力原则　　　　D. 封闭原则和行为原则

[解析] 整分合原则：高效的现代安全生产管理必须在整体规划下明确分工，在分工基础上有效综合，这就是整分合原则。运用该原则，要求企业管理者在制定整体目标和进行宏观决策时，必须将安全生产纳入其中，在考虑资金、人员和体系时，都必须将安全生产作为一项重要内容考虑。能级原则：现代管理认为，单位和个人都具有一定的能量，并且可以按照能量的大小顺序排列，形成管理的能级，就像原子中电子的能级一样。在管理系统中，建立一套合理能级，根据单位和个人能量的大小安排其工作，发挥不同能级的能量，保证结构的稳定性和管理的有效性，这就是能级原则。

[答案] B

[2021·单选] 某电网维修站副值班员未办理操作票直接进入高压配电室准备进行倒闸操作，站长发现其站在错误的设备隔间，立即叫停操作，避免了一起触电事故发生。站长针对上述行为提出，虽然此次操作未造成事故，但如果没有及时制止，后果不可想象。站长这一说法符合预防原理及原则中的（　　　）。

A. 动态相关原则　　　　　　　　　B. 偶然损失原则

C. 弹性原则　　　　　　　　　　　D. 本质安全化原则

[解析] 偶然损失原则是指事故的后果及其危害程度是随机的、偶然的，并且无法预测的。就算发生的事故是相同类型的，但是其导致的后果可能不是完全相同的。这个原则说明，事故的发生难以预测，为了防止事故损失的发生，唯一的办法是防止事故再次发生。本题中，"如果没有及时制止，后果不可想象"符合偶然损失原则。

[答案] B

[2018·单选] 某企业新一届领导班子运用现代企业管理理念，在制定总体目标和进行宏观决策时，将安全生产作为一项重要内容纳入顶层设计，对安全生产总体目标进行了逐级布置，这种做

法符合安全生产管理原理的（　　）。

  A. 行为原则　　　　　　　　　　　　　B. 整分合原则

  C. 因果关系原则　　　　　　　　　　　D. 能级原则

  ［解析］整分合原则强调的是整体规划和明确分工，题干中，对安全生产总体目标进行了逐级布置，体现的是整分合原则。

［答案］B

  ［2018·单选］安全生产管理原理是从生产管理的共性出发，对生产管理中安全工作的实质内容进行科学分析、综合、抽象与概括所得出的安全生产管理规律。某企业针对新引进的自动化焊接生产线制定了巡检人员的标准作业程序，在车间内无死角监控巡检人员的行为，明确了安全生产监督职责，对生产中执行和监督情况进行严格监控。这种做法符合安全生产管理原理的（　　）。

  A. 系统原理　　　　　　　　　　　　　B. 强制原理

  C. 人本原理　　　　　　　　　　　　　D. 预防原理

  ［解析］需要与动机是人的行为的基础，需要决定动机，动机产生行为，行为指向目标，安全生产工作重点是防治人的不安全行为，这就是人本原理的行为原则。题干中，企业针对新引进的自动化焊接生产线制定了巡检人员的标准作业程序，在车间内无死角监控巡检人员的行为，明确了安全生产监督职责，对生产中执行和监督情况进行严格监控，是从制度、监控方面防止人的不安全行为出现，属于预防原理的行为原则。

［答案］D

■ 真题精解

  点题：本考点内容多，但是考查频次低，近5年只考查2次，而且主要考查对十四个原则内容的理解。所以在复习过程中不需要大量记忆，根据关键词掌握其各自特点即可。

  分析：四大原理和十四个原则考点梳理如图1-6所示。

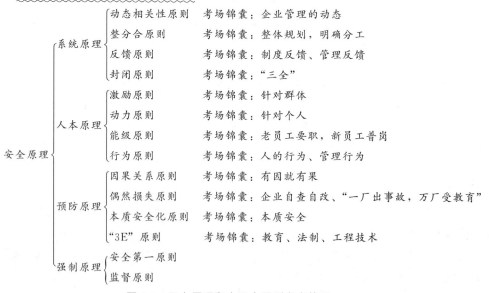

图1-6　四大原理和十四个原则考点梳理

  本考点考查形式有两种：

  （1）考查原理和原则一一对应的关系。例如，"该企业的做法符合预防原理的封闭原则"这句话就是错误的，因为封闭原则属于系统原理。

（2）考查考生对十四个原则内容的具体理解。这是近几年的主要考法，有一定难度，要求我们牢牢记住每个原则对应的"考场锦囊"，考试时结合题干进行选择。

拓展：本考点的难点在于多选题，个别原则之间不太好区分，要求我们选择时每个答案都要和题干内容相对应。例如，某企业发生了一起事故，针对这起事故，企业开展了全方位、全员安全大检查，这句话体现的主要原则是系统原理的封闭原则，但是同时也体现了企业管理的动态，也符合动态相关性原则。

易混提示

人本原理的激励原则和动力原则容易被混淆，我们可按照激励针对群体、动力针对个人进行区分，当然这两点在考试时一般不会同时出现在一个题目的选项中。

举一反三

[**典型例题1·单选**] 某企业2021年发生一起机械伤害事故，导致1人死亡，2人受伤。经调查发现，发生事故的机械设备一直"带病作业"，其他岗位的操作人员对此视而不见。因此，该企业经研究决定拿出一部分专项资金，作为操作人员发现事故隐患并上报的奖励。上述做法体现了安全原理的原则是（   ）。

A. 系统原理的动态相关性原则

B. 人本原理的激励原则

C. 预防原理的因果关系原则

D. 强制原理的监督原则

[**解析**] 人本原理的激励原则是指利用某种外部诱因的刺激，调动人的积极性和创造性。人的工作动力来源于内在动力、外部压力和工作吸引力。例如，车间主任和员工建立良好的人际关系，并为他们营造个人进取机会，大大激励了他们的工作热情。本题中，拿出一部分专项资金进行奖励，符合人本原理的激励原则。

[答案] B

[**典型例题2·单选**] 某企业负责人在进行宏观决策时，必须将安全生产纳入其中，在考虑资金、人员和体系时，将安全生产作为一项重要内容考虑。该企业负责人组织制定了整体的安全目标，同时按照各部门的职责进行了分工，在整体规划和协调下，确保了安全生产，创造了连续5年安全零事故的记录。该企业的做法符合安全原理中的（   ）。

A. 动态相关性原则   B. 能级原则

C. 整分合原则   D. 行为原则

[**解析**] 该企业负责人组织制定了整体的安全目标，同时按照各部门的职责进行了分工，在整体规划和协调下，确保了安全生产，体现的是整分合原则。

[答案] C

[**典型例题3·多选**] 某日，一大型商业文化城发生一起接线盒电气阴燃事故，过火面积$0.8m^2$，由于商场值班人员应急处置得当，未造成大的经济损失。事后，公司领导根据这起事故，发动公司全员开展了全方位、全过程、全天候，为期3个月的火灾隐患排查及整改工作。这种安全管理做法符合（   ）。

A. 系统原理的封闭原则   B. 预防原理的偶然损失原则

C. 人本原理的行为原则   D. 系统原理的"3E"原则

E. 人本原理的动态相关性原则

[解析] 公司领导根据这起事故，发动公司全员开展了全方位、全过程、全天候，为期3个月的火灾隐患排查及整改工作，体现的是人本原理的行为原则；全方位、全过程、全天候，立体式的隐患排查属于系统原理的封闭原则；发生接线盒电气阴燃事故后的隐患排查，属于预防原理的偶然损失原则，因为事故的发生是随机的、难以确定的。

[答案] ABC

■ 环球君点拨

相对于五大理论，本考点考查频次较低。由于四大原理十四个原则的内容很多，考试时选择的原则是紧扣题干，多选题模棱两可的选项不要选。

第三节　安全心理与行为

▶ 考点　**影响人行为的因素** [2022、2021、2014]

■ 真题链接

[2021 · 单选] 某公司在加强员工职业心理健康管理的活动中，对员工进行了心理辅导和访谈。访谈过程中员工提出，希望得到表扬和认可，这种行为会使人感到自己有价值、有能力，能够产生积极的工作热情。根据个性倾向性理论，该公司员工提出的这种想法体现了人的（　　）。

A. 动机   B. 兴趣

C. 需求   D. 价值观

[解析] 动机是一种念头和想法，是激发和维持有机体的行动，并将使行动导向某一目标的心理倾向或内部驱力。本题中，员工希望得到表扬和认可，属于人的动机。

[答案] A

[2021 · 单选] 某新能源汽车生产企业根据美国心理学家马斯洛提出的"层次需求理论"，制定了一系列安全激励措施。根据马斯洛"层次需求理论"，排序最高的安全激励措施是（　　）。

A. 喷漆车间员工因连续两次违反安全生产禁令被辞退

B. 安全文化期刊中公布安全积分高的标兵员工

C. 氢能测试车间各班组开展流动安全红旗竞赛

D. 开展员工家属进车间，关爱支持员工安全活动

[解析] 马斯洛的需求层次理论是心理学中的激励理论，包括人类需求的五级模型，通常被描绘为金字塔内的等级，即各类需求从层次结构的底部向上排序依次升高，分别为：①生理需要，即食物和衣服；②安全需要，即工作保障，主要表现为降低生活中的不确定性；③归属和爱的需要，即友谊、归属和爱；④尊严需要，即社会和自己对自己的承认与尊重；⑤自我实现，即才能、潜力及天赋的持续实现。本题中，选项A、C不属于马斯洛的需求层次理论的内容；选项B属于尊严需要；选项D属于归属和爱的需要。所以，需求层次最高的是选项B。

[答案] B

[2022 · 多选] 美国心理学家马斯洛将人的需要按其强度的不同排列成5个等级层次，随着社

会的发展进步，企业在改进和提升管理方面采取了多样化措施。下列措施中，属于满足员工安全需要的有（　　）。

　　A. 为员工提供情绪发泄室

　　B. 开展安全生产先进个人评比活动

　　C. 完善各车间安全防护设施，提升防护水平

　　D. 定期开展安全生产教育培训，提升员工安全操作技能

　　E. 组织全体员工开展火灾逃生应急演练

　　[解析] 美国心理学家马斯洛将人的需要按其强度的不同排列成 5 个等级层次：①生理需要；②安全需要；③归属与爱的需要；④尊严需要；⑤自我实现。在企业生产中，建立起严格的安全生产保障制度是极其重要的，如果没有保证生产安全的必要条件，那么这种客观的不安全会使人产生心理上的不安全感。本题中，选项 A 属于生理需要；选项 B 属于尊严需要；选项 C、D、E 均属于安全需要。

[答案] CDE

真题精解

　　点题：本考点为了解内容，分值不高。近几年考查了 2 次马斯洛层次需求理论，考查了 1 次个性倾向性对人的行为的影响。

　　分析：

　　1. 马斯洛层次需求理论

　　根据 1943 年出版的《人的动机理论》，美国心理学家马斯洛将人的需要按其强度的不同排列成 5 个等级层次：

　　(1) 生理需要，与生存直接相关的需要。

　　(2) 安全需要，包括对结构、秩序和可预见性及人身安全等的要求，其主要目的是降低生活中的不确定性。

　　(3) 归属与爱的需要，随着生理需要和安全需要的实质性满足，个人以归属与爱的需要作为其主要内驱力。

　　(4) 尊严需要，既包括社会对自己能力、成就等的承认，又包括自己对自己的尊重。

　　(5) 自我实现，是指人的潜力、才能和天赋的持续实现。

　　2. 动机与安全

　　动机产生行为，不同的动机会产生不同的行为，动机是人的念头和想法。

举一反三

　　[典型例题 1·单选] 2021 年 8 月 14 日，某化工企业大修期间，电工张某不慎触电身亡。经调查，事故的直接原因是张某在未佩戴绝缘手套的情况下人为将带电线路当成了不带电线路进行了作业。据了解，事发前张某已经连续工作了 12h。张某的人为失误属于（　　）。

　　A. 感知差错　　　　　　　　　　　　B. 判断、决策差错

　　C. 行为差错　　　　　　　　　　　　D. 心理差错

　　[解析] 人的行为差错包括在疲劳状态下产生的行为，本题属于行为差错。

[答案] C

　　[典型例题 2·单选] 交通心理学研究显示，人的心理状态对交通安全隐患的影响非常重要，

不同气质类型的司机交通事故发生率不同，胆汁质的人被认为是"马路第一杀手"，（　　）的人排第二。

A. 黏液质

B. 抑郁质

C. 多血质

D. 轻率质

[解析] 胆汁质的人被认为是"马路第一杀手"，多血质的人排第二，黏液质的人被认为是交通事故发生概率最少的群体。

[答案] C

[典型例题3·单选] 1986年2月，某钢铁厂在维修高炉时，发现蒸汽管道上结着一个巨大的冰块，重约0.4t，妨碍管道的维修，工人企图用撬棍撬掉冰块，但未撬动，如采取其他措施则费时、费力，于是在某种心理支配下，在悬冻的冰块下面进行维修。由于振动和散热影响，冰块突然落下，打在工人身上，发生人身事故。这种心理属于（　　）。

A. 凑兴心理

B. 省能心理

C. 懒惰心理

D. 好奇心理

[解析] 省能心理是指期望以最小的能量获得最大的效果，嫌麻烦、怕费劲、图方便、得过且过。本题中，工人企图用撬棍撬掉冰块，但未撬动，如采取其他措施则费时、费力，体现的是省能心理。

[答案] B

◾ 环球君点拨

本考点属于非重点内容，可以根据自己实际时间合理安排复习。

第四节　安全生产管理理念

▶ 考点　**安全哲学观** [2021、2015]

◾ 真题链接

[2021·多选] 某光伏发电企业开展"安全你我共责任"交流会，员工甲提出应使用管理和技术相结合的管理方式；员工乙提出应从员工的安全理念和人文素质入手，提高对安全的理解和认识；员工丙发言安全生产应执行同步规划、同步发展、同步实施的"三同步"原则；员工丁建议建设项目设计阶段开展危险点、危害点、事故多发点的"三点控制工程"等风险管控活动；员工戊表示生产过程中应落实查思想认识、查规章制度、查设备和环境隐患、查管理的"四查"制度。上述员工的说法中，属于本质论与预防型安全哲学观的有（　　）。

A. 乙

B. 甲

C. 丙

D. 丁

E. 戊

[解析] 本质论与预防型安全哲学观具体表现为：①从人的本质安全化入手，人的本质安全不但要解决人的知识、技能、意识、素质，还要从人的安全观念、伦理、情感、态度、认知、品德等人文素质入手；②物和环境的本质安全化，即采用先进的安全科技、设备设施和发挥自组织、自适应功能，实现本质安全化；③坚持"三同时""三同步"原则；④进行"四不伤害""6S""三点控制"等超前预防型的安全活动。

[答案] ACD

真题精解

点题：本考点为了解内容，分值不高。近5年只考查了1次，主要考点是四大安全哲学观，考试时应能够区分宿命论与被动型安全哲学观、经验论与事后型安全哲学观、系统论与综合型安全哲学观以及本质论与预防型安全哲学观的内容。

分析：本考点需要了解四大安全哲学观的内容：

（1）宿命论与被动型的安全哲学：听天由命信鬼神，面对事故对生命的残害与践踏，人类是无所作为的。

（2）经验论与事后型的安全哲学："吃一堑，长一智""亡羊补牢""四不放过""事后诸葛亮"。

（3）系统论与综合型的安全哲学："五同时""四查""四全"。

（4）本质论与预防型的安全哲学：从人的本质安全化入手，"三论""三同时""三同步""四不伤害""6S""三点控制"。

拓展：四大安全哲学观记忆方法如图1-7所示。

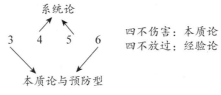

图1-7 四大安全哲学观记忆方法

带"三"带"六"的属于本质论，带"四"带"五"的属于系统论，"四"里面有两个特殊，"四不伤害"属于本质论，"四不放过"属于经验论。

举一反三

[典型例题1·单选] 随着生产方式的变更，事故与伤害类型变得复杂多样，事故的后果也越来越严重。甲公司每次发生事故都会进行总结与反思，同时组织本公司员工开展"四不伤害""四不放过"活动，坚持"三同时""三同步"原则，甲公司的安全事故逐渐减少。甲公司涉及的安全哲学观是（ ）。

A. 宿命论与被动型、经验论与事后型

B. 经验论与事后型、系统论与综合型

C. 系统论与综合型、本质论与预防型

D. 经验论与事后型、本质论与预防型

[解析] "三同时""三同步""四不伤害"属于本质论与预防型安全哲学观；"四不放过"属于经验论与事后型安全哲学观。

[答案] D

[典型例题2·单选] 某化肥生产企业开展"安全你我共责任"交流会，员工甲提出事后处理要坚持"四不放过"原则；员工乙提出要推行"安全系统论""安全控制论""安全信息论"三论思想，推行现代化安全管理；员工丙提出要经常开展"6S"活动，做到以人为本；员工丁提出对于新建项目要坚持"三同步""三同时"原则。上述员工的说法中，不属于本质论与预防型安全哲学观的是（ ）。

A. 甲   B. 乙   C. 丁   D. 丙

[解析]"四不放过"原则属于经验论与事后型的安全哲学观。

■ 环球君点拨

本考点属于非重点内容,主要考查本质论和系统论的区分,可以按照记忆方法辅助学习。

第五节 安全文化

▶考点 安全文化的定义与内涵 [2022、2020]

■ 真题链接

[2022·单选]某企业从规范停放车辆入手,推动安全文化建设,采取了划定停车标线和停车车头向外方向指引线、安装语音提示系统、厂内测速实时显示系统和专人现场指导等手段,从而形成了浓厚的规范停车安全文化氛围。经运行一个月,员工能够按照既定的提示和要求,规范停放车辆。该企业做法符合安全文化建设功能中的( )。

A. 激励功能   B. 凝聚功能

C. 辐射功能   D. 导向功能

[解析]题干中,"从而形成了浓厚的规范停车安全文化氛围"体现的是企业安全文化的凝聚功能。

[答案]B

[2020·单选]某企业在推动安全文化建设过程中,首先从人员的行为规范入手,在厂区内实行人车分流管理模式,指定人车行走轨迹路线,倡导员工"两人成行,三人成列",按照指定的人行路线出入厂区,形成了浓厚的安全文化氛围。2019年9月,企业从学校和社会分别招聘了5名员工。一周后,这10名员工也按照指定行走路线,自觉做到出入厂区时"两人成行,三人成列"。新员工的这种行为,体现了安全文化功能中的( )。

A. 导向功能   B. 激励功能

C. 辐射和同化功能   D. 凝聚功能

[解析]新员工一周后也按照指定行走路线,自觉做到出入厂区时"两人成行,三人成列",体现的是企业安全文化的辐射和同化功能。

[答案]C

■ 真题精解

点题:企业安全文化四大功能是本节的重要考点,复习过程中应掌握每个功能的典型特点。安全文化的三个层次的考查频次较低,属于了解内容。

分析:企业安全文化的四大功能如图1-8所示。

企业安全文化的四大功能 {
导向功能:导的是价值观、是目标,让员工认同企业的价值观
凝聚功能:群体意识、凝聚力、向心力
激励功能:工作动力、奋斗目标
辐射和同化功能:辐射的是新员工,同化的也是新员工

图1-8 企业安全文化的四大功能

考试主要是以导向功能、辐射和同化功能为主，要掌握每一个功能的关键特点，结合题干描述进行选择。

拓展： 本节内容中，还需要留意另外一个考点，即杜邦安全文化建立的四个阶段，具体如图1-9所示。

杜邦安全文化建立的四个阶段
- 自然本能阶段：依靠本能保护，缺少管理层参与，事故率很高
- 严格监督阶段：建立安全系统和规章制度，缺乏员工自主意识
- 独立自主管理：员工具备安全意识，把安全作为自己的一部分
- 团队互助管理：不但自己遵守还帮助别人遵守，把安全视为个人成就

图1-9　杜邦安全文化建立的四个阶段

虽然本考点近几年还没有考查到，但是考虑目前真题考查趋向细节和广度等特点，本考点仍需要留意。

易混提示

（1）导向功能与凝聚功能的区别：导向功能是让员工认同企业的价值观，认同之后大家就会形成凝聚力，这是凝聚功能，二者有紧密联系。通过分析题干背景，弄清重点说的是"导"的过程（即导向功能），还是"导"完后的结果（即凝聚功能）。

（2）凝聚功能与辐射和同化功能的区别：面对新员工的入职，老员工主动提醒新员工，这是凝聚功能；新员工看到老员工的做法也自觉遵守，这是辐射和同化功能。

举一反三

[典型例题1·单选] 2022年3月15日，国家针对市面上的老坛酸菜方便面进行了调查，不少品牌的方便面企业都及时下架了涉事产品，但民族企业白象集团却得到了国家表扬。据悉，白象集团的企业文化价值观是：以民族企业为底线，以人民群众为中心。本着对国民的身体健康安全负责的态度，该企业形成了浓厚的安全生产文化氛围，企业价值观也在每位员工心中根深蒂固。根据以上内容，该企业体现的安全文化的功能是（　　）。

A. 导向功能　　　　　　　　　　　B. 辐射和同化功能

C. 激励功能　　　　　　　　　　　D. 凝聚功能

[解析] 导向功能是指价值观、目标的导向，让员工认同企业层面的价值观。本题中，白象集团企业价值观也在每位员工心中根深蒂固，体现的是价值观的导向功能。

[答案] A

[典型例题2·单选] 某大型石化企业分管安全的副总在进入现场易燃易爆区域时没有触摸静电消除器，引发爆炸身亡。该企业组织全体职工学习易燃易爆场所的安全管理措施，组织大型活动辅助实施。在企业领导推动下，进入易燃易爆场所触摸静电消除器逐步成为该企业安全文化的一部分。触摸静电消除器已经深入到每个员工心中，新员工也自觉遵守。上述现象体现的是安全文化主要功能中的（　　）。

A. 导向功能、凝聚功能　　　　　　B. 导向功能、辐射和同化功能

C. 凝聚功能、导向功能　　　　　　D. 凝聚功能、辐射和同化功能

[解析] 企业整体目标是要求全体员工进入易燃易爆区域触摸静电消除器，触摸静电消除器已经深入到每个员工心中，这是导向功能；新员工也自觉遵守，这是辐射和同化功能。

[答案] B

环球君点拨

    本节考点具有"隔年考"的规律，分值为1分。学习本节的最佳方法仍然是关键词记忆法，重点记忆四大功能，三个层次及四个阶段应作为抢分内容掌握。

第二章　安全生产管理内容

第一节　安全生产责任制

扫码听课

考点 1 安全生产责任制的主要内容 [2023、2022、2019、2017、2014]

真题链接

[2023·单选] 安全生产管理人员在企业中具有不可替代的重要作用，为员工的生命安全保驾护航。按照有关法律法规，属于其职责的是（　　）。

A. 组织制定并实施本单位的安全生产教育和培训计划

B. 组织开展危险源辨识和评估，组织本单位应急救援演练

C. 组织制定并实施本单位安全生产规章制度和操作规程

D. 保证本单位安全生产投入的有效实施

[解析] 选项 A、C、D 均属于生产经营单位主要负责人的职责。

[答案] B

[2022·单选] 某榨油厂设有精炼、包装等生产车间，张某被任命为榨油厂精炼车间安全管理人员。下列职责中，不属于其职责范围的是（　　）。

A. 参与制定榨油厂《事故调查报告处理制度》

B. 治理构成重大危险源的精炼车间的事故隐患

C. 参与制定精炼车间现场应急处置方案

D. 参与精炼车间新员工三级安全教育培训

[解析] 安全生产管理人员组织或者参与拟订本单位安全生产规章制度、操作规程和生产安全事故应急救援预案，选项 A、C 属于其职责范围。检查本单位的安全生产状况，及时排查生产安全事故隐患，提出改进安全生产管理的建议，选项 B 不属于其职责范围。组织或者参与本单位安全生产教育和培训，如实记录安全生产教育和培训情况，选项 D 属于其职责范围。

[答案] B

[2019·单选] 某股份制公司主营建筑、矿山等业务，公司设立了董事会，并聘任赵某为安全生产的副总经理，负责公司的日常安全生产管理工作。根据《生产安全事故应急预案管理办法》（应急管理部令第 2 号），关于赵某履行安全生产职责的说法，正确的是（　　）。

A. 赵某应保证本公司安全生产投入的有效实施

B. 赵某初次接受安全教育培训时间应为 32 学时

C. 赵某应负责督促落实本公司安全生产整改措施

D. 赵某应负责应急预案的签发

[解析] 赵某为安全生产管理人员，保证本公司安全生产投入的有效实施属于主要负责人的安

全职责，选项 A 错误。安全生产管理人员初次接受安全教育培训时间不得少于 48 学时，选项 B 错误。督促落实本公司安全生产整改措施属于安全生产管理人员的安全职责，选项 C 正确。负责应急预案签发的应该是本单位的主要负责人，选项 D 错误。

[答案] C

■ 真题精解

点题：本考点属于《安全生产法》的重要考点，在管理科目中属于中频考点，近 5 年内考查了 3 次。

分析：本考点包含三个方面的内容：

（1）生产经营单位是安全生产的责任主体，应建立全员安全生产责任制。

（2）根据《安全生产法》第二十一条，单位主要负责人的安全职责如下：

①建立健全并落实本单位全员安全生产责任制，加强安全生产标准化建设。

②组织制定并实施本单位安全生产规章制度和操作规程。

③组织制定并实施本单位安全生产教育和培训计划。

④保证本单位安全生产投入的有效实施。

⑤组织建立并落实安全风险分级管控和隐患排查治理双重预防工作机制，督促、检查本单位的安全生产工作，及时消除生产安全事故隐患。

⑥组织制定并实施本单位的生产安全事故应急救援预案。

⑦及时、如实报告生产安全事故。

（3）根据《安全生产法》第二十五条，安全生产管理人员的安全职责如下：

①组织或者参与拟订本单位安全生产规章制度、操作规程和生产安全事故应急救援预案。

②组织或者参与本单位安全生产教育和培训，如实记录安全生产教育和培训情况。

③组织开展危险源辨识和评估，督促落实本单位重大危险源的安全管理措施。

④组织或者参与本单位应急救援演练。

⑤检查本单位的安全生产状况，及时排查生产安全事故隐患，提出改进安全生产管理的建议。

⑥制止和纠正违章指挥、强令冒险作业、违反操作规程的行为。

⑦督促落实本单位安全生产整改措施。

拓展：本考点的考查形式有两种：

（1）常规考查。可以直接按照主要负责人和安全生产管理人员安全职责的内容进行选择。

（2）非常规考查。结合其他内容综合考查，本考点可能会作为单个选项出现，这种考查形式难度大、综合性强。

管理科目考查选择题，备考中我们可以利用关键词进行记忆，如安全生产管理人员的职责可以记为"3211"：3 个组织参与，2 个督促落实，1 个制止纠正，1 个排隐患。不带有这些关键词的均属于主要负责人的安全职责。这种"3211"排除法往往能够帮助我们快速选出答案。

■ 易混提示

主要负责人的安全职责是"消除"隐患，安全生产管理人员的职责是"排查"隐患，两个词语力度不一样。隐患是事故之始，企业发生事故后最高责任者是主要负责人，所以用词稍重；而安全生产管理人员主要强调的是日常的隐患排查。

举一反三

[典型例题1·单选] 某公司董事长为了更好地管理公司，脱产进入学校学习，目前公司的事务由分管安全的副总李某全面负责。下列关于李某安全生产职责的说法中，错误的是（   ）。

A. 加强本单位的安全生产标准化建设

B. 组织制定并实施本单位安全生产教育培训计划

C. 组织建立并落实安全风险分级管控和隐患排查治理双重预防工作机制

D. 检查本单位的安全生产状况，及时排查生产安全事故隐患

[解析] 单位的主要负责人是安全第一责任人，一般是指法定代表人、总经理、投资人，真正掌管实权的"一把手"。本题中，公司事务由分管安全的副总李某全面负责，李某为主要负责人，选项A、B、C属于其安全生产职责。及时排查生产安全事故隐患属于安全生产管理人员的安全职责。

[答案] D

[典型例题2·单选] 某公司董事长李某现定居国外，公司总经理张某因病住院半年有余，现公司日常管理由公司常务副总赵某管理，公司安全总监郭某和财务总监钱某协助赵某工作。根据《安全生产法》，现该公司建立健全本单位安全生产责任制，组织制定本单位安全生产规章制度和操作规程的职责由（   ）负责。

A. 董事长李某   B. 总经理张某

C. 常务副总赵某   D. 安全总监郭某

[解析] 建立健全本单位安全生产责任制，组织制定本单位安全生产规章制度和操作规程，属于主要负责人的安全职责。本题中，常务副总赵某为单位的主要负责人。

[答案] C

环球君点拨

本考点属于中低频考点，利用"3211"排除法会让学习更高效。

扫码听课

▶ 考点2 **主体责任** [2019]

真题链接

[2019·单选] 某机械加工企业为保障生产安全，落实企业安全生产主体责任，组织开展了下列工作，关于该企业落实安全生产主体责任的说法，正确的是（   ）。

A. 为员工提供劳动防护用品属于落实资金投入责任

B. 为员工缴纳工伤保险属于落实安全生产管理责任

C. 为员工提供安全生产教育资源属于落实安全教育培训责任

D. 对生产设施进行安全评价属于落实设备设施保障责任

[解析] 选项A错误，为员工提供劳动防护用品属于设备设施（或物质）保障责任。选项B错误，为员工缴纳工伤保险属于资金投入责任。选项D错误，对建设项目安全设施进行安全评价属于安全生产管理责任。

[答案] C

真题精解

点题：本考点属于低频考点，近5年内考查了1次。

分析：对于单位的七大主体责任，我们可以先理解再记忆，结合自己的常识，通过关键词记忆掌握本考点，具体内容见表2-1。

表2-1　安全主体责任关键词

安全主体责任	关键词
设备设施（或物质）保障责任	设备、劳保、"三同时"
资金投入责任	金钱
机构设置和人员配备责任	设机构、配人员
规章制度制定责任	规章制度制定
安全教育培训责任	安全教育培训
安全生产管理责任	法律法规、生产许可、安全检查、安全评价、重大危险源、事故隐患
事故报告和应急救援责任	报告事故、应急救援

拓展：本考点有两种考查形式：

（1）正考。考查与七大主体责任一一对应的内容。

（2）反考。题干描述一个案例背景，找出企业缺失的主体责任是什么。这种考查形式有难度，是未来考试的一个趋势，需要我们对内容熟悉掌握。

易混提示

考试时需要注意细节，仔细读题，例如：

（1）划拨费用保证劳动防护用品属于设备设施（或物质）保障责任；保证劳动防护用品的投入属于资金投入责任。

（2）保证安全生产教育培训属于安全教育培训责任；保证教育培训的资金属于资金投入责任。

（3）单位没有配备专职安全生产管理人员属于机构设置和人员配备责任；单位配备了专职安全生产管理人员，没有按时进行安全检查属于安全生产管理责任。

举一反三

[典型例题1·单选] 某甲醇生产企业为了加强安全生产管理，符合安全生产保障方面应当执行的有关规定、应当履行的工作职责和应当具备的安全生产条件，企业总经理李某组织各部门进行"建言献策"活动，对本单位的主体责任大家发表了不同看法。安全科老张说，由于工艺流程设备安全检测需要经常进行，费用较大，企业应该加大安全方面的投入；生产科老刘说，现场生产安全隐患存在着"大隐患不绝，小隐患不少"的现象，企业应该招聘更多的安全管理技术人员以保证安全生产；设备部老王说，我所在大队有些操作工经常性违章，安全意识不强，应该加强对他们的教育培训；物资科老杨说，厂区总配电室现在配备有8台干粉灭火器，根据消防科的要求，为了保护精密设备，应该换为二氧化碳气体灭火器。根据生产经营单位主体责任的要求，下列说法正确的是（　　）。

A. 安全科老张的观点属于设备设施保障责任

B. 生产科老刘的观点属于安全生产管理责任

C. 设备部老王的观点属于机构设置和人员配备责任

D. 物资科老杨的观点属于设备设施保障责任

[解析] 安全科老张说，由于工艺流程设备安全检测需要经常进行，费用较大，企业应该加大安全方面的投入，属于单位的资金投入责任；生产科老刘说，现场生产安全隐患存在着"大隐患不绝，小隐患不少"的现象，企业应该招聘更多的安全管理技术人员以保证安全生产，属于机构设置和人员配备责任；设备部老王说，我所在大队有些操作工经常性违章，安全意识不强，应该加强对他们的教育培训，属于安全教育培训责任。

[答案] D

[典型例题 2·单选] 2023 年 1 月 11 日，某市应急管理部门执法人员对该市一大型聚乙烯生产企业进行现场检查，发现厂区重大危险源储罐区没有设置监控措施、重大危险源安全管理制度不健全等问题。该企业缺失的主体责任是（　　　）。

  A. 物质保障责任　　　　　　　　　　B. 安全生产管理责任

  C. 规章制度制定责任　　　　　　　　D. 安全生产管理责任和规章制度制定责任

[解析] 厂区重大危险源储罐区没有设置监控措施属于安全生产管理责任的缺失；重大危险源安全管理制度不健全属于规章制度制定责任的缺失。

[答案] D

■ 环球君点拨

  本考点整体记忆难度不大，除安全生产管理责任需要单独记忆外，其余内容均可以按照常识记忆。

第二节　安全生产规章制度

▶ 考点 1 **安全生产规章制度四大体系** [2023、2019、2018、2014]

■ 真题链接

[2023·单选] 某企业按照安全系统工程和人机工程原理编制了 4 类安全生产规章制度，属于综合安全管理制度的是（　　　）。

  A. 安全设施和费用管理制度　　　　　B. 安全教育培训制度

  C. 安全操作规程　　　　　　　　　　D. 安全标志管理制度

[解析] 安全设施和费用管理制度属于综合安全管理制度。综合安全管理制度包括安全生产管理目标、指标和总体原则，安全生产责任制，安全管理定期例行工作制度，承包与发包工程安全管理制度，安全设施和费用管理制度，重大危险源管理制度，危险物品使用管理制度，消防安全管理制度，安全风险分级管控和隐患排查治理双重预防工作制度，交通安全管理制度，防灾减灾管理制度，事故调查报告处理制度，应急管理制度，安全奖惩制度。

[答案] A

[2019·单选] 某集团公司安全管理人员对所属的一家炼化公司进行现场检查时发现，现场安全标志欠缺，几处人员紧急疏散通道标志模糊不清，进一步检查发现安全标志的管理制度比较笼统，缺乏可操作性。根据检查情况，该炼化公司应当完善的制度是（　　　）。

  A. 例行安全工作制度　　　　　　　　B. 设备设施安全管理制度

  C. 人员安全管理制度　　　　　　　　D. 环境安全管理制度

[解析] 安全标志管理制度属于环境安全管理制度体系，所以该企业应该完善的是环境安全管理制度。

[答案] D

[2018·单选] 某公司为了提高安全生产管理水平，成立工作组对公司的安全生产规章制度进行系统梳理，按照安全系统和人机工程原理健全安全生产规章制度体系。为了完成这项工作，工作组召开会议进行了专题研究。关于各管理制度分类的说法，正确的是（　　）。

A. 安全标志管理制度属于综合安全管理制度

B. 安全工器具的使用管理制度属于人员安全管理制度

C. 安全设施和费用管理制度属于设备设施安全管理制度

D. 现场作业安全管理制度属于环境安全管理制度

[解析] 安全标志管理制度属于环境安全管理制度，选项 A 错误。安全设施和费用管理制度属于综合安全管理制度，选项 C 错误。现场作业安全管理制度属于人员安全管理制度，选项 D 错误。

[答案] B

■ 真题精解

点题：本考点属于低频考点，主要考查企业安全生产规章制度四大体系一一对应的关系。在 2020—2022 年均没有考查到，所以需要留意。

分析：安全生产规章制度四大体系总结见表 2-2。

表 2-2 安全生产规章制度四大体系总结

综合安全管理制度	人员安全管理制度	设备设施安全管理制度	环境安全管理制度
（1）安全生产责任制 （2）安全管理定期例行工作制度 （3）承包与发包工程安全管理制度 （4）安全设施和费用管理制度 （5）重大危险源管理制度 （6）危险物品使用管理制度 （7）消防安全管理制度 （8）隐患排查和治理制度 （9）交通安全管理制度 （10）防灾减灾管理制度 （11）事故调查报告处理制度 （12）应急管理制度 （13）安全奖惩制度 （14）安全生产管理目标、指标和总体原则	（1）安全教育培训制度 （2）劳动防护用品发放使用和管理制度 （3）安全工器具的使用管理制度 （4）特种作业及特殊危险作业管理制度 （5）岗位安全规范 （6）职业健康检查制度 （7）现场作业安全管理制度	（1）"三同时"制度 （2）定期巡视检查制度 （3）定期维护检修制度 （4）定期检测、检验制度 （5）安全操作规程	（1）安全标志管理制度 （2）作业环境管理制度 （3）职业卫生管理制度

由于内容很多，备考过程中可以用排除法记忆。第一类综合安全管理制度内容最多，我们不用记，只记后面三大类即可。人员安全管理制度对象都是人，是给人制定的制度，记忆口诀是"刚建

护工交作业"；设备设施安全管理制度针对的是设备，记忆口诀是"三同时＋三定期＋操作规程"。

拓展：本考点的考查形式有两种：

（1）正考。例如，2018年、2023年真题考查每一大类体系的对应关系，相对简单。

（2）反考。例如，2019年真题通过题干描述的企业安全管理出现的问题，反选出应完善的规章制度体系，这种考查形式难度大，也是近年常见的一种考查方式。

易混提示

本考点的易混点有两个方面：

（1）对于表格中的内容，设备设施安全管理制度中的安全操作规程很容易被理解成是人员的安全管理制度，因为操作规程是给人制定的，这点需要格外留意，操作规程针对的是设备设施。

（2）环境安全管理制度中的安全标志管理制度不易理解，如在汽油储罐区张贴的"禁止烟火"标志，体现的是环境管理，需要注意。

举一反三

[典型例题1·单选] 2023年3月19日，某市应急管理部门对该市一家大型塑料产品加工厂进行现场安全检查，在检查事故记录台账时发现该厂1♯生产车间大型模具设备在2022年11月5日发生过一起事故，原因是操作工操作失误。经过进一步检查发现，该设备的安全操作规程不完善，部分内容持久未修正，不能保障安全生产。依据相关规定，该塑料产品加工厂应该完善的制度是（　　）。

A. 综合安全管理制度 　　　　　　　　 B. 设备设施安全管理制度

C. 人员安全管理制度 　　　　　　　　 D. 环境安全管理制度

[解析] 题干中，安全操作规程不完善，部分内容持久未修正，不能保障安全生产，应该完善的是安全操作规程管理制度，属于设备设施安全管理制度。

[答案] B

[典型例题2·单选] 2023年2月21日，某市应急管理部门执法人员对该市一大型化工生产企业进行现场检查，发现厂区西北位置构成重大危险源的1♯、3♯成品库房未明确安全包保责任人员，电子监控记录只保存了20天。针对企业安全规章制度体系的分类，该企业应该完善的制度体系是（　　）。

A. 设备设施安全管理制度

B. 人员安全管理制度

C. 环境安全管理制度

D. 综合安全管理制度

[解析] 该企业重大危险源管理制度存在缺失，企业重大危险源应明确三大包保责任人（主要负责人、技术负责人和操作负责人），要设置监控措施，保存的电子监控数据不得少于30天。重大危险源管理制度属于综合安全管理制度，所以应完善的规章制度体系是综合安全管理制度。

[答案] D

环球君点拨

本考点属于低频考点，可以按照前述口诀或关键词记忆法辅助学习，考试时还可以结合选择题的特点灵活选择。

考点2　安全生产规章制度建立流程 [2023、2022、2021、2020]

真题链接

[2023·单选] 某化工企业拟定安全生产责任制、应急管理制度，安全生产费用提取和使用办法以及聚乙烯装置安全生产操作规程，通过企业的职能部门会签，经审核后签发。关于该企业安全生产规章制度及相关文件签发的说法，正确的是（　　）。

A. 聚乙烯装置安全生产操作规程由总工程师签发

B. 安全生产责任制由安全总监签发

C. 应急管理制度由分管生产的负责人签发

D. 安全生产费用提取和使用办法由分管财务的负责人签发

[解析] 技术规程、安全操作规程等技术性较强的安全生产规章制度，一般由生产经营单位主管生产的领导或总工程师签发，选项A正确。涉及全局性的综合管理制度应由生产经营单位的主要负责人签发，选项B、C、D错误。

[答案] A

[2022·单选] 某公司因生产工艺优化和设备更新迭代，安全部门组织生产部门及相关操作人员对安全绩效管理制度和设备安全操作规程等进行了全面修订，并下发执行。关于安全管理制度制定及执行的说法，错误的是（　　）。

A. 新设备投用后应及时发布经审批的安全操作规程

B. 安全绩效管理制度在签发前应听取工会意见

C. 将发布后的设备安全操作规程发给相关操作人员

D. 安全操作规程应每3年至少进行一次全面修订

[解析] 安全操作规程类规章制度，除每年进行审查和修订外，每3～5年应进行一次全面修订并重新发布，选项D错误。

[答案] D

[2020·单选] 某公司财务部按照要求编制了安全生产费用的提取和使用管理办法，经公司分管的副总经理书面批准，以公司红头文件的形式发布。但在文件执行过程中，公司计划部和安全生产部提出反对意见，认为该管理办法与公司现行预算管理制度相矛盾。该管理办法在编制过程中，可能缺失的环节是（　　）。

A. 起草环节　　　　　B. 审核环节　　　　　C. 培训环节　　　　　D. 会签环节

[解析] 会签或公开征求意见：起草的规章制度，应通过正式渠道征得相关职能部门或员工的意见和建议，以利于规章制度颁布后的贯彻落实。当意见不能取得一致时，应由分管领导组织讨论，统一认识，达成一致。本题中，规章制度在实施之后，计划部和安全生产部提出反对意见，缺失的环节是会签。

[答案] D

真题精解

点题：本考点属于高频考点，近5年考查了3次。企业在现实安全生产管理中，安全规章制度的建立要符合流程，安全生产管理人员也要熟悉流程，这也是考试大纲对考生的明确要求。

分析：一项安全生产规章制度从无到有建立的流程如图2-1所示。

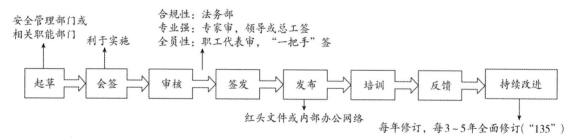

图 2-1　安全生产规章制度建立的流程

可以用口诀辅助记忆："草签核发，布赔反进"。

拓展：本考点的考查形式主要为以某一步骤，或者以企业实际案例为题干，反问流程缺失的步骤，考试时可以按照上述口诀以及图表流程中每个步骤包含的知识点进行选择。

■ 易混提示

第四步签发环节，专业性较强的制度（如设备的操作规程）由专家审核，主管生产的领导或总工程师签发。这个领导一定是主管生产的领导，如主管生产的副总经理、生产科的科长或副科长、主管生产的技术负责人等，考试时应注意，"主管安全的领导"的说法是不对的。

■ 举一反三

[典型例题 1·单选] 某石油天然气开采企业新引进一套油水分离系统，该企业主要负责人要求相关部门及时组织制定该系统的安全技术操作规程，根据企业安全规章制度的管理内容，该技术规程制定流程中负责审核和签发的分别是（　　）。

　A. 安全生产管理部门，总工程师

　B. 相关职能部门，主管生产的领导

　C. 邀请的相关专家，主要负责人

　D. 邀请的相关专家，总工程师

[解析] 专业性强的技术操作规程由专家审核，主管生产的领导或总工程师签发。

[答案] D

[典型例题 2·单选] 某化工厂因硫化氢泄漏导致 2 名工作人员中毒身亡，25 名工作人员身体不适，经过事故调查发现，该公司存在责任制不健全、相关安全规章制度落实不到位的问题，且重大危险源未登记建档，未定期检测和监控。关于该单位安全生产规章制度体系建立的说法中，错误的是（　　）。

　A. 该公司需要重点完善重大危险源制度和安全生产责任制

　B. 该公司完善的制度属于综合安全管理制度

　C. 所有制度签发前，应经过职工代表大会或职工代表进行审核

　D. 该单位的规章制度，应采用固定的方式进行发布

[解析] 重大危险源制度属于综合安全管理制度，该企业是安全生产责任制的缺失，选项 A、B 正确。涉及全员的安全管理制度，如本题的重大危险源制度，应由职工代表大会或职工代表审核，主要负责人签发，选项 C 错误。生产经营单位的规章制度，应采用固定的方式进行发布，如红头文件形式、内部办公网络等，选项 D 正确。

[答案] C

环球君点拨

本考点是本节的重点内容，应掌握整体流程及每一步骤的知识点，切忌死学，考试时要灵活运用。

第三节 安全操作规程

安全操作规程的编制 [2023、2022、2021、2020、2019]

真题链接

[2023·单选] 某企业使用数控车床加工钢质零件，制定了相应的安全操作流程，为适应市场需要，企业将该数控车床用于加工镁合金零件。关于数控车床安全操作规程的说法，错误的是（　　）。

A. 加工零件的材质发生改变，需修订安全操作规程

B. 安全操作规程可采取流程图表化的形式

C. 安全操作规程应经过审批发布后严格执行

D. 安全操作规程格式应采用全式

[解析] 设备设施工序发生变化需要及时修订安全操作规程，选项A正确。为了使操作者更好地掌握、记住操作规程，发生事故时的既定程序处理，也可以将安全操作规程图表化、流程化，选项B正确。安全操作规程编写完成后，应广泛征求设备管理部门和使用部门意见，进一步修改完善，经过审批，作为企业内部标准严格执行，选项C正确。企业内部制定安全操作规程通常采用简式，规程的文字应简明，选项D错误。

[答案] D

[2022·单选] 某化工企业改扩建的苯乙烯装置包括螺杆机、压力容器、压力管道等设备设施，技术质量部门组织修订苯乙烯装置安全生产操作规程，在组织审查该操作规程时，生产部提出部分内容缺失。根据安全生产操作规程编写的要求，应补充的内容是（　　）。

A. 装置突然停电时应急处理方案　　　B. 装置螺杆机检修步骤

C. 装置压力容器定期检验探伤步骤　　D. 装置工艺管道单线图

[解析] 装置突然停电时应急处理方案属于操作规程中的异常情况的处理，选项A正确。安全操作规程针对的是设备设施的操作，不包含检修内容，选项B、C、D错误。

[答案] A

[2021·单选] 某炼化企业拥有一套100万t/a柴油加氢装置，因扩充产能又新建了一套100万t/a柴油加氢装置。关于新建装置的安全操作规程管理的说法，正确的是（　　）。

A. 新操作规程可以采用简式格式编写

B. 采用原安全操作规程，应由设备部门审批

C. 采用原安全操作规程，应由使用部门审批

D. 新安全操作规程在原基础上编写应图表化、流程化

[解析] 企业操作规程的撰写可以采用简式格式，选项A正确。新建装置的操作规程不能采用原操作规程，可根据车间生产环境、设备、人员等情况参考原操作规程编写，选项B、C错误。安全操作规程编写可以图表化、流程化，目的是一目了然，而不是"应"图表化、流程化，选项D

错误。

[答案] A

[2020·单选] 某企业电焊机安全操作规程的部分内容为："电焊机应放在通风、干燥处，放置平稳；检查焊接面罩，应无漏光、无破损；导线有受潮、断股现象时应立即更换；施焊中，如发现自动停电装置失效，应及时停机，断电后检修处理；必须在潮湿处施焊时，焊工应站在绝缘木板上，不准用手触摸焊机导线，不准用臂夹持带电焊钳，以免触电。"以上描述中，未涉及的安全操作规程重要内容是（　　　）。

A. 劳动防护用品的穿戴要求

B. 操作前的准备

C. 操作的先后顺序、方式

D. 操作人员所处的位置

[解析] 根据题干，检查焊接面罩为操作前的准备；如发现自动停电装置失效，应及时停机，断电后检修处理属于操作的先后顺序、方式；焊工应站在绝缘木板上属于操作人员所处的位置。本题中，劳动防护用品的穿戴要求没有体现。

[答案] A

[2019·多选] 某大型企业新购进一批叉车，企业分管安全的副总经理王某要求设备和安全部等人员合作编写叉车的安全操作流程。关于安全操作规程编制的说法，正确的有（　　　）。

A. 王某可组织编写叉车安全操作规程

B. 叉车安全操作规程编写应参考叉车的使用说明书

C. 叉车安全操作规程应征求使用部门意见

D. 应编写叉车异常情况下的处置内容

E. 叉车安全操作规程的类型应使用全式格式

[解析] 组织或参与编写安全操作规程属于企业安全生产管理人员的安全职责，王某属于安全生产管理人员，选项 A 正确。安全操作规程的编制依据是相关的法律法规、设备说明书、有关事故案例、企业安全生产规章制度，选项 B 正确。安全操作规程编制完成后需要征求设备部门和使用部门的意见，选项 C 正确。异常情况下的处置内容属于操作规程的内容，选项 D 正确。企业安全操作规程的撰写应使用简式格式，全式格式针对的是行业性规程，选项 E 错误。

[答案] ABCD

真题精解

点题：本节内容的考查分值性价比比较高，内容相对较少、较简单。本节属于高频考查内容，一般将操作规程的内容和依据混合到一个题目中，或者将操作规程的撰写和内容混合，虽然综合性较强，但是整体上难度不大。

分析：

1. 操作规程的编制依据

（1）现行国家或行业的安全技术规程、相关法律法规。

（2）设备的使用说明书，设计、制造等原始资料。

（3）曾经出现过的事故案例。

（4）作业环境条件、工作制度等。

记忆口诀:"法规说案例制度"。

2. 操作规程的编制内容

(1) 操作前的准备,如检查、调整、工具等。

(2) 劳动防护用品的穿戴要求以及如何穿戴等。

(3) 操作的先后顺序、方式。

(4) 操作过程中机器设备的状态。

(5) 操作过程需要进行的测试和调整。

(6) 规范操作姿势。

(7) 必须禁止的行为。

(8) 异常情况的处理。

3. 编写安全操作规程

编写安全操作规程如图 2-2 所示。

$$编写安全操作规程 \begin{cases} 全式:复杂,行业规程 \\ 简式:简单,企业规程 \end{cases} \genfrac{}{}{0pt}{}{撰写完成}{征求意见} \begin{cases} 设备管理部门 \\ 使用部门 \end{cases}$$

图 2-2　编写安全操作规程

全式的行业规程,例如,危化品行业、机械制造行业、化工行业等;简式的企业规程,例如,新购买的叉车、新安装的生产线等,针对的是企业内部操作规程。编写过程中可以将安全操作规程图表化、流程化,目的是一目了然。

拓展: 按照企业安全生产规章制度体系的分类,操作规程属于设备设施安全管理制度的体系,所以也应遵循"持续改进"要求,每年及时修订,每 3~5 年进行全面修订。随着生产工艺的变化,新设备的使用和新材料、新技术的应用,操作方式和方法也会发生变化,因此,操作规程在编制完成后要根据以上情况及时修订。

易混提示

备考过程中需要注意以下两点:

(1) 操作规程撰写完成需要征求设备管理部门和使用部门的意见,两个部门不是必须同时设置的,可能只设置设备管理部门也可能只设置使用部门,考试时要灵活选择。

(2) 安全操作规程针对的是设备的操作,有别于设备的检修规程,不要混淆二者。

举一反三

[典型例题 1·单选] 2023 年 3 月 15 日,某市一家大型物流企业仓储区新进一批叉车,该企业总经理要求安全科和设备科共同编制该叉车的安全操作规程,编制完成后该企业法律事务部门进行了合规性审核,经总工程师签发后于 4 月 1 日正式实施。关于该操作规程进行第一次全面修订,最迟时间是（　　）。

A. 2023 年 3 月 15 日　　　　　　　　　　B. 2023 年 4 月 1 日

C. 2025 年 4 月 1 日　　　　　　　　　　D. 2028 年 4 月 1 日

[解析] 安全操作规程属于安全生产规章制度中的设备设施安全管理制度,要求撰写完毕后每年及时修订,每 3~5 年全面修订。本题中,全面修订的最迟日期是 2028 年 4 月 1 日。

[答案] D

[典型例题 2·单选] 某化工企业总经理王某组织相关工程技术人员对本企业的安全操作规程

进行修订，对于设备操作岗位，安全操作规程不包括的内容是（　　　）。

A. 劳动防护用品的穿戴要求　　　　B. 异常情况的处理程序

C. 操作过程中必须禁止的行为　　　D. 同类型设备的操作规程

[解析] 劳动防护用品的穿戴要求、异常情况的处理程序、操作过程中必须禁止的行为均属于安全操作规程的内容。

[答案] D

[典型例题3·单选] 某金属冶炼企业针对电力检修作业编制的安全操作规程中明确了"作业岗位要持证上岗""检修时要断电、挂牌、上锁""要穿戴好劳动防护用品"等内容，该操作规程采用简式格式编写，并采用固定方式进行了发布。下列内容中，发生变化时不需要对操作规程进行修订的是（　　　）。

A. 企业采用了新工艺和新设备

B. 线路的电压发生变化

C. 操作的方式和方法发生了变化

D. 作业人员离岗 4 个月后又复岗

[解析] 安全操作规程随着生产工艺的变化，新设备的使用和新材料、新技术的应用，操作方式和方法也会发生变化，因此，操作规程在编制完成后要根据以上情况进行及时修订。

[答案] D

■ 环球君点拨

本节内容是每年的必考点，分值在 1 分左右，主要以操作规程的内容和撰写为主要考查方向。

第四节　安全生产教育培训

▶ 考点1 **教育培训的组织** [2023、2020、2018、2017、2015、2014]

■ 真题链接

[2020·单选] 某大型食品生产加工企业为缓解一线辅助生产人员不足的问题，分别与劳务派遣公司和职业学校签订合同，由劳务派遣公司派遣 6 名劳务人员到企业锅炉车间工作，职业学校派 20 名实习学生到包装车间工作。关于安全生产教育培训的做法，错误的是（　　　）。

A. 企业应负责实习学生安全操作规程的培训

B. 职业学校应协助企业对实习学生进行安全生产教育和培训

C. 企业应建立劳务派遣人员和实习学生的安全生产教育和培训档案

D. 劳务派遣公司应负责劳务派遣人员安全操作规程的培训

[解析] 企业应对劳务派遣人员以及学校实习学生进行安全生产教育培训，并建立培训档案，学校应该协助企业进行教育培训，选项 A、B、C 正确。劳务派遣人员安全操作规程的培训应由企业组织，而不是劳务派遣公司，选项 D 错误。

[答案] D

[2018·单选] 某工程机械集团企业有甲、乙、丙、丁等生产工厂，其中，甲工厂是国内大型的数控机床加工工厂，乙工厂是国家规定规模以上的高温熔融金属工厂，丙工厂是国内厂房跨度最

大的工程机械装配工厂，丁工厂是国家重点攻关项目的泡沫塑料模具制造工厂。在对该企业进行安全生产标准化评审时，安全生产标准化评审员张工负责审核该企业提供的有关安全生产管理人员的培训考核证书，企业所提供的证书均为由某培训公司签发的《安全生产管理人员培训证》。张工应要求企业补充提供（　　）的安全生产监督管理部门考核证书佐证材料。

  A. 甲工厂安全管理人员   B. 乙工厂安全管理人员

  C. 丙工厂安全管理人员   D. 丁工厂安全管理人员

  [解析] 根据《生产经营单位安全培训规定》第二十四条，煤矿、非煤矿山、危险化学品、烟花爆竹、金属冶炼等生产经营单位主要负责人和安全生产管理人员，自任职之日起 6 个月内，必须经安全生产监管监察部门对其安全生产知识和管理能力考核合格。本题中，乙工厂属于金属冶炼企业，其安全生产管理人员应提供考核合格证书。

[答案] B

  [2018·单选] 某机械制造企业为了进一步夯实安全基础，提升企业的安全管理水平，把创建安全生产标准化作为推动安全生产工作的抓手，并紧密结合企业实际情况，狠抓安全培训教育，组织制定安全培训教育制度及培训大纲，明确了培训的内容、时间和培训的主管部门，并按照培训计划开展培训，对培训效果进行评估。关于企业安全培训管理的说法，正确的是（　　）。

  A. 企业特种作业人员的教育培训主管部门不定期识别安全培训需求

  B. 企业组织培训，使企业主要负责人、专职安全员具备相应的安全管理知识和管理能力

  C. 企业培训主管部门制定实施安全教育培训计划，必要的培训资源由属地主管部门提供

  D. 企业培训主管部门对相关方人员的安全教育培训情况可不记录

  [解析] 企业应明确安全教育培训主管部门，定期识别安全教育培训需求，制定、实施安全教育培训计划，并保证必要的安全教育培训资源，选项 A、C 错误。企业应对进入企业从事服务和作业活动的承包商、供应商的从业人员和接收的中等职业学校、高等学校实习生，进行入厂安全教育培训并保存记录，选项 D 错误。

[答案] B

▊ 真题精解

  点题：本考点属于低频考点，近 5 年内考查了 2 次，主要针对不同类型人员安全教育培训的组织者进行辨析性考查，相对较简单。

  分析：安全教育培训的组织实施如图 2-3 所示。

安全教育培训的组织实施 { 政府人员 { 国家应急管理部：省级及以上应急管理部门的监管人员、各级煤矿安全监察机构的煤矿安全监察人员 / 省应急管理部门：市级、县级应急管理部门的监管人员 }; 企业：自己组织实施 }

图 2-3　安全教育培训的组织实施

  根据《生产经营单位安全培训规定》第四条，生产经营单位使用被派遣劳动者的，应当将被派遣劳动者纳入本单位从业人员统一管理，对被派遣劳动者进行岗位安全操作规程和安全操作技能的教育和培训。劳务派遣单位应当对被派遣劳动者进行必要的安全生产教育和培训。生产经营单位接收中等职业学校、高等学校学生实习的，应当对实习学生进行相应的安全生产教育和培训，提供必要的劳动防护用品。学校应当协助生产经营单位对实习学生进行安全生产教育和培训。

根据《生产经营单位安全培训规定》第二十四条，煤矿、非煤矿山、危险化学品、烟花爆竹、金属冶炼等生产经营单位主要负责人和安全生产管理人员，**自任职之日起 6 个月内，必须经安全生产监管监察部门对其安全生产知识和管理能力考核合格。**（记忆口诀是"**高危企业：旷野化花**"）

拓展：本考点还需要掌握以下两点：

（1）安全教育培训的考核见表 2-3。

表 2-3　安全教育培训的考核

考核部门	组织部门/需考核人员
国家应急管理部	央企总公司（主要负责人、安管人员）
	煤矿安全监察人员
	省级以上政府安全监管人员
省应急管理部门	省属企业（主要负责人、安管人员）
	央企分公司（主要负责人、安管人员）
	特种作业人员
	市级、县级安全监管人员
市应急管理部门	其他
省煤矿监管机构	所辖区域内煤矿企业、煤矿特种作业人员
备注：其他从业人员的培训考核由企业自行组织	

（2）根据《安全生产法》第九十七条，生产经营单位有下列行为之一的，责令限期改正，处 10 万元以下的罚款；逾期未改正的，责令停产停业整顿，并处 10 万元以上 20 万元以下的罚款，对其直接负责的主管人员和其他直接责任人员处 2 万元以上 5 万元以下的罚款：

①未按照规定设置安全生产管理机构或者配备安全生产管理人员、注册安全工程师的。

②危险物品的生产、经营、储存、装卸单位以及矿山、金属冶炼、建筑施工、运输单位的主要负责人和安全生产管理人员未按照规定经考核合格的。

③未按照规定对从业人员、被派遣劳动者、实习学生进行安全生产教育和培训，或者未按照规定如实告知有关的安全生产事项的。

④未如实记录安全生产教育和培训情况的。

⑤未将事故隐患排查治理情况如实记录或者未向从业人员通报的。

⑥未按照规定制定生产安全事故应急救援预案或者未定期组织演练的。

⑦特种作业人员未按照规定经专门的安全作业培训并取得相应资格，上岗作业的。

易混提示

对于安全教育培训的组织，需要注意以下两点：

（1）企业有条件的可以自己组织培训，不具备培训条件的可以委托给相关机构，但是安全教育培训的责任仍是企业自身。

（2）安全教育培训由企业组织实施，但由政府有关部门进行考核，这个考核不等于培训的组织。

举一反三

[典型例题 1·单选] 王某是河南省郑州市 A 国有央企下属 B 分公司的一名安全生产管理人员。根据《安全生产培训管理办法》，对王某进行安全生产教育培训组织和考核的分别是（　　）。

A. 河南省应急管理部门，A 国有央企　　　　B. 河南省应急管理部门，B 分公司

C. B 分公司，河南省应急管理部门　　　　　D. B 分公司，郑州市应急管理部门

[解析] 王某是 B 分公司的安全生产管理人员，其安全教育培训的组织应是 B 分公司；对于国有央企分公司的主要负责人和安全生产管理人员，应由省级应急管理部门进行考核，本题应由河南省应急管理部门考核。

[答案] C

[典型例题 2·单选] 某危险化学品生产单位十分重视安全问题，尤其是从业人员的安全教育培训。该危险化学品生产单位的主要负责人甲某认为加强对从业人员的安全教育培训，提高从业人员安全意识和综合素质，是防止人的不安全行为、减少人为失误的重要途径。下列关于安全教育培训的说法，错误的是（　　）。

A. 甲某应当由负有安全生产监督管理职责的部门对其安全生产知识和管理能力考核合格

B. 该危险化学品生产单位应当建立安全生产教育和培训档案，如实记录安全教育培训

C. 该危险化学品生产单位应当如实告知作业场所和工作岗位存在的危险因素和防范措施

D. 该企业从业人员可以选择性接受安全生产教育培训，掌握本工作所需的安全生产知识

[解析] 甲某是危险化学品生产单位的主要负责人，应当在任职之日起 6 个月内由负有安全生产监督管理职责的部门对其安全生产知识和管理能力考核合格，选项 A 正确。生产经营单位应当建立安全生产教育和培训档案，如实记录安全教育培训，选项 B 正确。生产经营单位应当向从业人员如实告知作业场所和工作岗位存在的危险因素和防范措施，选项 C 正确。企业安全生产教育培训是规范强制性要求，不是自愿行为，选项 D 错误。

[答案] D

[典型例题 3·单选] 河北省应急管理部门的安全生产监管人员、各级煤矿安全监察机构的煤矿安全监察人员的培训工作的组织实施者是（　　）。

A. 河北省应急管理部门

B. 河北省人民政府

C. 河北省应急管理部门及有关部门

D. 国务院应急管理部

[解析] 国务院应急管理部负责省级及以上应急管理部门的监管人员、各级煤矿安全监察机构的煤矿安全监察人员的教育培训和考核。

[答案] D

环球君点拨

本考点属于低频考点，主要以考查企业安全教育培训的组织为主，内容较简单。

▶ **考点2** **培训的内容、学时及三级安全教育培训** [2023、2022、2021、2020、2019、2017、2015、2014]

■ **真题链接**

[2023·单选] 某厂氧化铝焙烧车间的一名电工调整至磨碎车间综合班的电工岗位，负责该电工调整后的安全教育培训工作的是（　　）。

A. 磨碎车间　　　　　　　　　　　B. 厂安全生产管理部门

C. 综合班　　　　　　　　　　　　D. 特种作业培训机构

[解析] 调整工作岗位和离岗后重新上岗的安全教育培训工作，原则上应由车间级组织。

[答案] A

[2022·单选] 某建筑施工企业承包一防水工程项目，其中工人甲是连续从业12年的焊工，工人乙是连续从业10年的电工，工人丙是连续从业4年的架子工。甲、乙、丙均在从业期间遵规守纪，三人的特种作业人员操作证于2017年9月刚完成复审。下列说法中，正确的是（　　）。

A. 到2020年9月，甲不需要复审，乙、丙需要复审

B. 三人均可以参加户籍所在地受委托的市级安全生产监督管理部门组织的培训

C. 甲的特种作业人员操作证复审时间可延长至2025年9月

D. 申请复审前，甲应参加不少于4学时，乙、丙不少于8学时的安全培训

[解析] 选项A、C、D错误，特种作业操作证有效期为6年，每3年复审一次，连续从事本工种10年以上的，复审时间可以由3年延长至6年。本题中，甲、乙复审时间可以延长至2023年9月，复审前需要参加不少于8个学时的培训。选项B正确，特种作业人员可以在户籍地或者从业地参加教育培训。

[答案] B

[2021·单选] 某肉制品加工集团公司受疫情影响，传统业务受到冲击，对现有业务进行重组整合，于2020年2月成立了集团子公司甲企业，任命张某为甲企业总经理，任命赵某为甲企业生产副总经理，并于同年3月安排二人参加属地应急管理部门组织的安全生产培训，均取得了上岗资格证书。2021年，为了加强安全生产管理，甲企业任命王某和李某为安全管理人员，其中王某从集团总部调入，持有中级注册安全工程师职业资格证书，李某为刚毕业大学生。关于甲企业主要负责人和安全管理人员2021年度安全生产培训时间的说法，正确的是（　　）。

A. 张某培训时间不得少于16学时　　B. 王某培训时间不得少于16学时

C. 李某培训时间不得少于36学时　　D. 赵某培训时间不得少于12学时

[解析] 肉制品加工企业不属于高危企业，生产经营单位主要负责人和安全生产管理员初次安全培训时间不得少于32学时，每年再培训时间不得少于12学时。张某是本企业的主要负责人，2021年再培训学时不少于12学时；王某属于内部调岗，再培训学时不少于12学时；李某作为初次培训的安全生产管理人员，培训学时不少于32学时。

[答案] D

■ **真题精解**

点题：本考点是本节的重点内容，教育培训的学时是每年的必考点，可能会结合其他知识点一同考查，记忆量很大。

分析：

（1）根据《特种作业目录》，十大特种作业人员有：电工作业、焊接与热切割作业、高处作业、制冷与空调作业、煤矿安全作业、金属非金属矿山安全作业、石油天然气安全作业、冶金（有色）生产安全作业、危险化学品安全作业、烟花爆竹安全作业。

记忆口诀："高危非金冶，电焊煤油加冷烟"。

（2）根据《特种作业人员安全技术培训考核管理规定》，特种作业人员需要持特种作业操作证上岗，可以在户籍所在地或者从业所在地参加培训并考核。特种作业操作证有效期为 6 年，在全国范围内有效，每 3 年复审 1 次。在特种作业操作证有效期内，满足以下三个条件时，复审时间可以延长至每 6 年 1 次：

①连续从事本工种 10 年以上。

②严格遵守有关安全生产法律法规。

③原考核发证机关或者从业所在地考核发证机关同意。

（3）特种作业操作证申请复审或者延期复审前，特种作业人员应当参加必要的安全培训并考试合格。安全培训时间不少于 8 学时，主要培训法律法规、标准、事故案例和有关新工艺、新技术、新装备等知识。

记忆口诀："631068"。

（4）主要负责人、安全生产管理人员、特种作业人员安全教育培训的内容及学时见表 2-4。

表 2-4　主要负责人、安全生产管理人员、特种作业人员安全教育培训的内容及学时

人员	初次培训内容	再培训内容	培训学时
主要负责人	（1）国家安全生产方针、政策和有关安全生产的法律法规、规章及标准 （2）安全生产管理基本知识、安全生产技术、安全生产专业知识 （3）重大危险源管理、重大事故防范、应急管理和救援组织以及事故调查处理的有关规定 （4）职业危害及其预防措施 （5）国内外先进的安全生产管理经验 （6）典型事故和应急救援案例分析 （7）其他需要培训的内容	（1）新知识、新技术和新颁布的政策、法规 （2）有关安全生产的法律法规、规章、规程、标准和政策 （3）安全生产的新技术、新知识 （4）安全生产管理经验 （5）典型事故案例	（1）高危企业：初次培训不少于 48 学时，再培训不少于 16 学时 （2）其他企业：初次培训不少于 32 学时，再培训不少于 12 学时
安全生产管理人员	（1）国家安全生产方针、政策和有关安全生产的法律法规、规章及标准 （2）安全生产管理、安全生产技术、职业卫生等知识 （3）伤亡事故统计、报告及职业危害的调查处理方法 （4）应急管理、应急预案编制以及应急处置的内容和要求 （5）国内外先进的安全生产管理经验 （6）典型事故和应急救援案例分析 （7）其他需要培训的内容		

续表

人员	初次培训内容	再培训内容	培训学时
特种作业人员	范围："高危非金冶，电焊煤油加冷烟"	复审前：法规、标准、事故案例和有关新工艺、新技术、新装备等知识	不少于8学时

（5）三级安全教育培训的内容见表2-5。

表2-5 三级安全教育培训的内容

厂级	车间级	班组级
（1）生产经营单位安全风险辨识 （2）安全生产管理目标、规章制度、劳动纪律、安全考核奖惩 （3）从业人员的安全生产权利和义务 （4）有关事故案例	（1）本岗位工作及作业环境范围内的安全风险辨识、评价和控制措施 （2）安全设施、个人防护用品的使用和维护 （3）岗位安全职责、操作技能及强制性标准 （4）自救互救、急救方法、疏散和现场紧急情况的处理 （5）典型事故案例	（1）岗位安全操作规程 （2）岗位之间工作衔接配合 （3）作业过程的安全风险分析方法和控制对策 （4）事故案例

新从业人员安全教育培训时间不得少于24学时。煤矿、非煤矿山、危险化学品、烟花爆竹、金属冶炼（"鲜花金矿"）等生产经营单位新上岗的从业人员安全培训时间不得少于72学时，每年接受再培训的时间不得少于20学时。

（6）安全教育培训学时总结如图2-4所示。

$$安全教育培训学时总结 \begin{cases} 主要负责人、安全管理人员 \begin{cases} "鲜花金矿"：48/16 \\ 其他：32/12 \end{cases} \\ 其他人员 \begin{cases} "鲜花金矿"：72/20 \\ 其他：24 \end{cases} \\ 特种作业：复审前：8 \end{cases}$$

图2-4 安全教育培训学时总结

拓展：安全教育培训大纲的制定见表2-6。

表2-6 安全教育培训大纲的制定

项目	培训大纲制定（主要负责人、安全管理人员）
"鲜花金矿"	国家应急管理部
煤矿	国家矿山安全监察局
其他	省、自治区、直辖市的应急管理部门

易混提示

本考点需要注意以下三点：

（1）对于非高危企业的从业人员，新上岗培训不得少于24学时，没有每年再培训要求。

（2）培训学时均为规范规定的最低学时，企业实际培训可以高于规定学时。

（3）两个证的区分见表2-7。

表 2-7　两个证的区分

名称	发证机关	有效期	复审	申请
特种作业操作证	应急管理部	6 年	3 年/6 年	提前 60 日
特种设备操作证	市场监管局	4 年	4 年	提前 3 个月

例如，叉车司机只需要持特种设备操作证即可，因为叉车司机不属于特种作业岗位；又如，塔吊司机需要同时取得特种设备操作证和特种作业操作证，因为塔吊属于特种设备，高处作业属于特种作业。

■ 举一反三

［典型例题 1·单选］安全教育培训是企业的主体责任之一，下列有关某肉制品加工企业安全教育培训的说法中，正确的是（　　）。

　　A. 小王是新上岗的一名职工，对其进行 32 学时的安全教育培训

　　B. 该企业安全生产管理人员的培训内容中应包括重大事故防范的有关规定

　　C. 该企业主要负责人，自任职之日起 6 个月，内应对其管理能力考核合格

　　D. 李某是该企业一名焊接切割人员，其特种作业操作证到期前进行培训的内容不包括对新工艺、新技术的操作知识

［解析］肉制品加工企业不属于高危企业，新入职人员的安全教育培训时间不应少于 24 学时，选项 A 正确。重大危险源管理、重大事故防范、应急管理和救援组织，以及事故调查处理的有关规定，是企业主要负责人的安全教育培训的内容，选项 B 错误。煤矿、非煤矿山、危险化学品、烟花爆竹、金属冶炼等生产经营单位主要负责人和安全生产管理人员，自任职之日起 6 个月内，必须经安全生产监管监察部门对其安全生产知识和管理能力考核合格，选项 C 错误。特种作业人员复审前培训的内容有法规、标准、事故案例和有关新工艺、新技术、新装备等知识，选项 D 错误。

［答案］A

［典型例题 2·单选］某机械加工厂为了扩大生产需求，新招聘了一批从业人员，该企业对其进行了三级安全教育培训。下列关于三级安全教育培训的说法中，正确的是（　　）。

　　A. 岗位安全职责、操作技能及强制性标准是班组级安全教育培训的内容

　　B. 该机械加工厂对新上岗的从业人员进行了 102 学时的培训

　　C. 车间主任安排实习生王某在实习期间独立上岗作业

　　D. 新从业上岗的作业人员每年再培训不得少于 20 学时

［解析］岗位安全职责、操作技能及强制性标准是车间级安全教育培训的内容；实习期间不能独立顶岗作业；对于一般企业新上岗人员的安全教育培训不得少于 24 学时，没有每年再培训要求。

［答案］B

■ 环球君点拨

本节不涉及案例简答内容，记忆量大、内容多，可以按照选择题要求进行记忆。例如，在 2021 年的真题中，肉制品加工企业不属于高危企业，选项中考查的是规范的最低学时要求，就不存在"16""36"两个数字，所以在考试时运用排除法可以快速选出答案。通过历年真题的考查点分析，培训学时是每年的重点，要熟练掌握。

第五节　建设项目安全设施"三同时"

▶ **考点１** **"三同时"的相关要求及监管责任** [2023、2022、2021、2020、2019、2018、2017、2015]

■ **真题链接**

[2022·多选] 某大型矿山企业，为扩大生产规模，改善职工办公条件，拟在"十四五"期间进行金属矿山、危险化学品存储库房、办公楼等多个建设项目。根据《建设项目安全设施"三同时"监督管理办法》（原国家安全生产监督管理总局令第36号，第77号修订），下列建设项目中，应进行安全预评价的有（　　）。

A. 设计生产能力100Mt/a的地下铝矿开采项目

B. 设计生产能力2 000Mt/a的露天铁矿开采项目

C. 改造存储10t酒精、汽油等危险化学品的库房

D. 新建建筑面积为20 000m² 的办公楼

E. 扩建建筑面积为5 000m² 的员工宿舍

[解析] 根据《建设项目安全设施"三同时"监督管理办法》，对下列建设项目进行可行性研究时，生产经营单位应当按照国家规定，进行安全预评价：①非煤矿矿山建设项目；②生产、储存危险化学品的建设项目；③生产、储存烟花爆竹的建设项目；④金属冶炼建设项目；⑤使用危险化学品从事生产并且使用量达到规定数量的化工建设项目。本题中，选项A、B为非煤矿矿山建设项目，选项C为危险化学品建设项目，均需要进行安全预评价。

[答案] ABC

[2021·单选] 某市新建钛白粉矿山企业，按设计配套建设总坝高215m的尾矿库，项目建成后进行了为期3个月的试运行，竣工验收前，企业委托某安全评价机构对安全设施进行了验收评价，并编制了安全验收评价报告。组织该项目竣工验收的是（　　）。

A. 县级应急管理部门

B. 市级应急管理部门

C. 国家应急管理部门

D. 省级应急管理部门

[解析] 对于设计总库容达到1亿 m³ 或者设计总坝高200m以上的尾矿库建设项目，其安全设施需要实施设计审查和竣工验收，由国家应急管理部负责实施项目竣工验收。

[答案] C

[2020·多选] 某大型能源集团公司规划在三年内逐步投资建设一批油田、矿山、炼油、管道等建设项目。根据《国家安全监管总局办公厅关于切实做好国家取消和下放投资审批有关建设项目安全监管工作的通知》和《危险化学品建设项目安全监督管理办法》（国家安全生产监督管理总局令第45号），下列建设项目中，需要国家负责安全生产监督管理的部门进行设施安全审查的有（　　）。

A. 设计80万 t/a的海洋石油新油田开发建设项目

B. 跨省陆地长输天然气管道建设项目

C. 设计 50 万 t/a 的陆地新油田开发建设项目

D. 设计 100 万 t/a 的地下石膏矿建设项目

E. 设计总坝高 100m 的尾矿库建设项目

[解析] 海洋石油建设项目、设计年产量达到 100 万 t 的陆地新油田建设项目均由应急管理部进行安全设施设计的审查，选项 A 正确，选项 C 错误。跨省危险化学品建设项目、设计年产量达到 300 万 t 的地下矿山建设项目、坝高达到 200m 的尾矿库项目，均由应急管理部进行安全设施设计的审查，选项 B 正确，选项 D、E 错误。

[答案] AB

[2018·单选] 某大型企业集团拟建设年设计生产能力 2Mt 非煤矿山建设项目和跨甲、乙两省输送距离 1 000km 的石油天然气长输管道建设项目。根据国家有关规定，关于该集团两个建设项目监督管理的说法，正确的是（　　）。

A. 非煤矿山项目需经国家安全生产监督管理部门审查和验收

B. 非煤矿山项目需经省安全生产监督管理部门审查，国家安全生产监督管理部门备案

C. 石油天然气长输管道建设项目需同时经甲、乙两省安全生产监督管理部门审查

D. 石油天然气长输管道建设项目需经国家安全生产监督管理部门审查

[解析] 地上矿山建设项目，年设计生产能力达到 1 000 万 t，地下矿山建设项目年设计生产能力达到 300 万 t 均需要国家安全生产监督管理部门审查和验收，该集团非煤矿山建设项目年设计生产能力为 2Mt，即 200 万 t，无须经国家安全生产监督管理部门审查和验收，选项 A 错误。该非煤矿山项目安全设施设计的审查与备案应该为该项目所在地应急管理部门，选项 B 错误。该集团跨甲、乙两省输送距离 1 000km 的石油天然气长输管道建设项目需要由甲、乙两省共同的上一级应急管理部门审查其安全设施设计，即应急管理部审查，选项 C 错误，选项 D 正确。

[答案] D

■ 真题精解

点题：本考点是本节的重点内容，每年必考，主要考查的是建设项目"三同时"的监管责任（数字考查），以及需要进行安全验收评价、安全预评价的项目。

分析：

（1）需要由应急管理部审查安全设施设计、竣工验收、监管的建设项目如图 2-5 所示。

图 2-5 需要由应急管理部审查安全设施设计、竣工验收、监管的建设项目

油矿记忆口诀："海陆 100 燃气 20 亿"。

（2）需要进行安全预评价、验收评价的建设项目。

根据《建设项目安全设施"三同时"监督管理办法》第七条，下列项目需要进行安全预评价、验收评价：

①非煤矿矿山建设项目。

②生产、储存危险化学品（包括使用长输管道输送危险化学品）的建设项目。

③生产、储存烟花爆竹的建设项目。

④金属冶炼建设项目。

⑤使用危险化学品从事生产并且使用量达到规定数量的化工建设项目。

记忆口诀："燕金化肥"。

拓展：针对本考点，在备考过程中还需要掌握以下两点：

（1）国家监管的建设项目需要达到一定体量、规模，否则由项目属地应急管理部门负责监管。当建设项目跨越两个行政区域时，由二者共同的上一级应急管理部门实施监管，上一级人民政府应急管理部门根据工作需要，可以将其负责监督管理的建设项目安全设施"三同时"工作委托下一级人民政府应急管理部门实施监督管理。（不可以越级委托）

（2）根据《安全生产法》第三十六条，生产经营单位不得关闭、破坏直接关系生产安全的监控、报警、防护、救生设备、设施，或者篡改、隐瞒、销毁其相关数据、信息。餐饮等行业的生产经营单位使用燃气的，应当安装可燃气体报警装置，并保障其正常使用。根据《安全生产法》第九十九条，关闭、破坏直接关系生产安全的监控、报警、防护、救生设备、设施，或者篡改、隐瞒、销毁其相关数据、信息的，餐饮等行业的生产经营单位使用燃气未安装可燃气体报警装置的，责令企业限期改正，处 5 万元以下的罚款；逾期未改正的，处 5 万元以上 20 万元以下的罚款，对其直接负责的主管人员和其他直接责任人员处 1 万元以上 2 万元以下的罚款；情节严重的，责令停产停业整顿；构成犯罪的，依照刑法有关规定追究刑事责任。

■ 易混提示

海洋石油建设项目均由国家进行监管，与项目的设计年产量无关；但是陆地石油建设项目的设计年产量需达到 100 万 t 才由国家监管。

■ 举一反三

[典型例题 1·单选] 经甲市乙县主管部门批准，同意甲市丙县某甲醇生产企业在乙县下属经济技术开发区内新建一工厂。根据《建设项目安全设施"三同时"监督管理办法》，对该工厂安全设施"三同时"实施监督管理的部门是（   ）。

A. 乙县开发区应急管理部门

B. 丙县应急管理部门

C. 乙县应急管理部门

D. 甲市应急管理部门

[解析] 县级以上地方各级安全生产监督管理部门（现应急管理部门）对本行政区域内的建设项目安全设施"三同时"实施综合监督管理。

[答案] C

[典型例题 2·单选] 某大型管道公司承接了跨越 A 省 B 市 C 县和 D 省 E 市 F 县的天然气输送管道建设工程。根据《建设项目安全设施"三同时"监督管理办法》，下列选项中，不可能对该项

目实施"三同时"监督管理的是（　　）。

　　A. 应急管理部
　　B. B市或E市应急管理部门
　　C. A省应急管理部门
　　D. D省应急管理部门

[解析] 根据《建设项目安全设施"三同时"监督管理办法》第五条，跨两个及两个以上行政区域的建设项目安全设施"三同时"由其共同的上一级人民政府安全生产监督管理部门实施监督管理，上一级人民政府安全生产监督管理部门根据工作需要，可以将其负责监督管理的建设项目安全设施"三同时"工作委托下一级人民政府安全生产监督管理部门实施监督管理。（不可以越级委托）

[答案] B

[典型例题3·单选] 甲省A市拟投资建设一批重点项目：①年产量18亿 m³ 的天然气开发项目；②设计350万 t/a 的露天磷矿建设项目；③设计1 000万 t/a 的钢铁冶炼项目；④跨省天然气管道运输建设项目。需建设单位进行项目安全评价并报国家应急管理部门审查的是（　　）。

　　A. ①
　　B. ②
　　C. ③
　　D. ④

[解析] 天然气属于危险化学品，设计年产量达到20亿 m³ 需要由国家审查监管，选项A错误。露天磷矿属于地上非煤矿山，设计年产量达到1 000万 t 需要由国家审查监管，选项B错误。钢铁冶炼建设项目不属于国家特别监管的行业，选项C错误。跨省天然气管道运输建设项目，由应急管理部审查监管，选项D正确。

[答案] D

[典型例题4·单选] 2023年2月20日，某市郊区大型化工厂发生一起重大伤亡事故，市政府实行挂牌督办。该市应急管理局牵头在事故调查过程中发现，事故发生的原因是：1 000m³ 氯乙烯成品储罐发生泄漏没有及时预警，导致事故扩大，造成人员伤亡。从档案室、监控室查到的资料发现，罐区构成一级重大危险源，其操作负责人李某为了逃避责任，擅自关闭监控系统、删除电子数据，执法人员依法对其进行了处罚。根据《安全生产法》，下列说法不正确的是（　　）。

　　A. 李某构成了刑事犯罪
　　B. 对李某罚款1.5万元
　　C. 对该化工厂罚款4万元
　　D. 要求该化工厂限期改正，同时处以4.5万元罚款

[解析] 根据《安全生产法》，关闭、破坏直接关系生产安全的监控、报警、防护、救生设备、设施，或者篡改、隐瞒、销毁其相关数据、信息的，责令企业限期改正，处5万元以下的罚款；逾期未改正的，处5万元以上20万元以下的罚款，对其直接负责的主管人员和其他直接责任人员处1万元以上2万元以下的罚款；情节严重的，责令停产停业整顿；构成犯罪的，依照刑法有关规定追究刑事责任。本题中，李某擅自关闭监控系统、删除电子数据，导致了重大伤亡事故发生，已经触犯了《刑法》，情况严重，该企业应停产停业整顿，选项D错误。

[答案] D

[典型例题5·单选] 某市为了拉动经济增长，拟投资一些重点建设项目。根据《建设项目安全设施"三同时"监督管理办法》，下列建设项目竣工后，应进行安全验收评价的是（　　）。

　　A. 设计生产能力 99×10⁴t/a 的陆地新油田建设项目
　　B. 设计年生产能力50万辆新能源汽车建设项目

C. 改造大型物流企业的库房

D. 新建建筑面积为 20 000m² 的商业综合体

[解析] 根据《建设项目安全设施"三同时"监督管理办法》，新建油田属于危险化学品建设项目，选项 A 正确。新能源汽车、物流企业的库房、商业综合体建设项目均不属于规范要求应进行安全验收评价的项目。

[答案] A

🌐 环球君点拨

本考点是重要考点，是每年必考点，需牢记两句话：

(1)"燕金化肥"。

(2) 海陆 100 燃气 20 亿。

对于需要国家监管的项目，考试一般考查数字，应该熟记。

▶ 考点2 安全设施设计审查与竣工验收 [2023、2022、2021、2020、2019、2018、2017、2015、2014]

■ 真题链接

[2023·单选] 某新成立的工程机械制造公司在取得相关手续后，当年开工建设，两年后投入使用。关于该企业安全设施"三同时"竣工验收的说法，正确的是（　　）。

A. 该公司组织对安全设施进行竣工验收，并形成书面报告备查

B. 该公司组织对安全设施进行竣工验收，应将验收报告提交县应急管理部门审查

C. 该公司组织对安全设施进行竣工验收，应将验收报告提交市应急管理部门审查

D. 所在地应急管理部门组织第三方进行竣工验收，并组织专家审查

[解析] 机械制造企业不属于高危企业，项目安全设施"三同时"由生产经营单位进行竣工验收，并形成书面报告备查，选项 A 正确。

[答案] A

[2022·单选] 甲公司为扩大生产能力，拟新建一座厂房用于存放机械加工设备，委托乙设计公司进行设计，丙建筑总公司负责施工，丁监理公司负责监理。根据《建设项目安全设施"三同时"监督管理办法》（原国家安全生产监督管理总局令第 36 号，第 77 号修订），下列各企业做法中，正确的是（　　）。

A. 丙公司在深基坑支护施工前，编制了专项施工方案，经丙公司技术负责人审批并报甲公司备案后，实施现场作业

B. 施工过程中，丙公司应提前编制土方开挖工程专项施工方案，发现安全专项设计文件有错漏的，及时向甲、乙公司提出，甲、乙公司应及时处理

C. 甲公司负责对丙公司制定的安全技术措施进行审查，确保符合工程建设强制性标准，项目竣工后，积极组织对项目进行 30 日试运营

D. 建设项目安全设施建成后，由乙公司按照安全设施设计对建成的安全设施进行对比审核检查，发现问题后向甲公司建议整改

[解析] 专项施工方案由施工单位技术负责人审核签字加盖单位公章，并由总监理工程师审查签字，专项施工方案实施前应告知工程所在地县级以上地方人民政府建设主管部门，选项 A 错误。

根据《建设项目安全设施"三同时"监督管理办法》第十八条，施工单位发现安全设施设计文件有错漏的，应当及时向生产经营单位、设计单位提出，生产经营单位、设计单位应当及时处理，选项B正确。监理单位检查施工单位现场施工是否符合国家强制性标准，选项C错误。建设项目安全设施建成后，生产经营单位应当对安全设施进行检查，对发现的问题及时整改，选项D错误。

[答案] B

[2022·单选] 某企业新建一煤化工项目，在初步设计阶段委托具有资质的单位进行了安全设施设计，并报当地安全生产监督管理部门审查批准，后因该项目生产工艺发生重大变化，进行了安全设施设计变更。关于安全设施设计变更管理的做法，正确的是（　　）。

A. 经企业技术负责人审批后开工建设　　B. 经原审批部门批准同意后开工建设
C. 经企业主要负责人审批后开工建设　　D. 经专家评审通过后开工建设

[解析] 根据《建设项目安全设施"三同时"监督管理办法》第十五条，已经批准的建设项目及其安全设施设计有下列情形之一的，生产经营单位应当报原批准部门审查同意；未经审查同意的，不得开工建设：①建设项目的规模、生产工艺、原料、设备发生重大变更的；②改变安全设施设计且可能降低安全性能的；③在施工期间重新设计的。

[答案] B

[2020·单选] 某企业计划建设年产1万t乙醇项目，在该项目安全设施设计审查阶段，企业应当按相关规定向负责安全生产监督管理的部门备案并提交有关文件。下列文件资料中，应向负责安全生产监督管理部门提交的是（　　）。

A. 重大危险源监控系统设计资料

B. 安全预评价报告及相关文件资料

C. 施工单位的施工资质证明文件

D. 从业人员安全教育培训记录及资格证书

[解析] 根据《建设项目安全设施"三同时"监督管理办法》第十二条，对于非煤矿山建设项目，生产、储存危险化学品（包括使用长输管道输送危险化学品）建设项目，以及生产、储存烟花爆竹的建设项目，金属冶炼建设项目，建设项目安全设施设计完成后，生产经营单位应当向安全生产监督管理部门提出审查申请，并提交下列文件资料：①建设项目审批、核准或者备案的文件；②建设项目安全设施设计审查申请；③设计单位的设计资质证明文件；④建设项目安全设施设计；⑤建设项目安全预评价报告及相关文件资料；⑥法律、行政法规、规章规定的其他文件资料。

[答案] B

[2019·单选] 根据建设项目安全设施"三同时"的有关要求，建设项目竣工后应当在投入生产或使用前进行试运行。一些建设项目试运行前，应将试运行方案报负责安全生产监督管理的部门备案。下列建设项目中，应履行备案手续的是（　　）。

A. 烟花爆竹建设项目　　　　　　　　B. 大型游乐场建设项目
C. 碳化钙建设项目　　　　　　　　　D. 道路交通建设项目

[解析] 生产、储存危险化学品的建设项目和化工建设项目，应当在建设项目试运行前将试运行方案报安全生产监督管理部门备案。碳化钙遇湿产生易燃易爆气体乙炔，属于危险化学品，选项C应履行备案手续。

[答案] C

真题精解

点题：本考点是每年重点考查的内容，考查分为两个部分，一个是建设项目安全设施设计审查，另一个是施工和竣工验收。

分析：根据《建设项目安全设施"三同时"监督管理办法》，相关内容如下：

（1）下列建设项目的安全设施设计需要审查：

①非煤矿矿山建设项目。

②生产、储存危险化学品（包括使用长输管道输送危险化学品）的建设项目。

③生产、储存烟花爆竹的建设项目。

④金属冶炼建设项目。

⑤使用危险化学品从事生产并且使用量达到规定数量的化工建设项目。

记忆口诀："燕金化肥"。

（2）生产经营单位审查需要提交以下资料：

①建设项目审批、核准或者备案的文件（项目是否合法）。

②建设项目安全设施设计审查申请。

③设计单位的设计资质证明文件。

④建设项目安全设施设计。

⑤建设项目安全预评价报告及相关文件资料。

⑥法律、行政法规、规章规定的其他文件资料。

（3）已经批准的建设项目及其安全设施设计有下列情形之一的，生产经营单位应当报原批准部门审查同意；未经审查同意的，不得开工建设：

①建设项目的规模、生产工艺、原料、设备发生重大变更的。

②改变安全设施设计且可能降低安全性能的。

③在施工期间重新设计的。

（4）施工单位对危大工程编制专项施工方案的审批人是施工单位技术负责人、总监理工程师。

（5）安全设施的工程质量负责人是施工单位。

（6）监理单位监理施工单位的施工过程是否符合国家强制性标准，承担的责任是监理责任。

（7）生产经营单位对施工现场承担统一协调管理责任。

（8）施工过程中，施工单位发现设计文件有错漏，报生产经营单位、设计单位；安全设施存在重大事故隐患，停工，报生产经营单位。

（9）施工过程中，监理单位发现施工单位存在事故隐患，要求施工单位进行整改；情况严重的，停工，报生产经营单位；施工单位拒不整改，报告给有关主管部门（"报官"）。

（10）试运行阶段管理要求：

①建设项目竣工后，根据规定建设项目需要试运行的，应当在正式投入生产或者使用前进行试运行。试运行时间应当不少于 30 日，最长不得超过 180 日。

②生产、储存危险化学品的建设项目和化工建设项目，应当在建设项目试运行前将试运行方案报安全生产监督管理部门备案。

记忆口诀："三十一百八，二化需备案"。

拓展：学习本考点还需要掌握以下几点：

（1）知识点合并。安全设施设计需要审查、建设项目需要预评价和验收评价的是"燕金化肥"。其他建设项目，生产经营单位应当对其安全生产条件和设施进行综合分析，形成书面报告备查。

（2）根据《建设项目安全设施"三同时"监督管理办法》，生产经营单位按照规定向安全生产监督管理部门提出审查申请，安全生产监督管理部门收到申请后，对属于本部门职责范围内的，应当及时进行审查，并在收到申请后 5 个工作日内作出受理或者不予受理的决定，书面告知申请人；对不属于本部门职责范围内的，应当将有关文件资料转送有审查权的安全生产监督管理部门，并书面告知申请人。对已经受理的建设项目安全设施设计审查申请，安全生产监督管理部门应当自受理之日起 20 个工作日内作出是否批准的决定，并书面告知申请人。20 个工作日内不能作出决定的，经本部门负责人批准，可以延长 10 个工作日，并应当将延长期限的理由书面告知申请人。

（3）建设项目安全设施"三同时"流程（"燕金化肥"）：项目可行性研究→项目审批、核准、备案→安全预评价→安全设施设计→安全设施设计审查→施工→竣工→试运行→验收评价→竣工验收。

（4）根据《建设项目安全设施"三同时"监督管理办法》第二十八条，生产经营单位对本办法规定的建设项目有下列情形之一的，责令停止建设或者停产停业整顿，限期改正；逾期未改正的，处 50 万元以上 100 万元以下的罚款，对其直接负责的主管人员和其他直接责任人员处 2 万元以上 5 万元以下的罚款；构成犯罪的，依照刑法有关规定追究刑事责任：

①未按照本办法规定对建设项目进行安全评价的。

②没有安全设施设计或者安全设施设计未按照规定报经安全生产监督管理部门审查同意，擅自开工的。

③施工单位未按照批准的安全设施设计施工的。

④投入生产或者使用前，安全设施未经验收合格的。

（5）根据《建设项目安全设施"三同时"监督管理办法》第二十九条，已经批准的建设项目安全设施设计发生重大变更，生产经营单位未报原批准部门审查同意擅自开工建设的，责令限期改正，可以并处 1 万元以上 3 万元以下的罚款。

（6）根据《建设项目安全设施"三同时"监督管理办法》第十四条，建设项目安全设施设计有下列情形之一的，不予批准，并不得开工建设：

①无建设项目审批、核准或者备案文件的。

②未委托具有相应资质的设计单位进行设计的。

③安全预评价报告由未取得相应资质的安全评价机构编制的。

④设计内容不符合有关安全生产的法律、法规、规章和国家标准或者行业标准、技术规范的规定的。

⑤未采纳安全预评价报告中的安全对策和建议，且未做充分论证说明的。

⑥不符合法律、行政法规规定的其他条件的。

■ 易混提示

针对本考点，需要注意以下几个方面：

（1）生产、储存危险化学品（包括使用长输管道输送危险化学品）的建设项目，不包括危化品的装卸单位、运输单位。

（2）生产经营单位安全设施设计审查时需要提交设计单位的资质文件，因为设计文件是设计单位出的，所以政府部门需要先审查设计单位有无资质，注意不是施工单位的资质，也不是建设单位的资质。

（3）生产经营单位安全设施设计审查时需要提交项目安全预评价报告，因为项目还没有开始建设，只是在建设之前进行的安全评价，注意不是安全验收评价，也不是安全现状评价。

举一反三

[典型例题1·单选] 2023年1月10日，某大型机械加工企业对厂区进行扩建。该扩建项目的施工单位为甲公司，监理单位为乙公司。根据《建设项目安全设施"三同时"监督管理办法》，下列关于该建设项目安全设施施工和竣工验收的表述中，正确的是（　　）。

A. 甲公司发现安全设施设计有错漏，应当及时向乙公司提出，要求乙公司修改设计文件

B. 乙公司应当审查施工组织设计中的安全技术措施或专项施工方案是否符合工程建设强制性标准

C. 甲公司应当在该建设项目安全设施建成后组织对安全设施进行检查，并对发现的问题进行整改

D. 该机械加工企业应当在该建设项目安全设施竣工或试运行完成后，委托乙公司对安全设施进行验收评价

[解析] 施工单位发现安全设施设计文件有错漏的，应当及时向生产经营单位、设计单位提出，选项A错误。生产经营单位应当在该建设项目安全设施建成后组织对安全设施进行检查，并对发现的问题进行整改，选项C错误。该机械加工企业应当在该建设项目安全设施竣工或试运行完成后，委托有评价资质的评价机构对安全设施进行验收评价，选项D错误。

[答案] B

[典型例题2·单选] 某化工厂准备新建一栋员工宿舍楼，由甲公司承担施工，乙公司承担监理。根据《建设项目安全设施"三同时"监督管理办法》，下列做法中，正确的是（　　）。

A. 乙公司在实施监理过程中，发现存在事故隐患的，应当要求甲公司暂时停止施工

B. 该项目竣工后，在正式投入使用前进行了为期100天的试运行

C. 乙公司发现安全问题，甲公司拒不整改，乙公司应当及时报化工厂

D. 该建设项目在开始施工前应当按照规定进行安全预评价

[解析] 根据《建设项目安全设施"三同时"监督管理办法》，工程监理单位在实施监理过程中，发现存在事故隐患的，应当要求施工单位整改，情况严重的，应当要求施工单位暂时停止施工，并及时报告生产经营单位，选项A错误。试运行时间应当不少于30日，最长不得超过180日，选项B正确。施工单位拒不整改或者不停止施工的，工程监理单位应当及时向有关主管部门报告，选项C错误。非煤矿矿山建设项目，生产、储存危险化学品（包括使用长输管道输送危险化学品）的建设项目，生产、储存烟花爆竹的建设项目，金属冶炼建设项目，使用危险化学品从事生产并且使用量达到规定数量的化工建设项目需要进行安全预评价和验收评价（"燕金化肥"），宿舍楼建设项目不需要进行安全预评价，选项D错误。

[答案] B

[典型例题3·单选] 某市一大型金属冶炼企业拟新建一座400m×1000m×20m的生产厂房，企业领导组织各部门技术人员展开了讨论。王某说，该建设项目安全设施建成后，市级应急管理部门应当对安全设施进行检查，对发现的问题及时整改；李某说，该建设项目竣工投入生产或者使用

前，对安全设施组织竣工验收的应该是本单位；张某说，该建设项目在建设之前应该按照有关规定进行安全预评价；赵某说，如果在施工过程中施工单位发现了安全设施设计存在问题，应该及时向设计单位和我单位有关部门提出。根据《建设项目安全设施"三同时"监督管理办法》，以上四人的说法中，错误的是（　　）。

A. 王某 　　　　　　　　　　　　B. 李某

C. 赵某 　　　　　　　　　　　　D. 张某

［解析］建设项目安全设施建成后，生产经营单位应当对安全设施进行检查，对发现的问题及时整改，王某说法错误。建设项目竣工投入生产或者使用前，生产经营单位应当对安全设施组织竣工验收，并形成书面报告备查。安全设施竣工验收合格后，方可投入生产和使用，李某说法正确。施工单位发现安全设施设计文件有错漏的，应当及时向生产经营单位、设计单位提出，赵某说法正确。生产、储存烟花爆竹的建设项目，金属冶炼建设项目，生产、储存危险化学品（包括使用长输管道输送危险化学品）的建设项目，非煤矿矿山建设项目需预评价和验收评价，张某说法正确。

［答案］A

［典型例题4·单选］2023年3月4日，某金属冶炼企业由于扩大了海外市场，需要增加产能，拟扩建两座厂房。由于工期紧张，在扩建项目安全设施设计完成后，企业王主管及时向项目所在地应急管理局递交了相关文件资料，应急管理局受理后最迟作出是否批准的决定日期是（　　）个工作日。

A. 5 　　　　　　　　　　　　　　B. 10

C. 20 　　　　　　　　　　　　　D. 30

［解析］对已经受理的建设项目安全设施设计审查申请，安全生产监督管理部门应当自受理之日起20个工作日内作出是否批准的决定，并书面告知申请人。20个工作日内不能作出决定的，经本部门负责人批准，可以延长10个工作日，并应当将延长期限的理由书面告知申请人。本题最迟作出是否批准的决定日期是30个（20＋10）工作日。

［答案］D

［典型例题5·单选］某企业新建一煤化工项目，在初步设计阶段委托具有资质的单位进行了安全设施设计，并报当地安全生产监督管理部门审查，工作人员在审查时发现，该企业未采纳安全预评价报告中的安全对策和建议，且未做充分论证说明，遂驳回了申请，未予批准。根据《建设项目安全设施"三同时"监督管理办法》，关于该企业的做法，合理的是（　　）。

A. 要求原设计单位重新设计安全设施"三同时"相关文件

B. 要求原评价机构重新编写预评价报告

C. 不采纳安全预评价报告中的安全对策和建议，向原审查部门作出论证说明

D. 重新聘请第三方评价机构进行安全预评价

［解析］建设项目安全设施设计审查过程中，如果发现企业未采纳安全预评价报告中的安全对策和建议，且未做充分论证说明的，不予批准，并不得开工建设。如果不采纳安全预评价报告中的安全对策和建议，需要作出论证说明，选项C合理。

［答案］C

环球君点拨

　　本考点每年必考，在利用口诀记忆时需要注意细节，可以从大的方面理清建设单位、施工单位、监理单位的主体责任，参考规范《建设项目安全设施"三同时"监督管理办法》条文进行分析。

第六节　重大危险源

◉ 考点 1　重大危险源辨识、分级 [2023、2022、2021、2020、2019、2018、2017、2015、2013]

真题链接

　　[2023·多选] 某化工企业有 5 个重大危险源，重大危险源 R 值分别为 51、37.2、29.4、8.6、19.2，其中构成三级重大危险源的有（　　）。

A. 37.2

B. 51

C. 29.4

D. 19.2

E. 8.6

　　[解析] 危险化学品重大危险源级别和 R 值的对应关系：一级，$R \geqslant 100$；二级，$50 \leqslant R < 100$；三级，$10 \leqslant R < 50$；四级，$R < 10$。

[答案] ACD

　　[2022·单选] 重大危险源评价工作包括辨识、划分生产单元、存储单元。根据《危险化学品重大危险源辨识》（GB 18218—2018），下列说法中，错误的是（　　）。

A. 在划分存储单元时，以 500m 为界限划分单元

B. 重大危险源所在厂区 500m 范围内常住人口的数量会影响分级指标

C. 正确划分生产、存储单元是开展重大危险源的基础

D. 在划分生产单元时，以切断阀为分隔界限划分为独立的单元

　　[解析] 用于储存危险化学品的储罐或仓库组成的相对独立的区域，储罐区以罐区防火堤为界限划分为独立的单元，仓库以独立库房（独立建筑物）为界限划分为独立的单元，选项 A 错误。

[答案] A

　　[2021·多选] 某百万吨级乙烯项目配套设有两个罐区，罐区一是低温液化烃储罐，罐区二包含原料储罐、中间储罐和成品储罐，分布在三个独立防火堤内。根据《危险化学品重大危险源辨识》，下列可被划分为独立评价单元的有（　　）。

A. 罐区一

B. 罐区二

C. 原料储罐

D. 中间储罐

E. 成品储罐

　　[解析] 根据《危险化学品重大危险源辨识》，储罐区以罐区防火堤为界限划分为独立的单元，仓库以独立库房（独立建筑物）为界限划分为独立的单元。原料储罐、中间储罐和成品储罐分别设置在三个防火堤内，所以可以划分为独立的储存单元。罐区一没有说明有没有防火堤，所以无法确定独立单元的划分。

[答案] CDE

[2019·单选] 某钢铁有限公司生产过程中涉及的危险化学品代码是 A1、A2 及 A3，其中 A1、A2 及 A3 的总储量分别为 200t、80t、400t。厂区边界向外扩展 500m 范围内常住人口数量为 55 人。A2 的临界量 Q 与校正系数 β 分别为 20t、2.0，A1 和 A3 的临界量 Q 与校正系数 β 分别为 200t、1.0，危险化学品重大危险源厂区外暴露人员的校正系数为 1.5。危险化学品重大危险源分级方法公式为 $R=\alpha\ (\beta_1\dfrac{q_1}{Q_1}+\beta_2\dfrac{q_2}{Q_2}+\cdots+\beta_n\dfrac{q_n}{Q_n})$。钢铁公司划分为一个评价单元，该钢铁公司危险化学品重大危险源分级为（　　）。

A. 三级重大危险源
B. 四级重大危险源
C. 二级重大危险源
D. 一级重大危险源

[解析] 重大危险源分级需要首先计算 R 值。$R = 1.5 \times$ [1.0×（200/200）＋2.0×（80/20）＋1.0×（400/200）] ＝16.5；当 $10 \leqslant R < 50$ 时，此为三级重大危险源。

[答案] A

[2018·单选] 某危险化学品罐区位于人口相对稀少的空旷地带，罐区 500m 范围内有一村庄，现常住人口数量为 70～90 人。该罐区存有 550t 丙酮、12t 环氧丙烷、600t 甲醇。危险化学品名称及临界量见下表，库房外暴露人员 50～99 人的校正系数 α 为 1.5，100 人以上的校正系数 α 为 2.0。该罐区危险化学品重大危险源分级指标 R 值是（　　）。

序号	类别	危险化学品名称和说明	临界量/t
1	易燃液体	丙酮	500
2	易燃液体	环氧丙烷	10
3	易燃液体	甲醇	500
说明：易燃液体的校正系数 β 为 1.0，易燃气体的校正系数 β 为 1.5			

A. 14.2
B. 10.5
C. 7.1
D. 5.25

[解析] 常住人口 70～90 人，α 取值为 1.5，危险化学品全部为易燃液体，β 取值为 1.0。$R = 1.5 \times$（550/500×1＋12/10×1＋600/500×1）＝1.5×（1.1＋1.2＋1.2）＝5.25。

[答案] D

[2013·单选] 液氨发生事故的形态不同，其危害程度差别很大。安全评价人员在对液氨罐区进行重大危险源评价时，事故严重度评价应遵守（　　）原则。

A. 最大危险
B. 概率求和
C. 概率乘积
D. 频率分析

[解析] 为了对各种不同类别的危险物质可能出现的事故严重度进行评价，根据最大危险原则和概率求和原则建立物质子类别同事故形态之间的对应关系，每种事故形态用一种伤害模型来描述。其中，最大危险原则指如果一种危险物具有多种事故形态，且它们的事故后果相差大，则按后果最严重的事故形态考虑。

[答案] A

真题精解

点题：重大危险源单元划分、分级计算是每年的必考题，本考点难点在于 R 值的计算以及根

据 R 值对重大危险源级别进行划分。

分析：

1. 重大危险源单元划分

重大危险源单元划分如图 2-6 所示。

$$重大危险源单元划分\begin{cases} 生产单元：一条生产线按照1个单元考虑，当生产线太长时，以切断阀划分， \\ \qquad\qquad 1个阀划分2个单元，2个阀划分3个单元 \\ 储存单元\begin{cases} 罐区：以防火堤划分（"1堤1单元"） \\ 库房：以独立的建筑物划分 \end{cases} \end{cases}$$

图 2-6　重大危险源单元划分

根据《危险化学品重大危险源辨识》（GB 18218—2018），在一个共同厂房内的装置可以划分为 1 个单元，散设地上的管道不作为独立的单元处理，但配管桥区除外。

2. 重大危险源辨识

重大危险源辨识如图 2-7 所示。

$$1个单元内\begin{cases} 存放有1种物质：\dfrac{现有量\,q}{临界量\,Q}\geq1 \\[2mm] 存放有\geq2种物质：\dfrac{q_1}{Q_1}+\dfrac{q_2}{Q_2}+\cdots+\dfrac{q_n}{Q_n}\geq1 \end{cases}$$

图 2-7　重大危险源辨识

3. 重大危险源分级

危险化学品重大危险源分级方法公式：

$$R=\alpha\times\left(\frac{q_1}{Q_1}\times\beta_1+\frac{q_2}{Q_2}\times\beta_2+\cdots+\frac{q_n}{Q_n}\times\beta_n\right)$$

式中，q——现有量，考试会给出；

$\qquad Q$——临界量，考试会给出；

$\qquad \beta$——校正系数，考试会给出；

$\qquad \alpha$——厂区边界向外扩展 500m 范围内常住人口数量，需要记忆。

暴露人员校正系数 α 取值如图 2-8 所示。

0.5	1.0	1.2	1.2	1.5	1.5	2.0	2.0	α值
0		30		50		100		人数

图 2-8　暴露人员校正系数 α 取值

重大危险源级别和 R 值的对应关系如图 2-9 所示。

四级	三级	二级	一级	R值
10	50	100		

图 2-9　重大危险源级别和 R 值的对应关系

4. 危险物质事故严重度评价原则

（1）最大危险原则：如果一种危险物具有多种事故形态，且它们的事故后果相差大，则按后果最严重的事故形态考虑。

（2）概率求和原则：如果一种危险物具有多种事故形态，且它们的事故后果相差不大，则按统计平均原理估计事故后果。

拓展：注意 R 值计算的两个系数：

（1）α 值是厂区边界向外扩展 500m 范围内常住人口数量，属于 R 值计算时的校正参数。很明显，人越多，α 值越大，R 值就越大，级别就越高，对重大危险源的管控就越严。

（2）β 值是对危险化学品危险性校正，危险性越大，β 值越大；危险性越小，β 值越小。例如，同一个单位内储存了 10t 汽油和 1t 柴油，与储存 1t 汽油 10t 柴油相比，因为 β 校正系数的存在，计算出的 R 值是不一样的。

■ 易混提示

学习本考点需要注意以下两点：

（1）α 值和 R 值的记忆数轴，临界点均往右靠，取大。

（2）重大危险源辨识和分级针对的是危险化学品，不涉及运转的机器设备、旋转的飞轮、人的不安全行为和管理的缺陷等。

■ 举一反三

[典型例题 1·单选] 某安全评价机构技术人员甲、乙、丙、丁对该市一化工厂甲醇生产线、罐区以及储存库进行了安全评价，四人对单元划分的原则提出了不同的看法。根据《危险化学品重大危险源辨识》（GB 18218—2018），下列说法正确的是（　　）。

A. 甲认为，该化工厂应该划分为 1 个评价单元

B. 乙认为，厂区西北角在防火堤内的一个 5 000m³ 成品储罐可以划分为 1 个单元

C. 丙认为，生产区散射在地面上的管道可以划分为 1 个单元

D. 丁认为，厂区南部靠近围墙处一库房有 2 两个房间，应该划分为 2 个储存单元

[解析] 该化工厂既有生产线，又有储罐区，不能划分为 1 个单元，选项 A 错误。散射在地面上的管道不能作为评价单元，选项 C 错误。库房以独立的建筑物划分单元，选项 D 错误。

[答案] B

[典型例题 2·单选] 某生产经营单位分为南北两个区，南区有两个独立的仓库，分别存放有溴甲烷 20t、三氧化硫 50t，临界量分别是 10t、75t；北区是反应区，共存放了一氯化硫 3t、丙酮 250t，其临界量分别是 1t、500t。该生产经营单位生产区还有一条设置了 2 个切断阀的生产线。下列说法正确的是（　　）。

A. 两个仓库可以划分为 2 个储存单元，生产线可以划分为 2 个生产单元

B. 南区的两个仓库均构成了重大危险源

C. 北区没有构成重大危险源

D. 该厂区存在 2 个重大危险源，一个在仓储区，一个在反应区

[解析] 生产单元以独立的切断阀划分单元，2 个切断阀可以将一条生产线划分为 3 个独立的生产单元；南区存放有溴甲烷的仓库构成了重大危险源，存放有三氧化硫的仓库没有构成重大危险源；北区反应区：3/1＋250/500＝3.5≥1，构成了重大危险源。

[答案] D

[典型例题 3·单选] 某氯碱企业，设有独立的电石库房一座，设计储量 200t，当前储量 50t；液氨储罐 2 个，每个储罐设计量 8t，当前其中一个是空罐，一个是满罐；液氯储罐 2 个，每个储罐设计量 2t，目前均为空罐；乙炔球罐 4 个，每个储罐设计量 0.4t；平面分布图如下图所示（各物质临界量：电石 100t、液氨 10t、液氯 5t、乙炔 1t）。根据题意，该企业重大危险源的数量为

（ ）个。

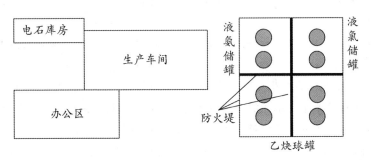

A. 5   B. 3
C. 4   D. 2

[解析] 重大危险源的辨识需要首先划分单元，储罐区是以独立的防火堤划分的，库房是以独立的建筑物划分的。危险化学品储罐以及其他容器、设备或仓储区的危险化学品的实际存在量按设计最大量确定。电石库房：设计量 200t≥临界量 100t，构成重大危险源；液氨储罐：设计量 16t≥临界量 10t，构成重大危险源；液氯储罐：设计量 4t<临界量 5t，不构成重大危险源；乙炔球罐 1：设计量 0.8t<临界量 1t，不构成重大危险源；乙炔球罐 2：设计量 0.8t<临界量 1t，不构成重大危险源。

[答案] D

■ 环球君点拨

本考点每年必考，单元的划分相对简单，难点是重大危险源的分级计算，建议按照数轴记忆。

考点 2 重大危险源管理 [2023、2022、2020、2018、2015]

■ 真题链接

[2023·单选] 国家对危险化学品重大危险源的监控监管有明确要求。关于重大危险源的说法，错误的是（ ）。

A. 企业负责建立监测监控体系，政府负责监督

B. 企业应向公安部门提交重大危险源安全评价报告

C. 政府有关部门对构成重大危险源的企业实行分级管理

D. 储存剧毒物质构成重大危险源的场所，应设置监控系统

[解析] 企业应向安全生产监督管理部门提交重大危险源安全评价报告，选项 B 错误。

[答案] B

[2022·单选]《城市安全风险综合监测预警平台建设指南（试行）》提出了安全风险综合监测预警平台应用系统整体框架，系统总体设计基于"感、传、知、用"，分为"五层两翼"。"五层"依次为风险监测感知层和（ ）。

A. 网络传输层、数据服务层、应用系统层、前端展示层

B. 数据服务层、应用系统层、网络传输层、前端展示层

C. 网络传输层、应用系统层、数据服务层、前端展示层

D. 应用系统层、网络传输层、数据服务层、前端展示层

[解析] 根据《城市安全风险综合监测预警平台建设指南（试行）》，系统总体设计基于"感、传、知、用"的总体框架，分为"五层两翼"。"五层"依次为风险监测感知层、网络传输层、数据服务层、应用系统层和前端展示层；"两翼"是指系统建设应遵循的标准规范体系和安全保障体系。

[答案] A

[2022·多选] 某危化品企业生产单元为二级重大危险源，按照重大危险源监督管理要求，对构成危险化学品重大危险源生产单元的企业应建立监控预警系统，试点接入属地市重大危险源监控子系统。关于对该企业重大危险源监督管理的说法，正确的有（　　）。

A. 该企业所在市建立重大危险源监管子系统后，由市安全监督管理部门直接负责该企业的重大危险源监督管理工作

B. 按照监管系统的设计思想，该企业的重大危险源信息由市重大危险源监管子系统采集后，还要实现与国家重大危险源监管系统的信息共享

C. 该企业的监控预警系统应具备该重大危险源在正常运行阶段、事故临界状态、事故初始阶段的参数记录、报表等功能

D. 该重大危险源应由国家安全监督管理部门进行监督管理

E. 该企业重大危险源监控预警系统应能够实现火灾事故初始阶段智能定位、自动启动应急控制系统的功能

[解析] 应建立国家、省、市、县四级重大危险源在线监控及事故预警系统，施行分级监管，选项A、D错误。根据《危险化学品重大危险源在线监控及事故预警系统建设指南》，基于已建成的安全生产监管监察网络系统，实现国家、省、市、区县（园区）各级数据的共享和交换，选项B正确。监控预警系统应能在正常工况下和非正常工况下对危险源对象及参数的记录显示、报表等功能，包括正常运行阶段、事故临界状态、事故初始阶段，选项C正确。事故初始阶段应能够实现火灾事故初始阶段智能定位、自动启动应急控制系统的功能，选项E正确。

[答案] BCE

[2020·单选] 某大型冷冻企业的液氨储罐量为50t，属于一级危险化学品重大危险源，按照要求建立了危险化学品重大危险源监控系统。根据《危险化学品重大危险源监督管理暂行规定》（国家安全生产监督管理总局令第40号公布，第79号修正），关于液氨储罐重大危险源监督管理要求的说法，错误的是（　　）。

A. 监控系统的电子数据保存时间不应少于30天

B. 液氨储罐应配备独立安全仪表系统

C. 液氨储罐应设置紧急切断装置

D. 液氨压缩机房应配备两套气密型化学防护服

[解析]《危险化学品重大危险源监督管理暂行规定》第十三条规定，一级或者二级重大危险源具备紧急停车功能，记录的电子数据的保存时间不少于30天，选项A正确。涉及毒性气体、液化气体、剧毒液体的一级或者二级重大危险源，配备独立的安全仪表系统（SIS），选项B正确。对重大危险源中的毒性气体、剧毒液体和易燃气体等重点设施，设置紧急切断装置，选项C正确。《危险化学品重大危险源监督管理暂行规定》第二十条规定，涉及剧毒气体的重大危险源，还应当配备两套以上（含本数）气密型化学防护服，液氨不属于剧毒，选项D错误。

[答案] D

［2018·单选］某化学危险品使用单位按照《危险化学品重大危险源监督管理暂行规定》（国家安全生产监督管理总局令第 40 号公布，2015 年修改）的要求，对本单位的重大危险源进行了安全评估，评估结果表明该单位构成三级重大危险源。该单位按照规定建立了重大危险源档案，准备向安全生产监督管理部门申请重大危险源备案。受理该单位报送重大危险源备案的应是（　　）安全生产监督管理部门。

A. 县级　　　　　　　　　　　　B. 市级

C. 省级　　　　　　　　　　　　D. 国家

［解析］《危险化学品重大危险源监督管理暂行规定》（国家安全生产监督管理总局令第 40 号公布，2015 年修改）第二十三条规定，危险化学品单位在完成重大危险源安全评估报告或者安全评价报告后 15 日内，应当填写重大危险源备案申请表，重大危险源档案材料报送所在地县级人民政府安全生产监督管理部门备案。

［答案］A

■ 真题精解

点题：本考点属于超纲考点，内容主要来自规范《危险化学品重大危险源监督管理暂行规定》，是本节的重要考点、高频考点。

分析：

（1）《危险化学品重大危险源监督管理暂行规定》要点归纳如下：

第十一条　有下列情形之一的，危险化学品单位应当对重大危险源重新进行辨识、安全评估及分级：

①重大危险源安全评估已满 3 年的（重大危险源评估周期为 3 年）。

②构成重大危险源的装置、设施或者场所进行新建、改建、扩建的。

③危险化学品种类、数量、生产、使用工艺或者储存方式及重要设备、设施等发生变化，影响重大危险源级别或者风险程度的。

④外界生产安全环境因素发生变化，影响重大危险源级别和风险程度的。

⑤发生危险化学品事故造成人员死亡，或者 10 人以上受伤，或者影响到公共安全的。

⑥有关重大危险源辨识和安全评估的国家标准、行业标准发生变化的。

第十三条　危险化学品单位应当根据构成重大危险源的危险化学品种类、数量、生产、使用工艺（方式）或者相关设备、设施等实际情况，按照下列要求建立健全安全监测监控体系，完善控制措施：

①一级或者二级重大危险源，具备紧急停车功能。记录的电子数据的保存时间不少于 30 天。

②重大危险源的化工生产装置装备满足安全生产要求的自动化控制系统；一级或者二级重大危险源，装备紧急停车系统。

③对重大危险源中的毒性气体、剧毒液体和易燃气体等重点设施，设置紧急切断装置；毒性气体的设施，设置泄漏物紧急处置装置。涉及毒性气体、液化气体、剧毒液体的一级或者二级重大危险源，配备独立的安全仪表系统（SIS）。

④重大危险源中储存剧毒物质的场所或者设施，设置视频监控系统。

⑤安全监测监控系统符合国家标准或者行业标准的规定。

第二十条　涉及剧毒气体的重大危险源，还应当配备两套以上（含本数）气密型化学防护服；涉及易燃易爆气体或者易燃液体蒸气的重大危险源，还应当配备一定数量的便携式可燃气体检测设备。

第二十三条　危险化学品单位在完成重大危险源安全评估报告或者安全评价报告后 15 日内，应当填写重大危险源备案申请表，报送所在地县级人民政府安全生产监督管理部门备案。

第二十六条　县级人民政府安全生产监督管理部门应当在每年 1 月 15 日前，将辖区内上一年度重大危险源的汇总信息报送至设区的市级人民政府安全生产监督管理部门。设区的市级人民政府安全生产监督管理部门应当在每年 1 月 31 日前，将辖区内上一年度重大危险源的汇总信息报送至省级人民政府安全生产监督管理部门。省级人民政府安全生产监督管理部门应当在每年 2 月 15 日前，将辖区内上一年度重大危险源的汇总信息报送至国家安全生产监督管理总局。

（2）根据《城市安全风险综合监测预警平台建设指南（试行）》，"五层两翼"中"五层"依次为风险监测感知层、网络传输层、数据服务层、应用系统层和前端展示层；"两翼"是指系统建设应遵循的标准规范体系和安全保障体系。

（3）重大危险源实时监控预警。

根据《危险化学品重大危险源在线监控及事故预警系统建设指南（试行）》，监控预警系统在正常工况下和非正常工况下应该有对危险源对象及参数的记录显示、报表等功能，划分为三个阶段：①正常运行阶段；②事故临界状态；③事故初始阶段。

拓展： 学习本考点还需要掌握以下内容：

1. 管理科目考试中常见的危险物质的毒性

（1）硫化氢气体：剧毒。

（2）氢气：易燃易爆气体，无毒。

（3）液氨：液态的氨气是工业中常用的制冷剂，挥发形成氨气，有毒有害，易燃易爆。

（4）一氧化碳：剧毒气体。

（5）液氯：液态的氯气，有毒有害，具有窒息性。

（6）冰醋酸：无水乙酸，低毒，是具有腐蚀性的液体。

（7）甲烷：易燃易爆气体，无毒，具有窒息性，是瓦斯气体、沼气、天然气的主要成分。

（8）液氯：液态氯气，剧毒。

（9）氯乙烯：有毒气体，致癌致畸，职业病为肢端溶骨症和肝血管瘤。

2. 《危险化学品企业重大危险源安全包保责任制办法（试行）》重要点补充

（1）重大危险源的技术负责人应每季度至少组织对重大危险源进行一次针对性安全风险隐患排查，重大活动、重点时段和节假日前必须进行重大危险源安全风险隐患排查，制定管控措施和治理方案并监督落实；重大危险源的操作负责人应每周至少组织一次重大危险源安全风险隐患排查。

（2）重大危险源的主要负责人，应由危险化学品企业的主要负责人担任；重大危险源的技术负责人，应当由危险化学品企业层面技术、生产、设备等分管负责人或者二级单位（分厂）层面有关负责人担任；重大危险源的操作负责人，应当由重大危险源生产单元、储存单元所在车间、单位的现场直接管理人员担任，如车间主任。

（3）危险化学品企业应当在重大危险源安全警示标志位置设立公示牌，写明重大危险源的主要负责人、技术负责人、操作负责人姓名、对应的安全包保职责及联系方式，接受员工监督。

■ 易混提示

本考点涉及的几个重要时间：

（1）重大危险源备案：15 日。

（2）重大危险源评估：3 年。

（3）重大危险源电子数据保存：30 天。

■ 举一反三

［典型例题 1·单选］某化学品生产单位十分重视本单位的安全生产工作，2023 年 3 月 20 日，安全科准备对本单位储存的危险化学品场所进行重大危险源辨识。根据《危险化学品重大危险源监督管理暂行规定》，下列关于该单位重大危险源辨识的说法中，错误的是（　　）。

A. 该单位组织本单位的注册安全工程师、技术人员进行安全评估

B. 重大危险源的安全评估不应与本单位的安全评价一起进行，以免结果和数据不准确

C. 重大危险源的监督管理实行属地监管与分级监管相结合的原则

D. 单位重大危险源安全评估已满三年的需要重新进行评估

［解析］根据《危险化学品重大危险源监督管理暂行规定》，危险化学品单位可以组织本单位的注册安全工程师、技术人员或者聘请有关专家进行安全评估，也可以委托具有相应资质的安全评价机构进行安全评估，选项 A 正确。危险化学品单位需要进行安全评价的，重大危险源安全评估可以与本单位的安全评价一起进行，以安全评价报告代替安全评估报告，也可以单独进行重大危险源安全评估，选项 B 错误。重大危险源评估周期为 3 年，监督管理实行属地监管与分级监管相结合的原则，选项 C、D 正确。

［答案］B

［典型例题 2·单选］2022 年 12 月 1 日，某安全评价机构员工甲、乙、丙、丁对该市区化工园区内的一石化企业开展危险化学品重大危险源评价工作，四人在进行重大危险源辨识和管理方面产生了分歧。根据《危险化学品重大危险源辨识》（GB 18218—2018），下列四人的观点中，正确的是（　　）。

A. 甲经过查看该企业位于储罐区的一级重大危险源监控记录，2 月的电子数据已经删除，甲认为符合规定

B. 乙发现该企业西北角一库房构成重大危险源，其台账显示上次评估的时间是 2019 年 1 月 22 日，乙认为不符合规定

C. 丙发现该企业上次安全评价的时间是 2020 年 10 月 12 日，该企业在 10 月 31 日向该市应急管理部门进行了备案，丙认为符合规定

D. 丁在检查该企业某条生产线时发现，制冷系统液氨储罐构成了二级重大危险源，该系统配备了独立的安全仪表系统，但是紧急停车按钮故障失修，丁认为符合规定

［解析］根据《危险化学品重大危险源辨识》（GB 18218—2018）和《危险化学品重大危险源监督管理暂行规定》，一级或者二级重大危险源，具备紧急停车功能，记录的电子数据的保存时间不少于 30 天，本题 2 月的电子记录保存了 28 天，不符合规定，选项 A 错误。重大危险源安全评估已满 3 年的，应当重新进行辨识、安全评估及分级，选项 B 正确。危险化学品单位在完成重大危险源安全评估报告或者安全评价报告后 15 日内，报送所在地县级人民政府安全生产监督管理部门备案，

选项 C 错误。对重大危险源中的毒性气体、剧毒液体和易燃气体等重点设施，设置紧急切断装置，涉及毒性气体、液化气体、剧毒液体的一级或者二级重大危险源，配备独立的安全仪表系统（SIS），选项 D 错误。

[答案] B

[典型例题 3·单选] 2022 年 6 月 30 日，某县一大型氯乙烯生产企业对成品储罐区二级重大危险源做了安全评估并编写了评估报告，该企业将评估报告按照有关规定向该县应急管理部门进行了备案。该次备案和下次评估的最迟日期分别是（　　）。

A. 2022 年 7 月 14 日，2025 年 7 月 14 日

B. 2022 年 7 月 30 日，2025 年 6 月 30 日

C. 2022 年 7 月 14 日，2025 年 6 月 30 日

D. 2022 年 7 月 30 日，2025 年 7 月 14 日

[解析] 危险化学品单位在完成重大危险源安全评估报告或者安全评价报告后 15 日内，报送所在地县级人民政府安全生产监督管理部门备案；重大危险源安全评估已满 3 年的，危险化学品单位应当对重大危险源重新进行辨识、安全评估及分级。

[答案] C

[典型例题 4·单选] 2023 年 4 月 1 日，某化工集团对下属 A 公司施行人事重组，任命李某为 A 公司主要负责人，张某为分管生产的副总经理，赵某为公司技术负责人，马某为分管安全的副总经理，刘某为安全员，吕某为生产车间主任，生产车间所使用库房构成三级重大危险源。根据《危险化学品企业重大危险源安全包保责任制办法（试行）》，该库房重大危险源安全包保主要负责人、技术负责人、操作负责人可以分别是（　　）。

A. 张某、赵某、刘某　　　　　　　　B. 马某、赵某、刘某

C. 马某、赵某、吕某　　　　　　　　D. 李某、张某、吕某

[解析] 根据《危险化学品企业重大危险源安全包保责任制办法（试行）》，重大危险源的主要负责人，应由危险化学品企业的主要负责人担任；重大危险源的技术负责人，应当由危险化学品企业层面技术、生产、设备等分管负责人或者二级单位（分厂）层面有关负责人担任；重大危险源的操作负责人，应当由重大危险源生产单元、储存单元所在车间、单位的现场直接管理人员担任，如车间主任。本题中，主要负责人为李某，技术负责人为张某或赵某，操作负责人为吕某。

[答案] D

[典型例题 5·单选] 某石油天然气生产企业为了加强重大危险源管理，完善了企业内部《重大危险源安全包保责任制》，对每一处重大危险源确定主要负责人、技术负责人和操作负责人。李某和张某分别是一级重大危险源储罐区技术负责人和操作负责人。根据规定，二人组织对该储罐区进行安全风险隐患排查的最长周期分别是（　　）。

A. 每季度，每周

B. 每周，每季度

C. 每月，每半年

D. 每半年，每月

[解析] 根据《危险化学品企业重大危险源安全包保责任制办法（试行）》，重大危险源的技术负责人应每季度至少组织对重大危险源进行一次针对性安全风险隐患排查，重大活动、重点时段和

节假日前必须进行重大危险源安全风险隐患排查，制定管控措施和治理方案并监督落实；重大危险源的操作负责人应每周至少组织一次重大危险源安全风险隐患排查。

[答案] A

■ 环球君点拨

　　本考点主要以考查《危险化学品重大危险源监督管理暂行规定》为主，建议学习过程中结合考点1进行整体记忆。重大危险源一直是安全生产领域事故频发的源头，应作为重点进行监控管理，此考点考试分值占比较大，应引起重视。

第七节　特种设备设施安全

▶ 考点 1　特种设备的分类 [2023、2021、2019、2017]

■ 真题链接

　　[2023·单选] 某化工企业在生产过程中使用锅炉、压力容器、压力管道以及起重机械等设备。下列设备中，属于承压类特种设备的是（　　）。

　　A. 最高工作压力为 0.14MPa（表压），容积为 20L 的移动式容器

　　B. 最高工作压力为 0.1MPa（表压），公称直径为 20mm 为氧气管道

　　C. 出口水压为 0.2MPa（表压），额定功率为 0.2MW 的承压热水锅炉

　　D. 额定起重量为 2t，提升高度为 3m 的起重机

　　[解析] 盛装公称压力大于或等于 0.2MPa（表压），且压力与容积乘积大于或等于 1.0MPa·L 的气瓶属于承压类特种设备，选项 A 不符合题意。最高工作压力大于或等于 0.1MPa（表压），且公称直径大于或等于 50mm 的压力管道属于承压类特种设备，选项 B 不符合题意。额定起重量为 3t，提升高度大于或等于 2m 的起重机属于特种设备，选项 D 不符合题意。

[答案] C

　　[2021·多选] 某企业生产现场有 1 台蒸汽压力 0.8MPa 的 20L 承压蒸汽锅炉，3 辆 30m³ 甲醇罐车和 1 台 100m³ 硫酸储罐，2 部电梯（客货通用，核载 1 400kg），日常生产检修维护过程中经常使用 1t 电动葫芦吊装设备，定期对在用的设备进行经常性维护保养和定期进行检查检验，并做好记录。下列企业设施设备中，需要经常性维护保养、定期检查，但不需要定期检验的有（　　）。

　　A. 20L 承压蒸汽锅炉　　　　　　　　B. 30m³ 甲醇罐车

　　C. 100m³ 硫酸储罐　　　　　　　　　D. 2 部电梯

　　E. 1t 电动葫芦

　　[解析] 根据《特种设备安全监察条例》，特种设备的使用单位需要经常性的维护保养、定期检查、定期检验；根据《特种设备目录》，设计正常水位容积大于或者等于 30L 且额定蒸汽压力大于或者等于 0.1MPa（表压）的承压蒸汽锅炉、汽车罐车、电梯均属于特种设备。本题中，选项 A、C、E 均不属于特种设备，故不需要定期检验。

[答案] ACE

　　[2019·单选] 某发电企业在检修时，进行 1 号燃煤锅炉（主蒸汽压力 33.03MPa，主蒸汽温度 605℃）磨煤机给粉管道更换工作，利用 8 个 2t 手拉葫芦固定管道，使用工业氧气、乙炔瓶进行气

割作业，拆除的旧管道通过叉车运走。该作业现场中出现的特种设备类别有（　　）类。

A. 2   B. 4

C. 3   D. 5

[解析]　根据《特种设备目录》，本题中涉及的特种设备类别有燃煤锅炉、压力容器（气瓶）、厂内专用机动车辆（叉车）三类。

[答案] C

真题精解

点题：本考点属于本节高频考点，内容来自规范《特种设备目录》，主要是对数字的考查。

分析：特种设备分为两大类，即承压类和机电类，如图 2-10 所示。

$$
特种设备\begin{cases}承压类\begin{cases}锅炉\begin{cases}承压热水锅炉：出口水压\ 0.1MPa\ 且额定功率\ 0.1MW\\承压蒸汽锅炉：额定蒸汽压力\ 0.1MPa\ 且设计容积\ 30L\\有机热载体锅炉：额定功率\ 0.1MW\end{cases}\\压力容器\begin{cases}气体：最高工作压力\ 0.1MPa\\容器：容积\ 30L\ 且直径\ 150mm\\气瓶：公称工作压力\ 0.2MPa\ 且压力与容积的乘积\ 1.0MPa·L\ 的气体、液化气体\\氧舱\end{cases}\\压力管道：最高工作压力\ 0.1MPa\ 且公称直径\ 50mm（除外：小于\ 150mm\ 且小于\ 1.6MPa\ 输送无毒、不燃、无腐蚀性的气体管道）\end{cases}\\机电类\begin{cases}电梯（客梯、货梯、自动扶梯，不包括家庭私人电梯）\\起重机械\begin{cases}升降机：额定起重量\ 0.5t\\起重机：额定起重\ 3t\ 且起升高度\ 2m\\塔吊：额定起重力矩\ 40t·m\ 且起升高度\ 2m\\装卸桥：生产率达到\ 300t/h\ 且起升高度\ 2m\end{cases}\\客运索道、大型游乐设施和厂内机动车辆\end{cases}\end{cases}
$$

图 2-10　特种设备

拓展：

（1）机电类特种设备不包括电动葫芦、手动葫芦。

（2）厂内机动车辆常见的只有两种，即叉车、旅游观光车。

易混提示

学习本考点时需要注意以下几点：

（1）不是所有的锅炉都是特种设备，不是所有的压力管道、起重机械都是特种设备，是有界定标准的，也就是上述的临界数字。

（2）机电类特种设备中，客运索道是指所有的客运索道，而大型游乐设施不包括中型和小型设施。

（3）承压类特种设备中，压力管道除外条款中，所谓"无毒、不燃、无腐蚀性的气体"，常见的有压缩空气、二氧化碳、水蒸气等，由于此类气体相当安全，故有所放宽。

（4）单个的电动葫芦、手动葫芦不属于特种设备，但是电动葫芦桥式起重机、电动葫芦门式起重机属于特种设备，即使主要起重部件仍是电动葫芦。

举一反三

[典型例题 1·单选] 某大型商超企业利用出口水压为 0.1MPa，且额定功率为 0.2MW 的承压热水锅炉为员工的日常需要提供热水，在超市设置 6 部自动扶梯和 8 部电梯，仓储区配有 2 台叉车进行货物的装卸，另外还有 1 套型号为 SCD 200/250 的施工升降机运送货物。该大型商超企业共有（　　）类特种设备。

A. 3　　　　　　　　　　　　　B. 4

C. 5　　　　　　　　　　　　　D. 6

[解析] 本题中，承压热水锅炉、电梯、叉车、施工升降机属于特种设备。需要注意的是，自动扶梯、客梯、货梯均属于电梯这一大类；SCD 200/250 代表双笼升降机，额定载重量为 4 500kg，超过了 0.5t，所以也属于特种设备。

[答案] B

[典型例题 2·单选] 特种设备是指对人身和财产安全有较大危险性的设备，下列不属于特种设备的是（　　）。

A. 氧舱

B. 出口水压大于或者等于 0.1 MPa（表压）且额定功率大于或者等于 0.1 MW 的承压热水锅炉

C. 电梯

D. 公称直径 100mm、工作压力 1.2MPa 的输送空气的压力管道

[解析] 氧舱、电梯属于特种设备；出口水压大于或者等于 0.1 MPa（表压）且额定功率大于或者等于 0.1MW 的承压热水锅炉属于特种设备；最高工作压力 0.1MPa 且公称直径 50mm 的压力管道属于特种设备，小于 150mm 且小于 1.6MPa 输送无毒、不燃、无腐蚀性的气体管道（如压缩空气）不属于特种设备。

[答案] D

环球君点拨

本考点的记忆难点在于数字较多，考试也是以考查数字为主，建议在学习过程中勤写、勤练。

考点2 特种设备安全管理 [2023、2022、2021、2020、2019、2018、2017、2015、2014、2013]

真题链接

[2022·单选] 甲公司为某生命科学院的产权单位，该园区内有 16 部电梯，甲公司将园区出租给乙公司用于科研开发，甲公司委托丙物业公司对园区进行物业管理，丙公司委托丁公司作为 16 部电梯维修保养单位。依据规定必须配备电梯专职安全管理人员的公司是（　　）。

A. 甲　　　　　　　　　　　　B. 乙

C. 丙　　　　　　　　　　　　D. 丁

[解析] 根据《特种设备使用管理规则》的规定，委托物业服务管理的单位，物业单位是使用单位，使用单位设置特种设备安全管理机构，配备相应的安全管理人员和作业人员。本题中，甲公司是电梯的产权单位，但是委托给了物业丙公司进行管理，所以丙公司属于电梯的使用单位，依据规定必须配备电梯专职安全管理人员。

[答案] C

[2021·单选] 某食品加工企业为增加产能，将原有高压蒸锅（压力容器）内部构件进行改造，增加额定蒸发量。设备安装调试结束后，生产车间便开始投入正常生产。关于变更要求的说法，错误的是（　　）。

A. 应当使用取得许可生产的设备 B. 制定设备操作规程

C. 重新办理使用登记手续   D. 办理设备使用登记变更手续

[解析] 特种设备进行改造、修理，按照规定需要变更使用登记的，应当办理变更登记，方可继续使用，选项 C 错误。

[答案] C

[2020·单选] 甲公司是一家五星级酒店，为解决蒸汽不足的问题，从乙公司购进一台蒸发量为 4t/h 的燃气锅炉。根据《特种设备安全监察条例》，关于该锅炉安全管理要求的说法，正确的是（　　）。

A. 锅炉需进行水质处理，并接受特种设备检验机构的定期检验

B. 锅炉投入使用前 60 日内，向省级特种设备安全监督管理部门登记

C. 锅炉有效期届满后 30 日内，向检验机构提出定期检验要求

D. 锅炉出现故障时，乙公司全面检查及处理后，方可重新投入使用

[解析] 根据《特种设备安全监察条例》，锅炉使用单位应当按照安全技术规范的要求进行锅炉水（介）质处理，并接受特种设备检验机构的定期检验，选项 A 正确。特种设备在使用前或者使用后 30 日内向负责特种设备的安全监督管理部门办理使用登记，选项 B 错误。检验合格有效期届满前 1 个月向特种设备检验机构提出检验要求，选项 C 错误。锅炉出现故障时，由使用单位检查处理后方可重新投入使用，选项 D 错误。

[答案] A

[2019·单选] 2018 年 10 月 2 日，某水电站因"使用未经定期检验的特种设备"和"使用未取得相应资格的人员从事特种设备工作"，被当地市场监督管理局合并处罚 12 万元。根据《特种设备安全监察条例》，关于特种设备管理的说法，错误的是（　　）。

A. 桥式起重机作业人员需取得特种设备作业人员证书

B. 固定式压力容器出现故障，消除隐患后方可继续使用

C. 该水电站应对安全阀进行定期校验、检修，并作记录

D. 配备的注册安全工程师可以进行特种设备操作

[解析] 根据《特种设备安全监察条例》，锅炉、压力容器、电梯、起重机械、客运索道、大型游乐设施、场（厂）内专用机动车辆的作业人员及其相关管理人员，应当按照国家有关规定经特种设备安全监督管理部门考核合格，取得国家统一格式的特种作业人员证书，方可从事相应的作业或者管理工作，选项 D 错误。

[答案] D

[2023·多选] 某企业新购置了一台 20t 汽车吊，在汽车吊投入使用前向所在地市场监督管理部门办理了使用登记证。下列应纳入该汽车吊安全技术档案的有（　　）。

A. 生产厂家的资质

B. 管理人员资格证

C. 使用登记证

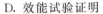

D. 效能试验证明

E. 产品质量合格证明

[解析] 特种设备使用单位应当建立特种设备安全技术档案。特种设备安全技术档案应当包括以下内容：①使用登记证；②特种设备使用登记表；③特种设备的设计文件、产品质量合格证明、安装及使用维护保养说明、监督检验证明等相关技术资料和文件；④特种设备的定期检验和定期自行检查记录；⑤特种设备的日常使用状况记录；⑥特种设备及其附属仪器仪表的维护保养记录；⑦特种设备安全附件和安全保护装置校验检修、更换记录和有关报告；⑧特种设备的运行故障和事故记录。

[答案] CE

■ 真题精解

点题：本考点是本节的重点内容，每年必考，分值较高，历年考查分值在 5 分左右，是必须掌握的内容。

分析：

1. 特种设备的登记

特种设备的登记如图 2-11 所示。

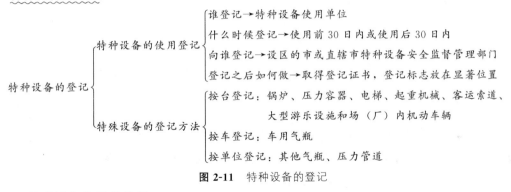

图 2-11 特种设备的登记

2. 特种设备的显著位置

特种设备的显著位置如图 2-12 所示。

$$
\text{特种设备的显著位置}
\begin{cases}
\text{电梯：轿厢内} \\
\text{叉车：司机室内} \\
\text{锅炉：锅炉房内} \\
\text{塔吊：塔身}
\end{cases}
$$

图 2-12 特种设备的显著位置

3. 特种设备的使用

电梯、客运索道、大型游乐设施这三类特种设备，必须设特种设备管理机构或配备专职特种设备管理人员；其他特种设备可以配备兼职特种设备管理人员。

4. 特种设备安全技术档案

特种设备安全技术档案的内容如图 2-13 所示。

技术资料：设计文件、产品质量合格证明、安装及使用维护保养说明、监督检验证明

检验记录：定期检验和定期自行检查记录

特种设备
安全技术   使用记录：日常使用状况记录
档案的内容
维保记录：特种设备及其附属仪器仪表的维护保养记录

事故记录：运行故障和事故记录

其他：使用登记证、《特种设备使用登记表》、安全附件、安全保护装置校验检修和更换记录

图 2-13 特种设备安全技术档案的内容

5. 特种设备的维修

特种设备应由有资质的机构维修，特种设备的维修要求如图 2-14 所示。

特种设备的维修要求 { 维修前，施工单位书面告知市级特种设备安监部门

维修后，30 天内移交资料给使用单位

图 2-14 特种设备的维修要求

6. 特种设备的检测检验

特种设备检验到期前 1 个月，使用单位申请检验；电梯每 15 日进行一次清洁、紧固和检查。

7. 特种设备的报废

特种设备的报废如图 2-15 所示。

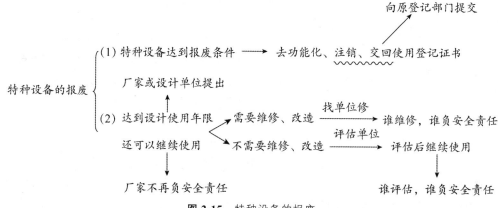

图 2-15 特种设备的报废

拓展：在学习特种设备的使用登记时，以下几点也是重点考查内容：

（1）三类特种设备应在使用前进行登记：整机出厂的特种设备、车用气瓶、移动式大型游乐设施在每次安装完成后。

（2）流动作业的特种设备，向产权单位所在地登记机关申请登记。

（3）四类常见的特种设备可以不用登记：D 级锅炉、移动式空气压缩机的储气罐、消防灭火用气瓶、呼吸器用气瓶。

（4）使用单位应申请变更登记，领取新的使用登记证书，变更登记后设备代码保持不变。

（5）达到设计使用年限的，不得办理移装变更、单位变更。

易混提示

（1）特种设备的使用单位"会变"，考试时需仔细阅读题干。

（2）特种设备达到设计使用年限可以继续使用的，需要到原登记机关办理变更登记。

■ 举一反三

[典型例题1·单选] 某机械加工厂为解决热水供应问题，从甲公司购进一台出口水压0.1MPa、额定功率0.1MW的承压热水锅炉。企业有关部门在编制该锅炉操作规程时针对特种设备的安全管理提出了不同观点。李某认为，锅炉投入使用后最晚应在30日内向当地应急管理部门取得使用登记证书并存放于安全技术档案中；王某提出了不同看法，锅炉的安全技术档案中应该包括日常使用记录，应该由厂家建立档案体系；张某认为，该锅炉虽然属于承压锅炉，但是设计正常水位容积只有25L，所以不属于特种设备，可以按照常规设备进行维护管理；赵某认为，企业应该进行锅炉水质处理，使用过程中出现故障时，应该全面检查处理，同时应接受特种设备安全监督管理部门的监督。以上四人的观点中，正确的是（　　）。

A. 李某　　　　　B. 王某　　　　　C. 张某　　　　　D. 赵某

[解析] 特种设备应在使用前或投入使用后30日内向特种设备安全监督管理部门办理使用登记，取得使用登记证书，登记标志应置于该特种设备的显著位置，登记证书应存放在安全技术档案中，李某的观点错误；特种设备的使用单位应该建立特种设备的安全技术档案，王某的观点错误；"设计正常水位容积≥30L"且"额定蒸汽压力≥0.1MPa"的承压蒸汽锅炉属于特种设备，"出口水压≥0.1MPa"且"额定功率≥0.1MW"的承压热水锅炉属于特种设备，张某的观点错误。

[答案] D

[典型例题2·多选] 特种设备使用单位应当根据情况设置特种设备安全管理机构或者配备专职、兼职的特种设备安全管理人员。下列特种设备中，不可以配备兼职安全管理人员的有（　　）。

A. 电梯　　　　　B. 叉车　　　　　C. 塔式起重机　　　　　D. 锅炉

E. 客运索道

[解析] 电梯、客运索道、大型游乐设施等为公众提供服务的特种设备的运营使用单位，应当对特种设备的使用安全负责，设置特种设备安全管理机构或者配备专职的特种设备安全管理人员。

[答案] AE

[典型例题3·单选] 2022年12月14日，某市应急管理局会同市场监管局对该市某大型肉制品加工企业使用的特种设备和安全生产进行了联合安全检查，下列检查结果正确的是（　　）。

A. 执法人员在检查6♯叉车安全技术档案时发现，2021年11月1日该叉车发生电路故障，11月5日检修完毕验收合格，维修单位在12月10日向该企业提交了相关技术资料

B. 成品区电动葫芦桥式起重机已经超出了其设计使用年限，目前仍在使用

C. 该企业办公楼设置有6部电梯，维护保养由第三方机构进行，企业未设置特种设备管理机构和专职特种设备安全管理人员

D. 该企业北部锅炉房内2台出口水压0.1MPa、额定功率0.1MW的承压热水锅炉，在使用前10天内取得了使用登记标志，并存放在了安全技术档案中

[解析] 特种设备维修完成，使用单位验收合格后，维修单位应在30天内向使用单位提交资料，选项A错误。特种设备设计使用年限只是参考值，选项B正确。电梯、客运索道、大型游乐设施等为公众提供服务的特种设备运营使用单位，应该设置特种设备管理机构或配备专职特种设备管理人员，选项C错误。特种设备在使用前或使用后30日内应取得使用登记证书，登记标志应置于显著位置，使用登记证书放入安全技术档案中，选项D错误。

[答案] B

环球君点拨

特种设备安全管理要从整体上认识，使用前要登记、发生故障要维修、达到报废或设计使用年限要处理等，建议自己尝试画流程图，能够把重要内容默写出来，本考点分值在 5 分左右。

第八节　安全技术措施

▶考点1　安全技术措施的类别［2023、2022、2021、2020、2019、2018、2017、2015、2014］

真题链接

［2023·单选］2015 年，某钢铁公司实施生产线升级改造工程，脱硫脱硝项目为该工程的环保配套设施，于 2016 年该工程竣工投产。2021 年以来，国内不同行业先后发生环保设施（装置）坍塌事故，为汲取事故教训，防止同类事故重复发生，该公司就脱硫脱硝项目采取了相应安全管理和安全技术措施，其中不属于防止事故发生的安全技术措施的是（　　）。

　　A. 提高除尘器灰斗设计荷载

　　B. 辨识脱硫脱硝装置异常情况下的安全风险

　　C. 将灰斗"高料位"与脱硫灰外排系统自动联锁

　　D. 对除尘器钢结构焊接部位进行无损检测并修复缺陷后作业

［解析］防止事故发生的安全技术措施是指为了防止事故发生，采取的约束、限制能量或危险物质，防止其意外释放的技术措施。常用的防止事故发生的安全技术措施有消除危险源、限制能量或危险物质、隔离、故障—安全设计以及减少故障和失误。辨识脱硫脱硝装置异常情况下的安全风险属于管理措施，而不是技术措施。

［答案］B

［2022·单选］某工厂为提升安全管理水平，采取了一系列的安全技术措施。下列安全技术措施中，属于减少事故损失措施的是（　　）。

　　A. 在电机和泵的联轴节上安装了防护装置

　　B. 循环水的杀菌剂由氯气变更为次氯酸钠

　　C. 在厂区设置了应急逃生路线和应急集合点

　　D. 在设备的安全门上安装了连锁保护装置

［解析］联轴节上安装的防护装置属于防止事故发生安全技术措施中的隔离，选项 A 错误。氯气变更为次氯酸钠属于防止事故发生安全技术措施中的限制能量或危险物质，选项 B 错误。应急逃生路线和应急集合点属于减少事故损失安全技术措施中的避难和救援，选项 C 正确。连锁保护装置属于防止事故发生安全技术措施中的故障—安全设计，选项 D 错误。

［答案］C

［2021·单选］汽车安全气囊系统是一种被动安全性的保护系统，它与座椅安全带配合使用，在汽车相撞时，可使头部受伤率减少 25％，面部受伤率减少 80％左右，为乘员提供有效的防撞保护。安全气囊属于减少事故损失安全技术措施中的（　　）。

　　A. 设置薄弱环节　　　　　　　　　B. 个体防护

　　C. 隔离　　　　　　　　　　　　　D. 避难与救援

[解析] 根据题干描述，汽车弹出的安全气囊把人和发生事故时的能量分隔开，属于减少事故损失安全技术措施中的隔离。

[答案] C

[2020·多选] 某炼油企业根据安全生产标准化一级达标的要求，在原油储罐作业现场采取以下安全措施：①设置储罐防火堤；②为工人配备空气呼吸器；③设置紧急疏散通道；④设置"严禁明火"警示标识；⑤设置人脸识别系统。以上安全措施中，属于减少事故损失的安全技术措施的有（　　）。

A. ④ 　　　　　　B. ① 　　　　　　C. ⑤ 　　　　　　D. ②

E. ③

[解析] 根据安全技术措施分类，①属于减少事故损失的隔离，②属于减少事故损失的个体防护，③属于减少事故损失的避难和救援。④、⑤不属于安全技术措施。

[答案] BDE

[2019·单选] 某煤矿为年产 1 000t 的井工矿。该煤矿采取斜井、立井混合开采方式，井下采掘生产实现了 100% 机械化作业。该煤矿采取的下列安全技术措施中，属于减少事故损失的措施是（　　）。

A. 矿井通风稀释和排除井下有害气体　　　B. 井下增设照明和气动开关

C. 将矿井周边漏水沟渠改道　　　　　　　D. 入井人员随身携带自救器和矿灯

[解析] 自救器和矿灯属于减少事故损失安全技术措施中的个体防护措施及避难和救援。选项 A、B、C 属于防止事故发生的安全技术措施。

[答案] D

■ 真题精解

点题：本考点是每年的必考点，近 5 年均做了重点考查。考查形式一般分为两种：

(1) 正考。按照题干描述，选出"防止"和"减少"安全技术措施中对应的内容。

(2) 反考。题干给出企业采取的安全技术措施，反问属于哪一类。这个考查形式有难度，需要考生对每一种措施的内容均能熟练掌握。

分析：安全技术措施的分类见表 2-8。

表 2-8　安全技术措施的分类

分类		内容
防止事故发生的安全技术措施	消防危险源	通过采用先进的设备系统彻底消除危险源；采用先进工艺或者安全的物料彻底消除危险源，如用新型制冷剂替代液氨
	限制能量或危险物质	(1) 安全电压 (2) 静电消除器、粉尘通风机 (3) 安全接地
	隔离	通过隔离彻底将人与危险源分隔开，如防护罩、防护栏杆
	故障—安全设计	在系统、设备设施的一部分发生故障或被破坏的情况下，在一定时间内也能保证安全，如漏电保护器、过载保护
	减少故障和失误	减少人的不安全行为或物的不安全状态

续表

分类		内容
减少事故损失的安全技术措施	隔离	事故发生之后的隔离，如防火门、阻火器、防火堤、集油池
	设置薄弱环节	（1）易熔塞 （2）熔断器 （3）爆破片、防爆膜、防爆门窗
	个体防护	人员穿戴的个体防护装备，如呼吸器、防酸碱手套、防护服
	避难与救援	（1）安全出口 （2）疏散通道 （3）应急照明

拓展：安全监控系统既是防止事故发生的安全技术措施，也是减少事故损失的安全技术措施。例如，视频监控系统属于减少事故损失的安全技术措施，可燃气体检测报警装置属于防止事故发生的安全技术措施。

易混提示

"防止"和"减少"安全技术措施中均有隔离，我们主要考虑事故有没有发生。例如，如果采取的隔离措施是阻止事故发生的，属于"防止"这一大类，如果是事故发生之后采取的隔离措施，属于"减少"这一大类。

举一反三

[典型例题1·单选] 位于山东省某大型油田，根据安全生产标准化一级达标的要求，在采油区、计量站、集输站、原油储罐作业现场等场所采取了以下安全措施：①采用技术先进的油气分离器；②原油储罐作业实施严格的作业许可，现场配备专职安全生产管理人员进行监督；③集输站油气输送区与加热锅炉间采取房间密闭方式进行隔离；④在计量站量油间设置紧急疏散通道和应急照明。以上安全措施中，属于减少事故损失的安全技术措施的是（   ）。

A. ① B. ② C. ④ D. ③

[解析] 采用技术先进的油气分离器属于防止事故发生的安全技术措施；原油储罐作业实施严格的作业许可属于管理措施，不是技术措施；集输站油气输送区与加热锅炉间采取房间密闭方式进行隔离，属于防止事故发生的安全技术措施。

[答案] C

[典型例题2·单选] 某危险化学品企业为防止油品泄漏后扩散，在已有储罐防火堤的基础上，增加了一个800m³的地下收集储槽，同时在危险化学品成品仓库门前安装了2台静电释放器，所有进入库内的人员必须触摸静电释放器方可入库作业。根据安全技术措施的分类，该企业采取的两项安全技术措施分别属于（   ）。

A. 设置薄弱环节、隔离 B. 避难与救援、设置薄弱环节

C. 隔离、安全监控系统 D. 隔离、限制能量或危险物质

[解析] 地下收集储槽、防火堤均属于减少事故损失安全技术措施中的隔离；静电释放器属于防止事故发生安全技术措施中的限制能量或危险物质中的防止能量蓄积。

[答案] D

[典型例题3·单选] 在防止事故发生的众多技术措施中，能够从根本上防止事故发生固然是最好的，但受技术、经济条件的限制，有些危险源不能被彻底根除，这时应该设法限制它们拥有的能量或危险物质的量，降低其危险性。下列安全技术措施中，不属于限制能量或危险物质的是（　　）。

A. 狭小潮湿环境作业采用安全电压　　　　B. 金属抛光车间采取的通风措施

C. 高速公路两侧设置的围栏　　　　　　　D. 输送易燃介质管道设置接地

[解析] 限制能量或危险物质包括：①减少能量或危险物质的量；②防止能量蓄积；③安全地释放能量。高速公路两侧设置的围栏属于隔离，是减少事故损失的安全技术措施。

[答案] C

🔲 环球君点拨

对于本考点，考试时要从以下两个方面考虑：

（1）运用排除法，是技术措施而不是管理措施，所以首先要排除管理措施。

（2）防止事故发生的安全技术措施，事故没有发生；减少事故损失的安全技术措施，事故已经发生。

▶ 考点2　安全技术措施计划 [2023、2022、2021、2020、2019、2018、2017、2015、2014]

🔲 真题链接

[2023·单选] 某集团公司年底在组织安全技术措施计划审核工作中，对下属单位上报的"反事故"措施计划进行审核。下列属于安全技术措施计划内容的是（　　）。

A. 针对不同岗位，制定全员危险辨识及风险控制卡

B. 落实《安全生产法》要求，制定完善全员安全生产责任制

C. 根据现场作业环境特点，确定职业病危害的强度标准

D. 根据企业事故专项预案，制定突发事件应对现场处置卡

[解析] 每一项安全技术措施计划至少应包括以下内容：①措施应用的单位或工作场所；②措施名称；③措施目的和内容；④经费预算及来源；⑤实施部门和负责人；⑥开工日期和竣工日期；⑦措施预期效果及检查验收。选项C属于安全技术措施的目的和内容。

[答案] C

[2022·单选] 安全技术措施计划的项目范围包括改善劳动条件、防止事故、预防职业病和提高职工安全素质等，类别分为安全技术措施、卫生技术措施、辅助措施和安全宣传教育措施4类。下列措施中，属于卫生技术措施的是（　　）。

A. 甲公司喷漆房内安装了防爆型电气设备设施

B. 丙公司针对喷漆作业人员设置了淋浴室

C. 丁公司设置了急救室和妇女卫生室

D. 乙公司氩弧焊作业场所设置了局部排风设施

[解析] 安装防爆型电气设备设施属于安全技术措施；设置的淋浴室、急救室和妇女卫生室属于辅助措施；氩弧焊作业场所会产生电焊烟尘，设置排风设施属于卫生技术措施。

[答案] D

[2021·单选] 某企业针对重大安全隐患编制了安全技术措施计划，在下达前由企业有关领导

召集，按规定程序对安全技术措施计划进行了审查、核定。下列人员中，负责审查、核定安全技术措施计划的召集人是（　　）。

A. 总工程师

B. 主管安全生产领导

C. 单位主要负责人

D. 主管财务领导

[解析] 安全技术措施计划在编制完成、主管生产的领导或总工程师审批后，由主要负责人召集相关部门进行审查、核定。

[答案] C

[2020·单选] 某氮肥生产企业编制了安全技术措施计划，其中为现场接触尘毒作业人员设置淋浴室和更衣室属于安全技术措施计划中的（　　）。

A. 辅助措施

B. 安全技术措施

C. 卫生技术措施

D. 安全宣传教育措施

[解析] 辅助措施是指保证工业卫生方面所必需的房屋及一切卫生性保障措施，如尘毒作业人员的淋浴室、更衣室或存衣箱、消毒室、妇女卫生室、急救室等。

[答案] A

[2019·单选] 为进一步强化安全生产工作，某化工企业 2019 年实施了以下安全技术措施计划项目：①根据 HAZOP 分析结果，加装了压缩机入口分离器液位高联锁；②在中控室增加了有毒气体检测声光报警；③对鼓风机安装了噪声防护罩；④对淋浴室、更衣室进行了升级改造；⑤为安全教育培训室配备了电脑和投影设备。下列安全技术措施计划项目分类的说法中，正确的是（　　）。

A. ②③属于卫生技术类措施

B. ④⑤属于安全教育类措施

C. ③④属于辅助类措施

D. ①②属于安全技术类措施

[解析] ①属于安全技术类措施；②、③属于卫生技术类措施；④属于辅助类措施；⑤属于安全宣传教育类措施。

[答案] A

[2018·单选] 某施工企业安全生产管理部根据本单位具体情况向下属单位提出编制安全技术措施计划的具体要求，并召开会议就有关工作进行了布置。下属企业在认真调查和分析自身存在的问题，并征求群众意见的基础上，确定了本企业的安全技术措施计划项目和主要内容，上报上级安全管理部门，经审批后该项措施计划下一步应进入的阶段是（　　）。

A. 审核

B. 发布

C. 实施

D. 编制

[解析] 安全技术措施计划的编制流程：确定编制时间→布置→确定项目和内容→编制→审批→下达→实施→监督检查。本题中，审批的是安全技术措施计划的项目和内容，属于立项审批，下一步工作是编制。

[答案] D

■ 真题精解

点题： 2018—2023 年的考试均对本考点进行了考查，其重要程度显而易见。安全技术措施计划主要分为两大方面，一是计划的内容，二是计划的编制流程。

分析：

1. 安全技术措施计划的项目范围

安全技术措施计划的项目范围见表 2-9。

表 2-9　安全技术措施计划的项目范围

类别	举例	关键词
安全技术措施	(1) 安全防护装置 (2) 保险装置 (3) 信号装置 (4) 防火防爆装置	技术
卫生技术措施	(1) 防尘、防毒、防噪声与振动 (2) 通风、降温、防寒、防辐射装置或措施	卫生
辅助措施	(1) 尘毒作业人员的沐浴室、更衣室或存衣箱、消毒室 (2) 妇女卫生室、急救室	辅助
安全宣传教育措施	(1) 安全教育室 (2) 安全卫生教材、挂图、宣传画、培训室、安全卫生展览	教育

2. 安全技术措施计划的编制内容

(1) 措施应用的地点以及措施的名称。

(2) 实施的目的、内容以及预算。

(3) 实施部门和负责人以及开工、竣工日期。

(4) 竣工后的检查验收。

3. 安全技术措施计划的编制流程

安全技术措施计划的编制流程如图 2-16 所示。

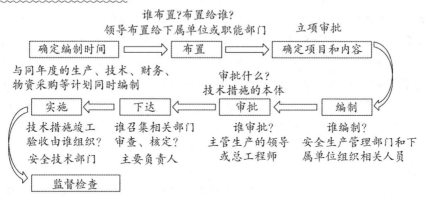

图 2-16　安全技术措施计划的编制流程

拓展：本考点有两种考查形式：

(1) 安全技术措施计划的基本内容。四大分类是每年的必考点，可以根据表 2-9 中的关键词记忆；对于编制内容，主要考查企业实际生产过程中可能缺失的安全技术措施编制内容，要求我们熟练掌握安全技术措施计划的编制内容。

(2) 编制流程，可以考查排序题，也可以考查某一个步骤。例如，2018 年考查排序题，2021 年考查了"下达"这一步骤的内容。

易混提示

编制流程的第三步是确定项目和内容，这里的"审批"是立项审批。第五步是审批，在编制完成之后，这里的"审批"是对安全技术措施计划的审批。2018年考查了这个细节，可以结合图2-16的流程辅助记忆，不要混淆。

■ 举一反三

[典型例题1·单选] 某化工厂为了改善劳动条件，防止事故发生，提高职工安全素质等，决定编制一系列的安全技术措施计划。在一次会议中，各部门人员分别提出了本部门的意见。生产科刘工说，化学反应池入口处应加设静电消除器，但是需要考虑经费问题；安全科王工说，仓储区应急照明、应急广播系统由于缺配件一直未及时修理，要求物资科以及维修大队相关人员及时处理；原料科李工说，新建原料库房属于易燃易爆场所，应该在2月1日至3月1日期间加装可燃气体浓度报警装置；管道部吕工说，厂区西部200m地埋管线应该遵循必要性和可行性原则，要考虑技术可行性与经济承受能力。根据以上说法，下列不属于安全技术措施计划编制应该包括的内容是（　　）。

    A. 安全科王工的说法

    B. 生产科刘工的说法

    C. 管道部吕工的说法

    D. 原料科李工的说法

[解析] 安全科王工的说法属于安全技术措施计划编制内容中的实施部门和负责人；生产科刘工的说法属于安全经费预算；原料科李工的说法属于安全技术措施计划内容的开工、竣工日期。管道部吕工的说法属于安全技术措施的编制原则，不属于安全技术措施计划编制的内容。

[答案] C

[典型例题2·单选] 某机械加工厂为了预防职业病，按照相关要求编制了安全技术措施计划：①生产科下属负责机械抛光的车间在认真调查和分析本车间存在的问题、征求车间员工意见的基础上，确定了本车间的安全技术措施计划的项目和内容；②机械加工厂安全生产管理部门、技术部门以及计划部门进行联合会审后，报单位分管安全的王总进行审批；③该工厂生产科科长根据具体情况向机械抛光车间提出编制预防金属粉尘的安全技术措施计划的具体要求，就有关工作向车间主任进行布置；④机械加工厂主要负责人根据审批意见，召集有关部门负责人进行审查、核定安全技术措施计划。按照安全技术措施计划的编制流程，上述计划的正确顺序是（　　）。

    A. ①③④②   B. ④②③①

    C. ③②④①   D. ③①②④

[解析] 安全技术措施计划的编制流程：确定编制时间→布置→确定项目和内容→编制→审批→下达→实施→监督检查。

[答案] D

[典型例题3·单选] 某生产经营单位为了保证生产安全，按照相关要求编制了安全技术措施计划，后经上级安全、技术、计划管理部门进行联合会审后，报单位有关领导审批。该安全技术措施计划的审批人一般是生产经营单位的（　　）。

    A. 主管安全的领导   B. 总工程师

    C. 主要负责人   D. 注册安全工程师

[解析] 安全技术措施计划的审批人是主管生产的领导或总工程师。

[答案] B

■ 环球君点拨

本考点是这一章性价比最高的，内容少、分值高，几乎不涉及专业实务案例简答，不需要大段背诵原文，备考过程中可以按照选择题的特点记忆，以关键词和细节掌握为主。

第九节 作业现场环境安全管理

▶ **考点1** **作业现场环境的危险和有害因素** [2022、2021、2020、2019、2018、2017、2015、2014]

■ 真题链接

[2022·多选] 某风力发电施工项目临近陡峭山地，在施工工地辨识出：①防雷接地接触不良；②现场地面泥泞；③施工现场脚手架没有护网；④个别员工有恐高症；⑤山体土质松软等主要危险和有害因素。根据《生产过程危险和有害因素分类与代码》（GB/T 13861—2022），上述危险和有害因素中，属于环境因素的有（   ）。

A. ①   B. ②

C. ③   D. ④

E. ⑤

[解析] 根据《生产过程危险和有害因素分类与代码》（GB/T 13861—2022），①属于物理因素，②、③、⑤属于室外作业环境不良，④属于人的因素。

[答案] BCE

[2020·单选] 某集团公司为加强安全生产管理，在基层全面推进双重预防机制建设工作，公司下属工厂从总平面布置、道路运输、生产车间、安全管理组织等方面进行了危险源辨识。根据《生产过程危险和有害因素分类与代码》（GB/T 13861—2009），关于工厂危险和有害因素分类的说法，正确的是（   ）。

A. 车间劳动组织不合理属于管理因素

B. 车间疏散通道、安全出口设计缺陷属于室内作业场所环境不良

C. 夏季温度高，员工室外作业容易中暑，属于综合性作业场所环境不良

D. 运输车辆集中时段进出工厂，导致交通不畅属于室外作业场所环境不良

[解析] 选项 A 错误，组织机构不健全、规章制度不完善属于管理因素。选项 B 正确，室内通道缺陷、安全出口缺陷属于室内作业场所环境不良。选项 C 错误，温度过高属于物的因素中的物理因素。选项 D 错误，交通不畅不属于企业危险和有害因素分类的内容。

[答案] B

■ 真题精解

点题：本考点主要涉及的规范内容为《生产过程危险和有害因素分类与代码》（GB/T 13861—2022），是每年的必考点。

分析：《生产过程危险和有害因素分类与代码》（GB/T 13861—2022）将作业现场环境的危险和有害因素划分为 4 类：室内作业场所环境不良、室外作业场地环境不良、地下（含水下）作业环境不良、其他作业环境不良，可以采用关键词记忆方法，具体内容见表 2-10。

表 2-10 作业现场环境的危险和有害因素

场所	举例	关键词
室内作业场所环境不良	室内地面滑，室内作业场所狭窄，室内作业场所杂乱，室内地面不平，室内梯架缺陷，地面、墙和天花板上的开口缺陷，房屋基础下沉，室内安全通道缺陷，房屋安全出口缺陷，采光照明不良，作业场所空气不良，室内温度、湿度、气压不适，室内给、排水不良，室内涌水，其他室内作业场所环境不良	作业场所、室内
室外作业场地环境不良	恶劣气候与环境，作业场地和交通设施湿滑，作业场地狭窄，作业场地杂乱，作业场地不平，交通环境不良（航道狭窄、有暗礁或险滩，其他道路、水路环境不良，道路急转陡坡、临水临崖），脚手架、阶梯和活动梯架缺陷，地面及地面开口缺陷，建（构）筑物和其他结构缺陷，门和周界设施缺陷，作业场地地基下沉，作业场地安全通道缺陷，作业场地安全出口缺陷，作业场地光照不良，作业场地空气不良，作业场地温度、湿度、气压不适，作业场地涌水，排水系统故障，其他室外作业场所环境不良	作业场地、室外
地下（含水下）作业环境不良	隧道/矿井顶板或巷帮缺陷，隧道/矿井作业面缺陷，隧道/矿井底板缺陷，地下作业面空气不良，地下火，冲击地压（岩爆），地下水，水下作业供氧不当，其他地下作业环境不良	矿井、地下
其他作业环境不良	强迫体位，综合性作业环境不良，以上未包括的其他作业环境不良	—

拓展： 掌握本考点需要注意以下几个方面：

（1）地面湿滑。如果是室内地板湿滑则属于室内作业场所环境不良，如果是室外作业场地湿滑则属于室外作业场所环境不良，考试时需要结合题干分析。

（2）结合常识判断。例如，航道狭窄、恶劣气候，明显属于室外，天花板缺陷明显属于室内，因为只有室内才有天花板。

（3）《缺氧危险作业安全规程》（GB 8958—2006）重要内容补充：一般缺氧危险作业是指作业环境中单纯缺氧的危险作业；特殊缺氧危险作业是指作业场所中同时存在或可能产生其他有害气体的危险作业；严禁用纯氧通风换气，通风换气使氧气含量始终保持在 0.195 以上。

易混提示

其他作业环境不良中的强迫体位是指由机器设备设计不合理导致的疲劳、劳损或事故的一种作业姿势。例如，由于机器设计较低，需要长期弯腰操作，导致腰肌劳损，这属于其他作业环境不良。但是，如果是由加班劳累导致的疲劳和劳损，这属于人的因素而不是环境因素，注意区分。

举一反三

[典型例题 1·单选] 2023 年 2 月 18 日，某县应急管理部门对一食品加工企业进行了现场检查，检查情况如下：①泡菜腌制车间通风良好，但环境采光照明不良；②厂区西北角一露天 15m×10m 的酸菜腌制土坑地面湿滑，入坑通道安全设施缺失；③室内切菜间排水不良，清洗污水有积聚；④洗菜池高度设计不合理，操作工长时间弯腰洗菜导致腰部劳损。根据《生产过程危险和有害因素分类与代码》（GB/T 13861—2022），针对上述检查结果，下列说法错误的是（　　）。

A. ①属于室内作业场所环境不良　　　　B. ②属于室外作业场所环境不良

C. ③属于室内作业场所环境不良　　　　　D. ④属于室内作业场所环境不良

[解析] 本题中，①属于室内作业场所环境不良；②属于室外作业场所环境不良；③属于室内作业场所环境不良；④是由设计不合理导致的，属于其他作业环境不良中的强迫体位。

[答案] D

[典型例题2·单选]《生产过程危险和有害因素分类与代码》（GB/T 13861—2022）将室外作业场地环境不良、室内作业场所环境不良、地下（含水下）作业环境不良、其他作业环境不良进行了分类。根据该标准，下列危险和有害因素中，不属于室外作业场所环境不良的是（　　　）。

A. 作业场地杂乱　　　　　　　　　　　　B. 作业场地基础下沉

C. 作业场地涌水　　　　　　　　　　　　D. 地下作业面空气不良

[解析] 作业场地杂乱、作业场地地基下沉、作业场地涌水均属于室外作业场地环境不良；地下作业面空气不良属于地下（含水下）作业环境不良。

[答案] D

[典型例题3·单选] 2023年3月15日，某化工企业制氯生产车间污水管道进行清淤作业，由于安全防护不当，作业人员甲、乙、丙缺氧窒息死亡。根据《缺氧危险作业安全规程》（GB 8958—2006），下列说法正确的是（　　　）。

A. 该作业环境属于一般缺氧危险作业

B. 作业人员应穿戴过滤式空气呼吸器

C. 作业过程中严禁用纯氧通风换气，通风换气使氧气含量始终保持在0.18以上

D. 该作业环境属于特殊缺氧危险作业

[解析] 根据《缺氧危险作业安全规程》（GB 8958—2006），一般缺氧危险作业是指在作业环境中的单纯缺氧危险作业；特殊缺氧危险作业是指在作业场所中同时存在或可能产生其他有害气体的缺氧危险作业；污水管道进行清淤作业严禁使用过滤式面具；严禁用纯氧通风换气，通风换气使氧气含量始终保持在0.195以上。

[答案] D

[典型例题4·单选] 某市应急管理部门对某食品加工企业进行了现场安全检查，发现的问题有：①蔬菜清洗间地面湿滑；②蒸煮作业场所空气不良；③预包装区两个安全出口被锁闭一个；④灌装车间工人由于作业姿势导致腰肌劳损。根据《生产过程危险和有害因素分类与代码》（GB/T 13861—2022），下列说法不正确的是（　　　）。

A. ①属于室外作业场所环境不良　　　　　B. ②属于室内作业场所环境不良

C. ③属于室内作业场所环境不良　　　　　D. ④属于其他作业环境不良

[解析] ①属于室内作业场所环境不良，选项A错误。

[答案] A

■ 环球君点拨

　　作业现场环境不良一般会结合《生产过程危险和有害因素分类与代码》（GB/T 13861—2022）和其他内容一起考查，综合性较强，不仅是管理科目的重点，同时也是专业实务案例简答题的考点，应予以重视。

● 考点 2 **安全管理要求及方法** [2022、2021、2020、2019、2018、2017、2015、2014、2013]

■ 真题链接

[2022·单选] 某医药研发企业设有冰醋酸专用储存间，根据《安全标志及其使用导则》，不需设置的安全标志是（   ）。

A. 当心低温
B. 禁止烟火
C. 当心腐蚀
D. 必须戴防护眼镜

[解析] 乙酸也称醋酸、冰醋酸，是一种有机一元酸，冰醋酸是危险化学品，纯的无水乙酸（冰醋酸）是无色的吸湿性固体，凝固后为无色晶体，其水溶液呈弱酸性且腐蚀性强，蒸汽对眼和鼻有刺激性作用。冰醋酸是一种易燃易爆品，其水蒸气能和空气发生爆炸。本题中，专用储存间应该设置的安全标志有禁止烟火、当心腐蚀、必须戴防护眼镜。

[答案] A

[2021·单选] 某食品加工企业引进两套制冷设备，安装测试后，经检测两套设备正常运行时的噪声值为96dB。为保证制冷工的身心健康，该企业安全部在现场设置了职业危害告知卡，配备相应防护器材。根据《工作场所职业病危害作业分级 第4部分：噪声》，该场所8h暴露作业下噪声危害的级别是（   ）。

A. 轻度危害
B. 中度危害
C. 重度危害
D. 极重危害

[解析] 根据《工作场所职业病危害作业分级 第4部分：噪声》，该企业的两套设备的噪声值为96dB，属于Ⅲ级重度危害。

[答案] C

[2020·单选] 某企业为规范作业现场安全管理，推行了"5S"管理。实施半年后，员工的安全意识普遍提高，现场状况明显改善。关于"5S"作业现场管理的说法，正确的是（   ）。

A."5S"整顿就是归类为"要"或"不要"
B. 定置定位就是固定作业现场的工具及设备不得移动
C."5S"素养就是提高安全管理水平
D."5S"管理就是整理、整顿、清扫、清洁、素养

[解析] 整顿，就是明确整理后需要物品的摆放区域和形式，即定置定位，选项A错误。选项B不属于"5S"的内容。素养，就是提高人的素质，养成严格执行各种规章制度、工作程序和各项作业标准的良好习惯和作风，选项C错误。"5S"管理就是整理、整顿、清扫、清洁、素养，选项D正确。

[答案] D

[2019·单选] 根据《安全标志及其使用导则》（GB 2894—2008），国家规定了禁止、警告、指令、提示共4类传递安全信息的安全标志。下列图示中，属于提示标志的是（   ）。

A.
B.
C.
D.

［解析］禁止吸烟属于禁止标志；可动火区属于提示标志；有电危险属于警告标志；限速行驶属于交通标志。

［答案］B

真题精解

点题：本考点属于每年必考点，整体难度不大，可以结合工作经验及生活常识作出选择。

分析：

1. 安全标志

根据《安全标志及其使用导则》（GB 2894—2008），四大安全标志及其特点如下：

（1）禁止标志：表示禁止。圆环与斜杠用红色；图形符号用黑色，背景用白色，如图 2-17 所示。

图 2-17 禁止标志

（2）警告标志：表示注意。黑色的正三角形，黑色符号和黄色背景，如图 2-18 所示。

图 2-18 警告标志

（3）指令标志：表示强制。圆形，蓝色背景，白色图形符号，如图 2-19 所示。

图 2-19 指令标志

（4）提示标志：提供某种信息。方形，绿色背景，白色图形符号及文字，如图 2-20 所示。

图 2-20 提示标志

多个安全标志的张贴顺序：从左到右、从上到下，分别是警告→禁止→指令→提示。

2. 噪声危害分级

《工作场所职业病危害作业分级 第 4 部分：噪声》（GBZ/T 229.4—2012）中将作业环境中的噪

声危害分为轻度危害、中度危害、重度危害、极重危害 4 个级别，见表 2-11。

表 2-11 作业环境中的噪声危害分级

分级	声效等级，$L_{EX,8h}$/dB	危害程度
I	$85 \leqslant L_{EX,8h} < 90$	轻度危害
II	$90 \leqslant L_{EX,8h} < 94$	中度危害
III	$95 \leqslant L_{EX,8h} < 100$	重度危害
IV	$L_{EX,8h} \geqslant 100$	极重度危害

该表格可以用数轴表示，方便记忆（临界点靠右），如图 2-21 所示。

图 2-21 作业环境中的噪声危害分级

3. 作业现场安全管理方法（"5S"法）

"5S"是指整理、整顿、清扫、清洁、素养，"5S"法又被称为"五常法则"或"五常法"。

（1）整理，就是工作场所井然有序，有用、无用分开，防止误用。例如，施工作业现场的钢筋区、焊接区、木工区的划分等。

（2）整顿，就是定置定位，工具、用具准确定位，用完归位，再取便捷。

（3）清扫，就是大扫除，"工完料净场地清"，见污即除，设备保养。

（4）清洁，六面整洁，干净亮丽。

（5）素养，是"5S"的核心。素养就是提高人的素质，以人为本、贵在自觉，从点滴做起，使员工养成良好习惯和作风。素养提高的方式或途经如安全教育培训、应急演练、班前班后会、签责任状、奖惩措施等。

拓展：《安全标志及其使用导则》重要条款补充：

（1）标志牌的材质。安全标志牌应采用坚固耐用的材料制作，一般不宜使用遇水变形、变质或易燃的材料。有触电危险的作业场所应使用绝缘材料。

（2）标志牌的设置高度。悬挂式和柱式的环境信息标志牌的下缘距地面的高度不宜小于 2m。

（3）安全标志牌至少每半年检查一次，如发现有破损、变形、褪色等不符合要求的，应及时修整或更换。

易混提示

作业现场"5S"法中，素养是核心，这个"素养"是指提高人的素质。素养不是企业的安全管理。

举一反三

[典型例题 1·单选] 某危险化学品生产单位提示从业人员进入 1# 仓库必须佩戴防毒面具。根据《安全标志及其使用导则》（GB 2894—2008），"必须佩戴防毒面具"属于（　　）。

A. 禁止标志　　　　　　　　　　　　B. 指令标志

C. 警告标志　　　　　　　　　　　　D. 提示标志

[解析] 禁止标志的关键词是"严禁"；指令标志的关键词是"必须"；警告标志的关键词是

"当心";提示标志表示安全提示。本题中,"必须佩戴防毒面具"属于指令标志。

[答案] B

[典型例题 2·多选] 某大型纺织厂房内西北角有一 50m×40m 的材料库房,存放有布料、纺线、拉链和棉织品,生产线设置有传送带和架空电缆,紧靠厂房东南角的外墙设置有一小型常压热水锅炉房,供生产热水和员工生活热水,水温 96℃。为避免发生人员伤害事故,厂房内以及锅炉房外均张贴了相关安全标志。根据《安全标志及其使用导则》,该厂房应张贴的安全标志有( )。

A. 当心触电

B. 严禁吸烟

C. 必须戴安全帽

D. 当心烫伤

E. 必须戴防护眼镜

[解析] 材料库房存放有布料、纺线、拉链和棉织品,均属于可燃物,所以"严禁吸烟(严禁烟火)"需要张贴;生产线设置有架空电缆,所以"当心触电"需要张贴;小型常压热水锅炉房,供生产热水和员工生活热水,水温 96℃,所以要张贴"当心烫伤"。题干中没有提到高度问题,所以不需要考虑佩戴安全帽和防护眼镜。

[答案] ABD

[典型例题 3·单选] 2022 年 10 月 20 日,某化工厂安全生产管理部门对该厂区进行了一次全面安全检查,发现工艺区、加药区、储存区、操作岗位等都存在着不同程度的管理混乱现象。为规范作业现场安全管理,该厂推行了班组"5S"管理活动。下列该机修厂现场日常管理的做法中,属于"5S"现场安全管理的核心的是( )。

A. 建立健全岗位操作规章制度,规范操作岗位作业程序

B. 进行岗前安全班会并常态化,养成班组成员"会中学习 2 分钟"的良好作风和习惯

C. 针对储存区存在的杂乱问题,明确物资的定置定位

D. 组织工艺区和加药区所有员工进行大扫除,创造明亮、整齐的工作环境

[解析] "5S"现场安全管理的核心是素养。建立健全岗位操作规章制度,规范操作岗位作业程序,是管理手段而不是针对人的素养;针对储存区存在的杂乱问题,明确物资的定置定位,属于整顿的内容;组织工艺区和加药区所有员工进行大扫除,创造明亮、整齐的工作环境,属于清扫、清洁的内容。

[答案] B

[典型例题 4·单选] 某建筑施工企业在脚手架显著位置按照规定设置了警示牌,提醒从业人员对周围环境引起注意。根据《安全标志及其使用导则》(GB 2894—2008),下列说法正确的是( )。

A. 该施工企业安全标志牌应至少每年检查一次,如发现有破损、变形、褪色等不符合要求时应及时修整或更换

B. 多个标志牌在一起设置时,应按禁止、警告、指令、提示类型的顺序,先左后右、先上后下排列

C. 现场安全员王某在临时用电作业的上级配电柜悬挂了采用泡沫材料制成的"禁止合闸"警

示牌

D. 悬挂式和柱式的环境信息标志牌的下缘距地面的高度不宜小于 2m

[解析] 安全标志牌至少每半年检查一次，如发现有破损、变形、褪色等不符合要求的，应及时修整或更换，选项 A 错误。多个标志牌在一起设置时，应按警告、禁止、指令、提示类型的顺序，先左后右、先上后下排列，选项 B 错误。安全标志牌应采用坚固耐用的材料制作，一般不宜使用遇水变形、变质或易燃的材料，选项 C 错误。

[答案] D

环球君点拨

本考点较简单，容易理解，考试时一般会结合企业安全生产工作中实际存在的问题考查。除需要掌握上面拓展的重要规范内容外，还需要对施工现场熟悉和了解。

第十节　安全生产投入与安全生产责任保险

▶ 考点1　**安全生产投入** [2023、2022、2021、2020、2019、2018、2017、2015、2014、2013]

真题链接

[2023·单选] 某地下云母矿，当月开采的矿石为 5 000t。根据《企业安全生产费用提取和使用管理办法》，该企业在当月月末提取安全生产费用的金额为 (　　)。

A. 40 000 元
B. 25 000 元
C. 20 000 元
D. 10 000 元

[解析] 云母矿属于非金属矿山，其中露天矿山每吨提取 3 元，地下矿山每吨提取 8 元。该企业在当月月末提取安全生产费用的金额＝5 000×8＝40 000 (元)。

[答案] A

[2023·多选] 某城市建立一个医养项目，下列关于该项目安全生产费用的提取，正确的有 (　　)。

A. 建设单位应当在合同中单独约定并于工程开工日 1 个月内向承包单位支付至少 50% 企业安全生产费用

B. 提取标准为工程造价的 2%

C. 从业人员发现事故隐患可以使用安全生产费用

D. 支出范围包括扩建项目的安全评价

E. 标准化建设的咨询费用支出

[解析] 房屋建设项目按照工程造价的 3% 提取，选项 B 错误。安全生产费用支出范围不包括新建、改建、扩建项目的安全评价，选项 D 错误。

[答案] ACE

[2020·多选] 某年产 15 万吨烧碱生产企业扩建了两条生产线，按照《企业安全生产费用提取和使用管理办法》要求提取了安全生产费用，专用于安全生产支出。以下支出可以使用安全生产费用的有 (　　)。

A. 购买再生产原料用盐

B. 扩建两条生产线的安全评价费用

C. 检测检验生产车间的行吊

D. 举办产品展销会

E. 更换生产车间内可燃气体检测探头

[解析] 购买再生产原料用盐、举办产品展销会均不属于安全生产支出，选项 A、D 错误。安全现状评价可以使用安全生产费用，扩建两条生产线的安全评价属于安全预评价或验收评价，不属于现状评价，选项 B 错误。

[答案] CE

[2020·单选] 某地方国有独资企业主要从事危险化学品的生产及储存业务。由于长期亏损，该企业安全生产投入资金严重不足，化工生产装置失修，引发安全生产责任事故。根据安全生产管理有关规定，该企业应承担安全生产资金投入不足责任的人员是（　　）。

A. 生产经理   B. 财务总监

C. 安全总监   D. 总经理

[解析] 股份制企业、合资企业等安全生产投入资金由董事会予以保证；一般国有企业由厂长或者经理予以保证；个体工商户等个体经济组织由投资人予以保证。上述保证人承担因安全生产所必需的资金投入不足而导致事故后果的法律责任。本题是国有企业，承担责任的人员是厂长或总经理。

[答案] D

真题精解

点题： 本考点是每年必考内容，分值很高，安全生产费用的提取标准考查主要是针对数字的记忆，需要做到精准。安全生产费用的使用范围不但涉及管理科目，同时也是专业实务案例简答题的重点考查内容。

分析： 根据《企业安全生产费用提取和使用管理办法》《安全生产法》，本考点内容如下。

1. 企业安全生产费用的提取原则

企业提取、政府监管、确保需要、规范使用，要求企业自行提取，专户储存，专项用于安全生产。

2. 企业安全生产费用的保证人

（1）股份制企业、合资企业：董事会。

（2）国企：厂长或总经理。

（3）个体工商户：投资人。

3. 安全生产费用的提取标准

安全生产费用的提取标准如图 2-22 所示。

煤矿：按产量提取，露天矿每吨提 5 元，地下矿每吨提 15 元，高瓦斯每吨提 30 元，
煤与瓦斯突出每吨提 50 元

石油：按产量提取，每吨提 20 元

非煤矿山 金属矿：按产量提取，露天矿每吨提 5 元，地下矿每吨提 15 元

非金属矿：按产量提取，露天矿每吨提 3 元，地下矿每吨提 8 元

安全生产
费用的
提取标准

建设工程
工程造价的 3.5%：矿山工程

工程造价的 3.0%：铁路工程、房屋建设、城市轨道交通（"交铁房 3.0"）

工程造价的 2.5%：水利水电工程、电力工程（"水电 2.5"）

工程造价的 2.0%：冶炼、机电安装、化工石油、通信工程（"通信炼机油 2.0"）

工程造价的 1.5%：市政公用、港口与航道、公路工程（"港口公示 1.5"）

危险化学品：以上年度实际营业收入提取采用超额累退计算方法

| 4.5% | 2.25% | 0.55% | 0.2% |

1 000万元　　1亿元　　10亿元

图 2-22 安全生产费用的提取标准

4. 安全生产费用的使用范围

（1）购置购建、更新改造、检测检验、检定校准、运行维护安全防护和紧急避险设施、设备支出，不含按照"建设项目安全设施必须与主体工程同时设计、同时施工、同时投入生产和使用"（以下简称"三同时"）规定投入的安全设施、设备。

（2）购置、开发、推广应用、更新升级、运行维护安全生产信息系统、软件、网络安全、技术支出。

（3）配备、更新、维护、保养安全防护用品和应急救援器材、设备支出。

（4）企业应急救援队伍建设（含建设应急救援队伍所需应急救援物资储备、人员培训等方面）、安全生产宣传教育培训、从业人员发现报告事故隐患的奖励支出。

（5）安全生产责任保险、承运人责任险等与安全生产直接相关的法定保险支出。

（6）安全生产检查检测、评估评价（不含新建、改建、扩建项目安全评价）、评审、咨询、标准化建设、应急预案编制修订、应急演练支出。

注意：本企业职工薪酬、福利不得从企业安全生产费用中支出（发现事故隐患奖励支出除外）。

拓展：学习本考点还需要掌握以下几个方面：

（1）规范要求的提取标准都是最低值，企业实际提取可以高于规范标准。

（2）安全生产费用的使用范围中，对于安全评价，仅限于现状评价，安全预评价和验收评价不在使用范围内；安全设施的支出不包括项目初期"三同时"投入的支出，这些费用从成本中列支。

（3）企业安全生产费用管理遵循的原则：筹措有章、支出有据、管理有序、监督有效。

（4）建设工程施工企业编制投标报价应当包含并单列企业安全生产费用，竞标时不得删减。建设单位应当在合同中单独约定并于工程开工日 1 个月内向承包单位支付至少 50% 企业安全生产费用；总包单位应当在合同中单独约定并于分包工程开工日 1 个月内将至少 50% 企业安全生产费用直接支付分包单位并监督使用，分包单位不再重复提取。

（5）承担集团安全生产责任的企业集团母公司，可以对全资及控股子公司提取的企业安全生产

费用按照一定比例集中管理，统筹使用。子公司转出资金作为企业安全生产费用支出处理，集团总部收到资金作为专项储备管理，不计入集团总部收入。

（6）企业安全生产费用月初结余达到上一年应计提金额3倍及以上的，自当月开始暂停提取企业安全生产费用，直至企业安全生产费用结余低于上一年应计提金额3倍时恢复提取。

（7）企业当年实际使用的安全生产费用不足年度应计提金额60％的，除按规定进行信息披露外，还应当于下一年度4月底前，按照属地监管权限向县级以上人民政府负有安全生产监督管理职责的部门提交经企业董事会、股东会等机构审议的书面说明。

（8）企业由于产权转让、公司制改建等变更股权结构或者组织形式的，其结余的企业安全生产费用应当继续按照规定管理使用；企业调整业务、终止经营或者依法清算的，其结余的企业安全生产费用应当结转本期收益或者清算收益。

（9）以上一年度营业收入为依据提取安全生产费用的企业，新建和投产不足1年的，当年企业安全生产费用据实列支，年末以当年营业收入为依据，按照规定标准计算提取企业安全生产费用。

■ 易混提示

（1）安全生产费用要求专款专用，只能用于安全生产方面的支出。

（2）股份制企业的保证人是董事会，不是董事长。

（3）危险化学品企业采用超额累退的计算方法，按照提取标准分段计算，求和即可。

■ 举一反三

[典型例题1·单选] 生产经营单位应当按照规定提取和使用安全生产费用，专门用于改善安全生产条件。根据《企业安全生产费用提取和使用管理办法》，下列费用中，不应列入安全生产费用的是（　　）。

A. 某甲醇生产企业扩建项目安全评价支出

B. 危险品储存企业修筑库房防护围堤支出

C. 某大型露天铁矿开采企业采空区安全治理支出

D. 某总承包施工企业自有轮胎式起重机检测检验支出

[解析] 安全生产费用的使用范围包括安全生产检查、评价（不包括新建、改建、扩建项目安全评价）、咨询、标准化建设支出。本题中，甲醇生产企业扩建项目安全评价支出不属于安全生产费用的使用范围。

[答案] A

[典型例题2·单选] 某市应急管理部门在调查处理一起股份制企业因安全生产投入不足造成的安全生产事故时，就安全生产投入的责任主体发生了分歧。根据《安全生产法》，该企业保证安全生产投入的主体应是（　　）。

A. 投资人　　　　　　　　　　　B. 董事会

C. 董事长　　　　　　　　　　　D. 总经理

[解析] 股份制企业、合资企业等安全生产投入资金由董事会予以保证。

[答案] B

[典型例题3·单选] 某聚乙烯生产与储存企业上年度实际营业收入为9亿元，根据《企业安全生

产费用提取和使用管理办法》，该聚乙烯生产与储存企业本年度应提取的安全费用至少是（　　）万元。

A. 687.5　　　　　　　　　　　　　　B. 180.5

C. 495.0　　　　　　　　　　　　　　D. 654.5

[解析] 根据《企业安全生产费用提取和使用管理办法》，危险品生产与储存企业以上年度营业收入为依据，采取超额累退方式确定本年度应计提金额，并逐月平均提取，具体如下：①上一年度营业收入不超过 1 000 万元的，按照 4.5％ 提取；②上一年度营业收入超过 1 000 万元至 1 亿元的部分，按照 2.25％ 提取；③上一年度营业收入超过 1 亿元至 10 亿元的部分，按照 0.55％ 提取；④上一年度营业收入超过 10 亿元的部分，按照 0.2％ 提取。本题中，聚乙烯属于危险化学品，应该提取的安全费用 = 1 000×4.5％ + 9 000×2.25％ + 80 000×0.55％ = 687.5（万元）。

[答案] A

[典型例题 4·单选] 根据《企业安全生产费用提取和使用管理办法》，关于企业安全生产费用管理的做法，不正确的是（　　）。

A. 集团公司可以对全资及控股子公司提取的企业安全生产费用按照一定比例集中管理，统筹使用

B. 总包单位应当在分包工程开工日 1 个月内将至少 30％ 企业安全生产费用直接支付分包单位并监督使用，分包单位不再重复提取

C. 建设单位应当在合同中单独约定并于工程开工日 1 个月内向承包单位支付至少 50％ 企业安全生产费用

D. 企业调整业务、终止经营或者依法清算的，其结余的企业安全生产费用应当结转本期收益或者清算收益

[解析] 建设单位应当在合同中单独约定并于工程开工日 1 个月内向承包单位支付至少 50％ 企业安全生产费用；总包单位应当在分包工程开工日 1 个月内将至少 50％ 企业安全生产费用直接支付分包单位并监督使用，分包单位不再重复提取，选项 B 错误。

[答案] B

[典型例题 5·单选] 某市一小型股份制化工生产企业 2021 年实际营业收入为 1 000 万元，该企业在 2022 年按照规定提取了安全生产费用，年底结算实际支出 25 万元，按照规定，该企业进行了信息披露。该企业向该市应急管理部门提交书面说明的最迟日期是（　　）。

A. 2023 年 1 月 31 日　　　　　　　　B. 2023 年 2 月 15 日

C. 2023 年 3 月 15 日　　　　　　　　D. 2023 年 4 月 30 日

[解析] 企业当年实际使用的安全生产费用不足年度应计提金额 60％ 的，除按规定进行信息披露外，还应当于下一年度 4 月底前，按照属地监管权限向县级以上人民政府负有安全生产监督管理职责的部门提交经企业董事会、股东会等机构审议的书面说明。

[答案] D

■ 环球君点拨

本考点可以利用口诀记忆，内容重要并且数字多，需要多记多练。安全生产费用的使用范围重点留意"除外"的两点内容。

考点2 安全生产责任保险 [2022、2021、2019、2018]

真题链接

[2022·单选] 某集团公司下属有工程设计、建筑施工、投资置业和燃煤发电等公司，根据《安全生产责任保险实施办法》（安监总办〔2017〕140 号），其所属公司中应投保安全生产责任保险的是（　　）。

A. 工程设计公司　　　　　　　　　　B. 投资置业公司

C. 建筑施工公司　　　　　　　　　　D. 燃煤发电公司

[解析] 根据《安全生产责任保险实施办法》，煤矿、非煤矿山、危险化学品、烟花爆竹、交通运输、建筑施工、民用爆炸物品、金属冶炼、渔业生产等高危行业领域的生产经营单位应当投保安全生产责任保险。鼓励其他行业领域生产经营单位投保安全生产责任保险。

[答案] C

[2021·单选] 某市有冶金、化工、烟花爆竹、食品加工、建材等多业态企业，根据《安全生产责任保险实施办法》，除投保安全生产责任保险之外，可以投保职业病保险的企业是（　　）。

A. 砷化氢企业和石材加工企业

B. 炼钢厂和食品加工厂

C. 甲醇生产企业和物流企业

D. 鞭炮厂和机械加工厂

[解析] 根据《安全生产责任保险实施办法》，对存在高危粉尘作业、高毒作业或其他严重职业病危害的生产经营单位，可以投保职业病相关保险。本题中，砷化氢企业和石材加工企业属于存在高危粉尘作业、高毒作业或其他严重职业病危害的生产经营单位，因此除投保安全生产责任保险之外，还可以投保职业病保险。

[答案] A

[2019·单选] 下列情形可以视同工伤的是（　　）。

A. 在工作时间和工作场所内，因工作原因受到伤害

B. 在工作时间和工作岗位，突发疾病 48 小时内抢救无效导致死亡

C. 患职业病

D. 在下班途中，被闯红灯车辆撞击受伤

[解析] 根据《工伤保险条例》第十五条，职工有下列情形之一的，视同工伤：①在工作时间和工作岗位，突发疾病死亡或者在 48 小时之内经抢救无效死亡的；②在抢险救灾等维护国家利益、公共利益活动中受到伤害的；③职工原在军队服役，因战、因公负伤致残，已取得革命伤残军人证，到用人单位后旧伤复发的。

[答案] B

[2018·单选] 57 岁的王某在甲市某机械制造企业工作 30 年，半年前王某在加工零件时发生事故，经市社会保险行政部门认定为工伤，后经市劳动能力鉴定委员会鉴定为生活部分不能自理，伤残三级。关于王某因工致残可享受待遇的说法，正确的是（　　）。

A. 王某可按照甲市前三年年度职工月平均工资的 50% 按月从工伤保险基金领取生活护理费

B. 企业要求王某解除劳动关系，退出工作岗位，但王某可从工伤保险基金一次性领取 23 个月的本人工资作为伤残补助金

C. 王某可从工伤保险基金按月领取本人工资的 80% 为伤残津贴，如领取津贴低于当地最低工资标准的，由用人单位补足差额

D. 王某达到退休年龄并办理退休手续后，应停发伤残津贴，享受当地基本养老保险待遇。如基本养老保险待遇低于伤残津贴的，由工伤保险基金补足差额

［解析］选项 A 错误，生活护理费按照生活完全不能自理、生活大部分不能自理或者生活部分不能自理 3 个不同等级支付，其标准分别为统筹地区上年度职工月平均工资的 50%、40% 或者 30%。选项 B 错误，职工因工致残被鉴定为一级至四级伤残的，保留劳动关系，退出工作岗位，享受后续工伤待遇。选项 C 错误，从工伤保险基金按月支付伤残津贴，标准为：一级伤残为本人工资的 90%，二级伤残为本人工资的 85%，三级伤残为本人工资的 80%，四级伤残为本人工资的 75%，伤残津贴实际金额低于当地最低工资标准的，由工伤保险基金补足差额。

［答案］D

真题精解

点题：本考点属于高频考点，工伤保险管理的内容主要来自《工伤保险条例》，企业安全生产责任险的内容主要来自《安全生产法》和《安全生产责任保险实施办法》，这三部规范也是法规科目的重要内容。

分析：

（1）职工有下列情形之一的，应当认定为工伤：

①在工作时间和工作场所内，因工作原因受到事故伤害的。

②工作时间前后在工作场所内，从事与工作有关的预备性或者收尾性工作受到事故伤害的。

③在工作时间和工作场所内，因履行工作职责受到暴力等意外伤害的。

④患职业病的。

⑤因工外出期间，出于工作原因受到伤害或者发生事故下落不明的。

⑥在上下班途中，受到非本人主要责任的交通事故或者城市轨道交通、客运轮渡、火车事故伤害的。

⑦法律、行政法规规定应当认定为工伤的其他情形。

（2）职工有下列情形之一的，视同工伤：

①在工作时间和工作岗位，突发疾病死亡或者在 48 小时之内经抢救无效死亡的。

②在抢险救灾等维护国家利益、公共利益活动中受到伤害的。

③职工原在军队服役，因战、因公负伤致残，已取得革命伤残军人证，到用人单位后旧伤复发的。

（3）特殊情况：劳动者与用人单位之间存在事实劳动关系，即使未签订书面劳动合同也不影响其申请工伤认定的权利，并且事实劳动关系的存在与否，并不取决于劳动者在用人单位工作时间的长短。

（4）工伤的申请流程如图 2-23 所示。

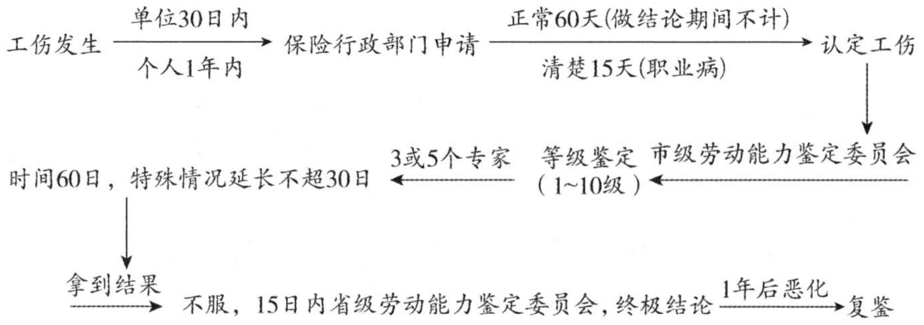

图 2-23　工伤的申请流程

(5) 工伤保险待遇见表 2-12。

表 2-12　工伤保险待遇

<table>
<tr><th colspan="6">伤残情况</th><th colspan="3">生活自理情况</th></tr>
<tr><th colspan="2" rowspan="2">伤残等级</th><th colspan="2">一次性伤残补助金</th><th colspan="2">每月伤残津贴</th><th rowspan="2">等级</th><th rowspan="2">自理费</th><th rowspan="2">来源</th></tr>
<tr><th>月数</th><th>来源</th><th>本人工资的标准</th><th>来源</th></tr>
<tr><td rowspan="4">一～四级</td><td>一级</td><td>27</td><td rowspan="10">工伤保险基金</td><td>本人工资的 90%</td><td rowspan="4">工伤保险基金</td><td rowspan="3">完全不能自理</td><td rowspan="3">地区上年平均工资的 50%</td><td rowspan="10">工伤保险基金</td></tr>
<tr><td>二级</td><td>25</td><td>本人工资的 85%</td></tr>
<tr><td>三级</td><td>23</td><td>本人工资的 80%</td></tr>
<tr><td>四级</td><td>21</td><td>本人工资的 75%</td><td rowspan="3">大部分不能自理</td><td rowspan="3">地区上年平均工资的 40%</td></tr>
<tr><td rowspan="2">五～六级</td><td>五级</td><td>18</td><td>本人工资的 70%</td><td rowspan="2">用人单位</td></tr>
<tr><td>六级</td><td>16</td><td>本人工资的 60%</td></tr>
<tr><td rowspan="4">七～十级</td><td>七级</td><td>13</td><td colspan="2" rowspan="4">无</td><td rowspan="4">部分不能自理</td><td rowspan="4">地区上年平均工资的 30%</td></tr>
<tr><td>八级</td><td>11</td></tr>
<tr><td>九级</td><td>9</td></tr>
<tr><td>十级</td><td>7</td></tr>
</table>

(6) 用人单位分立、合并、转让的，承继单位应当承担原用人单位的工伤保险责任；原用人单位已经参加工伤保险的，承继单位应当到当地经办机构办理工伤保险变更登记。用人单位实行承包经营的，工伤保险责任由职工劳动关系所在单位承担。(跟谁签合同谁负责)

(7) 职工被借调期间受到工伤事故伤害的，由原用人单位承担工伤保险责任，但原用人单位与借调单位可以约定补偿办法。(谁交保险谁负责)

(8) 根据《安全生产法》和《安全生产责任保险实施办法》，煤矿、非煤矿山、危险化学品、烟花爆竹、交通运输、建筑施工、民用爆炸物品、金属冶炼、渔业生产等高危行业领域的生产经营单位应当投保安全生产责任保险。鼓励其他行业领域生产经营单位投保安全生产责任保险。对存在高危粉尘作业、高毒作业或其他严重职业病危害的生产经营单位，可以投保职业病相关保险。

记忆口诀："烟民危道建金鱼矿"应当投保安全责任保险。

拓展：掌握本考点需要注意以下两个方面：

(1) 根据《工伤保险条例》第六十二条，用人单位依照本条例规定应当参加工伤保险而未参加的，由社会保险行政部门责令限期参加，补缴应当缴纳的工伤保险费，并自欠缴之日起，按日加收万分之五的滞纳金。

（2）工伤保险待遇中涉及本人工资的，《工伤保险条例》第六十四条中明确了范围：本条例所称本人工资，是指工伤职工因工作遭受事故伤害或者患职业病前 12 个月平均月缴费工资。本人工资高于统筹地区职工平均工资 300% 的，按照统筹地区职工平均工资的 300% 计算；本人工资低于统筹地区职工平均工资 60% 的，按照统筹地区职工平均工资的 60% 计算。

易混提示

（1）工伤保险待遇可以享受到什么时候？

达到退休年龄，享受基本养老待遇。

（2）养老待遇低于工伤保险待遇的，谁补足差额？

一～四级伤残，由工伤保险基金补足；五～六级伤残，由单位补足。

举一反三

[典型例题 1·单选] 某大型建筑施工企业自开办以来，一直不缴纳员工工伤保险费。根据《工伤保险条例》的规定，社会保险行政部门应当责令该企业限期参加工伤保险，补缴应当缴纳的工伤保险费，并自欠缴之日起，按日加收（ ）的滞纳金。

A. 万分之一　　　　　　　　　　　B. 万分之三

C. 万分之五　　　　　　　　　　　D. 万分之十

[解析] 根据《工伤保险条例》，用人单位依照本条例规定应当参加工伤保险而未参加的，由社会保险行政部门责令限期参加，补缴应当缴纳的工伤保险费，并自欠缴之日起，按日加收万分之五的滞纳金；逾期仍不缴纳的，处欠缴数额 1 倍以上 3 倍以下的罚款。

[答案] C

[典型例题 2·单选] 根据《工伤保险条例》的规定，下列情形中，应当认定为工伤的是（ ）。

A. 杨某在工作时间和工作岗位，突发心脏病死亡

B. 王某在中午醉酒导致下午上班途中摔倒骨折

C. 牛某外出参加会议期间，在宾馆内洗澡时滑倒，造成腿骨骨折

D. 李某在上班途中，着急闯红灯受到交通事故伤害

[解析] 在工作时间和工作岗位，突发心脏病死亡属于视同工伤的情形；醉酒或吸毒不能认定为工伤；上班途中受到非本人主要责任的交通事故可以认定工伤。

[答案] C

[典型例题 3·单选] 某化工企业针对 5 月 1 日发生的 2 名新入职员工因违章操作致中毒窒息事故召开会议进行讨论。生产科王某认为，2 名员工还没有签订劳动合同，刚上班 3 天，不构成工伤；工艺科李某认为，2 名员工在入职后进行了安全教育培训，这是由违章操作造成的事故，不属于工伤；工程科张某认为，2 名员工是由于工作遭受的伤害，单位应该在 5 月 31 日前去申请工伤；综合科贾某说，单位安全管理不善造成事故，2 名员工虽然是违章操作但发生在工作岗位，即使不构成工伤，单位也应当为其负责，及时救治。根据相关规定，以上说法正确的是（ ）。

A. 李某　　　　　　　　　　　B. 王某

C. 贾某　　　　　　　　　　　D. 张某

[解析] 根据《工伤保险条例》，劳动者与用人单位之间存在事实劳动关系，即使未签订书面劳动合同也不影响其申请工伤认定的权利，并且事实劳动关系的存在与否，并不取决于劳动者在用人

单位工作时间的长短，所以本题构成工伤，生产科王某的说法错误；只要是在工作时间、工作岗位，出于工作原因，违章操作也是工伤，工艺科李某、综合科贾某的说法错误；工伤发生后，所在单位应当自事故伤害发生之日或者被诊断、鉴定为职业病之日起 30 日内，向统筹地区社会保险行政部门提出工伤认定申请，工程科张某的说法正确。

[答案] D

■ 环球君点拨

　　本考点涉及的规范也是法规科目的重要考查内容，所以近几年对工伤保险的考查频率大为降低。2022 年、2021 年考查了企业安全生产责任保险以及职业病保险的投保，内容比较简单，在复习过程中可以作为次重点安排时间。

第十一节　安全生产检查与隐患排查治理

▶ 考点 1　安全生产检查 [2020、2019、2017、2014]

■ 真题链接

[2020·单选] 某企业是一家食品机械设备加工企业，有焊接、机加工、装配、调试车间以及锅炉房、配电房等辅助设施。下列不属于该企业必须进行强制性检查的项目是（　　）。

　　A. 焊接车间的噪声　　　　　　　　　B. 机加工车间的温度

　　C. 装配车间的固定式 5t 电动葫芦　　　D. 锅炉房的常压热水锅炉

[解析] 对非矿山企业，噪声和温度属于国家有关规定要求强制性检查的项目，属于职业病危害因素；锅炉也属于强制性检查的项目。

[答案] C

[2019·单选] 某企业为了及时发现安全隐患，预防事故发生，企业总经理组织各部门负责人及安全管理人员开展安全生产专项检查。下列安全生产检查内容中，属于软件系统的是（　　）。

　　A. 可燃气体报警系统　　　　　　　　B. 工作场所的湿度和噪声

　　C. 安全联锁装置　　　　　　　　　　D. 员工的情绪和精神状态

[解析] 软件系统主要是查思想、查安全意识、查管理、查制度、查隐患、查事故处理、查整改。硬件系统主要是查生产设备、查辅助设施、查安全设施、查作业环境。

[答案] D

[2019·单选] 某企业开展安全生产检查与隐患排查治理工作，安全部王某在制冷车间用便携式氨检测仪进行泄漏检查，生产部张某通过查阅 1 号压缩机运行压力记录并进行趋势分析，提出超压预警告知。该企业使用的安全检查方法分别（　　）。

　　A. 仪器检查和数据分析法

　　B. 常规检查和安全检查表法

　　C. 安全检查表法和数据分析法

　　D. 安全检查表法和仪器检查

[解析] 用便携式氨检测仪进行泄漏检查属于仪器检查，查阅 1 号压缩机运行压力记录并进行趋势分析属于数据分析。

第一章

[答案] A

真题精解

点题：本考点属于高频考点，包含安全生产检查的类型、内容及方法三部分，内容相对简单。

分析：

1. 安全生产检查的类型

安全生产检查的类型如图 2-24 所示。

- 安全生产检查的类型
  - 定期安全生产检查
    - 月检
    - 季检
    - 年检
  - 经常性安全生产检查
    - 交接班检查
    - 班中检查
    - 特殊检查：针对设备异常情况采取的加强监视
  - 季节性安全生产检查、节假日安全生产检查
  - 专项安全生产检查：危险性较大、难度较大的项目检查
  - 综合性安全生产检查：应急管理部门对企业的检查（“官对民”的安检）
  - 职工代表查法规、查制度的落实

图 2-24 安全生产检查的类型

2. 安全生产检查的内容

根据《矿山安全法》《安全生产法》《煤矿安全监察条例》《煤矿重大事故隐患判定标准》《金属非金属矿山重大事故隐患判定标准》等国家有关安全法律法规和相关规范，国家强制性安全生产检查的内容见表 2-13。

表 2-13 国家强制性安全生产检查的内容

企业	检查内容
非矿山企业	常见的特种设备，如锅炉、压力容器、起重机、电梯、施工升降机、厂内机动车辆等；还包括企业各类防爆电器以及作业场所的职业病危害因素（粉尘、噪声、振动、辐射、温度和有毒物质的浓度）
矿山企业	矿山特有内容，如矿井风量、风质、风速及井下温度、湿度、噪声，瓦斯、粉尘以及有毒有害物质等；还包括对常见的劳动防护用品进行强检，如检测仪器、仪表，自救器，救护设备，安全帽，防尘口罩或面罩，防护服、防护鞋，防噪声耳塞、耳罩

3. 安全生产检查的方法

安全生产检查的方法如图 2-25 所示。

- 安全生产检查的方法
  - 常规检查：检查的结果直接受到检查人员个人素质的影响
  - 安全检查表法：将个人的行为对检查结果的影响减到最小
  - 仪器检查及数据分析法：通过仪器进行定量化的检验与测量，定量检查

图 2-25 安全生产检查的方法

拓展：安全生产检查的类型中，一般以考查专项安全生产检查和综合安全生产检查为主，其他类型可以根据常识选择，不用特别记忆。

易混提示

学习本考点需要注意以下两点：

（1）安全生产检查的内容。对于非矿山企业，记忆的关键词为：特种设备、防爆电器、职业危害因素。这里的"特种设备"只是为了方便记忆，检查的内容并不一定是特种设备，如锅炉，是指所有的锅炉，没有参数限制。

（2）国家强制性安全生产检查的内容中，矿山企业的职业危害因素，如噪声、振动、温度、毒物等，非矿山企业中也有这个内容，但是矿山企业的明显带有矿山特有特点，需要区分；另外，矿山强制性安全生产检查还包括劳动防护用品，如针对噪声佩戴的耳塞、针对粉尘佩戴的防尘口罩，"用品"和"因素"要区分。

举一反三

[典型例题1·单选] 对于安全生产检查的类型，下列选项中，属于综合性安全生产检查的是（   ）。

　A. 企业每季度进行的安全检查

　B. 对危险性较大的在用设备设施的安全检查

　C. 春节放假前实施的安全检查

　D. 某市建设主管部门对某建筑施工企业的安全检查

[解析] 综合性安全生产检查是指"官"对"民"的检查，本题中，"官"是指建设主管部门，"民"是指建筑施工企业。

[答案] D

[典型例题2·单选] 安全生产检查是企业安全生产的一项重点工作，主要依靠安全检查人员的经验和能力，检查结果直接受安全检查人员个人素质影响的安全检查方法是（   ）。

　A. 仪器检查法　　　　　　　　　B. 安全检查表法

　C. 常规检查法　　　　　　　　　D. 数据分析法

[解析] 常规检查法的特点是检查的结果直接受到检查人员个人素质的影响。

[答案] C

[典型例题3·单选] 2022年3月26日，某市应急管理部门对该市郊区一在建办公楼项目施工现场实施安全督查，督查组人员首先检查了该项目的相关资料，发现建设单位、施工单位的一些现场检查记录不完善，对隐患排查治理情况记录模糊不清，现场3#塔式起重机在3月5日就被查出了重大事故隐患，相关单位却一直未采取措施，该起重机"带病运行"，督察组要求该施工单位限期整改并暂时停用3#塔式起重机。根据安全生产检查的类型分类，本次检查属于（   ）。

　A. 经常性的安全生产检查　　　　B. 专项安全生产检查

　C. 定期安全生产检查　　　　　　D. 综合性安全生产检查

[解析] 综合性安全生产检查是指"官"对"民"的安全生产检查，本题中，"官"是指应急管理部门，"民"是指该项目的建设单位和施工单位。

[答案] D

[典型例题4·单选] 根据《安全生产事故隐患排查治理暂行规定》，结合安全生产检查的类型和内容，下列说法正确的是（   ）。

　A. 某机械加工厂内存在严重的噪声，企业为操作工配发的防噪声耳罩属于国家强制性检查的

内容

B. 某石化企业员工小王在夜间取样操作时不慎掉入无盖的污水井造成轻微摔伤，上级领导认真反思后要求该部门组织开展月度安全隐患自查自改活动，对现场实施安全大检查，属于定期安全生产检查的类型

C. 某市应急管理部门执法人员对某企业的现场安全生产检查属于专项安全生产检查

D. 为保证安全生产，某企业开展的查生产设备、查辅助设施、查安全设施等属于对软件系统的安全生产检查

[解析] 机械制造企业属于非矿山企业，噪声属于国家强制性安全生产检查的内容，但是防噪声耳罩属于矿山企业强制性安全生产检查的内容，选项 A 错误。通过有计划、有组织、有目的的形式进行的安全生产检查属于定期安全生产检查，选项 B 正确。对危险性较大的在用设备设施，用于检查难度较大的项目属于专项安全生产检查，由上级主管部门组织对生产单位进行的安全生产检查属于综合性安全生产检查，选项 C 错误。查生产设备、查辅助设施、查安全设施属于对硬件系统的安全生产检查，选项 D 错误。

[答案] B

[典型例题 5·单选] 2023 年 1 月 31 日，某市一大型电子厂安全生产管理人员组织各部门相关人员开展对作业人员的行为、作业场所环境条件、生产设备设施等进行安全生产检查，及时发现了现场存在的安全隐患，纠正了人员的不安全行为。主要负责人在查看检查报告时，发现检查人员对生产设备、工艺流程存在不熟悉、靠个人经验检查等问题，对报告的准确性提出了质疑。关于检查人员现场安全生产检查采用的方法，有可能是（　　）。

A. 安全检查表法

B. 常规检查法

C. 仪器检查法

D. 数据分析法

[解析] 常规检查法的特点是检查的结果直接受到检查人员个人素质的影响，本题中，"检查人员对生产设备、工艺流程存在不熟悉、靠个人经验检查等问题"体现的是个人素质的影响，符合常规检查法的特点。

[答案] B

■ 环球君点拨

本考点不属于必考点，备考过程中，可以运用口诀、关键词等记忆方法降低备考压力，合理安排复习时间。

▶ 考点 2 **隐患排查治理** [2023、2022、2021、2020、2018、2017、2015、2014、2013]

■ 真题链接

[2023·单选] 某铝粉制造企业在安全生产隐患检查工作中，发现加工厂房设计建设为戊类，实际按乙类使用，导致泄爆面积不足，同时车间内除尘系统管道较长，未按规定进行清查，内部的粉尘聚集严重。关于该企业隐患排查的说法，正确的是（　　）。

A. 该企业是事故隐患排查、治理和防控的责任主体，应当建立从安全管理人员到基层的每位

员工的隐患排查防控责任制

B. 该企业在开展隐患排查时，其范围应包含除承包方、承租方等相关方以外的所有与生产经营相关的场所、人员、设备设施和活动

C. 车间除尘管道长时间未清理属于一般事故隐患，只需要企业生产管理人员立即组织整改即可，无需纳入季度隐患排查治理统计中

D. 厂房设计不符合使用要求属于重大事故隐患，该企业主要负责人应立即组织制定并实施隐患治理方案，并及时向负有安全监管责任的部门报告

［解析］该企业应建立企业全员安全生产责任制，选项 A 错误。生产经营单位开展隐患排查治理包括承包方、承租方等相关方，选项 B 错误。车间除尘管道长时间未清理，导致内部的粉尘聚集严重，属于重大事故隐患，选项 C 错误。

［答案］D

［2022·单选］某市安全执法人员对一家饭店检查时，发现该饭店未安装燃气报警仪，按照相关规定下发了限期整改指令书，两周后复查发现隐患仍未整改。关于该情况的处罚，正确的是（　　）。

A. 责令该饭店停业整顿

B. 依法追究该饭店主要负责人刑事责任

C. 对该饭店直接负责的管理人员处 5 万元罚款

D. 吊销该饭店营业执照

［解析］根据《安全生产法》第九十九条，餐饮等行业的生产经营单位使用燃气未安装可燃气体报警装置的，责令限期改正，处 5 万元以下的罚款；逾期未改正的，处 5 万元以上 20 万元以下的罚款，对其直接负责的主管人员和其他直接责任人员处 1 万元以上 2 万元以下的罚款；情节严重的，责令停产停业整顿；构成犯罪的，依照刑法有关规定追究刑事责任。

［答案］A

［2021·单选］2020 年 12 月，甲市开展重大生产安全事故隐患排查治理专项行动，在检查某钢铁企业时发现，煤气柜的煤气管道未设置可靠隔离装置和吹扫设施，按照《工贸行业重大生产安全事故隐患判定标准》，已构成重大事故隐患，企业编写了生产安全事故隐患排查治理报告。根据《安全生产事故隐患排查治理暂行规定》，关于事故隐患排查治理报告的说法，错误的是（　　）。

A. 应描述隐患的现状及其产生原因

B. 应包括隐患的危害程度和整改难易程度分析

C. 应由负有安全生产监督管理职责的部门报上级人民政府

D. 应明确该隐患治理方案

［解析］根据《安全生产事故隐患排查治理暂行规定》，对于重大事故隐患，生产经营单位应当及时向安全监管监察部门和有关部门报告。重大事故隐患报告内容有：①隐患的现状及其产生原因；②隐患的危害程度和整改难易程度分析；③隐患的治理方案。

［答案］C

［2020·单选］某公司是一家白酒生产企业，已取得了安全生产许可证。县应急管理局执法人员在危险化学品专项治理检查过程中，发现该公司白酒储存、勾兑场所未规范设置乙醇浓度检测报警装置，遂下达了暂停生产整改指令书，并报请县人民政府对该重大事故隐患实行挂牌督办。该公

司经过整改，向县应急管理局提交了恢复生产的申请报告。关于对该公司重大事故隐患处理的做法，正确的是（   ）。

A. 未安装乙醇浓度检测报警装置前，执法人员可暂扣公司的安全生产许可证

B. 县应急管理局收到恢复生产申请报告后，应于 10 日内进行现场审查

C. 县应急管理局对乙醇浓度检测报警装置现场审查合格后，报请县人民政府批准

D. 经第三方安全评价机构评审合格后，可恢复生产

［解析］根据《安全生产事故隐患排查治理暂行规定》，已经取得安全生产许可证的生产经营单位，在其被挂牌督办的重大事故隐患治理结束前，安全监管监察部门应当加强监督检查，必要时可以提请原许可证颁发机关依法暂扣其安全生产许可证，选项 A 错误。监管监察部门收到恢复生产申请报告后，应于 10 日内进行现场审查，选项 B 正确。审查合格的，对事故隐患进行核销，同意恢复生产经营，选项 C、D 错误。

［答案］B

［2021·单选］某园区新建精密仪器制造厂包括一座 35kV 变电站和 50MW 燃气锅炉房、电路板车间、焊接车间、包装车间和库房，由于生活配套设施尚未完工，租赁相邻企业的职工宿舍并借用该企业食堂就餐。关于该厂风险管理和隐患排查范围的说法，正确的是（   ）。

A. 除厂区外，还应包括宿舍，不包括食堂

B. 除厂区外，还应包括食堂，不包括宿舍

C. 节假日期间食堂和宿舍可以不排查

D. 除厂区外，还应包括职工宿舍和食堂

［解析］根据《企业安全生产标准化基本规范》，企业隐患排查的范围应包括所有与生产经营相关的场所、人员、设备设施和活动，包括承包商、供应商等相关方服务范围。根据《安全生产事故隐患排查治理暂行规定》，生产经营单位是事故隐患排查、治理和防控的责任主体。根据题干，该厂风险管理和隐患排查范围除厂区外，还应包括租赁的职工宿舍，由于食堂是借用的，其安全隐患排查主体仍然是原单位。

［答案］A

真题精解

点题：本考点是每年必考点，主要涉及的规范是《安全生产事故隐患排查治理暂行规定》。隐患是事故之始，隐患排查治理、隐患的分类等内容均是考查重点。

分析：

1. 事故隐患排查、治理和防控的责任主体

根据《安全生产事故隐患排查治理暂行规定》第八条，生产经营单位是事故隐患排查、治理和防控的责任主体。涉及出租和借用的情况，分别由承租单位和产权单位负责隐患排查治理，例如：

（1）甲公司新建一个库房，安全隐患谁排查？——甲公司。

（2）甲公司出租一个库房给乙公司，安全隐患谁排查？——乙公司。

（3）乙公司向甲公司借用一个库房，安全隐患谁排查？——甲公司。

2. 隐患排查治理"五到位"

整改措施到位、责任到位、资金到位、时限到位和预案到位。

记忆口诀："今时遇错人"。

3. 隐患的上报

（1）《安全生产事故隐患排查治理暂行规定》第十四条，生产经营单位应当每季、每年对本单位事故隐患排查治理情况进行统计分析，并分别于下一季度 15 日前和下一年 1 月 31 日前向安全监管监察部门和有关部门报送书面统计分析表。统计分析表应当由生产经营单位主要负责人签字。

（2）《安全生产事故隐患排查治理暂行规定》第十四条，重大事故隐患报告内容应当包括隐患的现状及其产生原因、隐患的危害程度和整改难易程度分析、隐患的治理方案。

（3）《安全生产事故隐患排查治理暂行规定》第十五条，重大事故隐患治理方案应当包括以下内容，如图 2-26 所示。

图 2-26　重大事故隐患治理方案的内容

4. 重大事故隐患的挂牌督办

整改中→加强管理，必要时可提请原发证机构暂扣许可证→治理结束后→单位评估→有条件自己评估，没条件找机构评估→评估完成→申请复查→监管监察部门 10 日内审查，审查结果如图 2-27 所示。

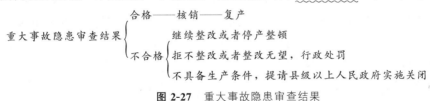

图 2-27　重大事故隐患审查结果

拓展：企业重大事故隐患治理结束后，监管监察部门现场审查结果可以按照下列方法记忆：

（1）合格：直接核销，恢复生产。

（2）不合格：停产、整改；停产、不整改，实施行政处罚；不停产、不整改，属于在存在重大隐患的前提下生产，不具备安全生产条件，提请县级以上人民政府实施关闭（提前 24h 通知，采取停电、停止供应民用爆炸物品）。

易混提示

重大事故隐患挂牌督办过程中，监管监察部门没有权限暂扣企业的安全生产许可证，没有权限关闭企业，可以提请原发证机关暂扣安全生产许可证、提请县级以上人民政府实施关闭。

举一反三

[典型例题 1·单选] 某市一化工企业生产工艺存在大量易燃易挥发液体，经市级应急管理部门安全检查发现，搅拌釜顶进料管进料方式为直泄，进料时冲击釜内液体表面，有产生静电的危险，随即提出增设进料弯管，使进料沿壁下流的整改措施。根据《安全生产事故隐患排查治理暂行规定》，该隐患治理的组织者是（　　　）。

A. 市应急管理部门

B. 化工企业主要负责人

C. 化工企业车间主任

D. 化工企业安全总监

[解析] 搅拌釜顶进料管进料方式为直泄，进料时冲击釜内液体表面，有产生静电的危险，属于重大事故隐患，由企业主要负责人牵头组织整改。

[答案] B

[典型例题 2·单选] 2023 年 1 月 28 日，某市一大型建筑施工单位正式开工建设某商业综合体工程。赵某是该项目的安全技术人员，在项目实施过程中对检查出的事故隐患进行了及时治理并做了详细的统计分析。根据季度上报规定，赵某向该市应急管理部门和住建部报送本单位事故隐患排查治理情况统计分析表的最迟日期是（   ）。

A. 2022 年 1 月 15 日

B. 2022 年 4 月 15 日

C. 2022 年 6 月 15 日

D. 2023 年 1 月 31 日

[解析] 根据《安全生产事故隐患排查治理暂行规定》，生产经营单位应当每季度、每年对本单位事故隐患排查治理情况进行统计分析，并分别于下一季度 15 日前和下一年 1 月 31 日前向安全监管监察部门和有关部门报送书面统计分析表，统计分析表应当由生产经营单位主要负责人签字。本题中，1 月份属于第一季度，所以需要在下一季度 15 日（4 月 15 日）前报送。

[答案] B

[典型例题 3·单选] 某省级煤矿安全监察机构在进行煤矿隐患排查时，发现甲煤矿存在重大事故隐患，当即下达隐患整改指令书，并实行挂牌督办。挂牌督办结束前，煤矿安全监察机构收到恢复生产申请报告后，进行现场审查。审查结论合格时，煤矿安全监察机构应依法采取的做法是（   ）。

A. 核销事故隐患，依法实施行政处罚

B. 核销事故隐患，同意恢复生产

C. 同意暂时恢复生产，30 日内重新审查

D. 同意恢复生产，依法实施行政处罚

[解析] 重大事故隐患挂牌督办期间，企业整改完成后，监管监察部门现场复查结果合格的，对事故隐患进行核销，同意恢复生产经营。

[答案] B

[典型例题 4·单选] 某机械企业在开展安全生产专项隐患排查活动后，总经理安排生产技术部牵头对发现的重大事故隐患制定治理方案。在方案评审过程中，总经理听取了治理的目标和任务、安全措施和应急预案、经费和物资的落实、负责治理的机构和人员、治理的时限和要求五个部分内容的汇报后，对方案的五个部分内容完整性提出了质疑。上述方案缺少的重要内容是（   ）。

A. 检测检验和验收要求

B. 备案的程序和时限要求

C. 采取的方法和措施

D. 第三方评审与报告

[解析] 根据《安全生产事故隐患排查治理暂行规定》，重大事故隐患治理方案应当包括以下内容：①治理的目标和任务；②采取的方法和措施；③经费和物资的落实；④负责治理的机构和人员；⑤治理的时限和要求；⑥安全措施和应急预案。

[答案] C

[典型例题 5·单选] 甲市乙县应急管理部门在对辖区内的甲市丙化工企业进行安全生产专项

督查时，发现丙公司存在一项重大事故隐患，对丙公司下达了整改指令书，向乙县人民政府做了报告，乙县人民政府对该重大事故隐患实行挂牌督办并责令丙公司局部停产治理。关于挂牌督办重大事故隐患排查治理，下列说法正确的是（　　）。

　　A. 乙县应急管理部门执法人员在必要时可暂扣丙公司的安全生产许可证

　　B. 丙公司治理完成后，应由乙县应急管理部门组织专家对重大事故隐患的治理情况进行评估

　　C. 丙公司在治理完成后申请复查，乙县应急管理部门应该在 20 日内现场审查

　　D. 乙县应急管理部门审查合格的，对事故隐患进行核销，同意恢复生产经营

　　[解析] 根据《安全生产事故隐患排查治理暂行规定》，企业在整改过程中，必要时，监管监察部门可提请原发证机关暂扣安全生产许可证，选项 A 错误。企业治理工作结束后，生产经营单位应当组织对重大事故隐患的治理情况进行评估，选项 B 错误。安全监管监察部门收到生产经营单位恢复生产的申请报告后，应当在 10 日内进行现场审查，选项 C 错误。

[答案] D

环球君点拨

　　本考点涉及的主要规范是《安全生产事故隐患排查治理暂行规定》，建议将规范内容通读 3～5 遍，这对考试大有裨益。

第十二节　个体防护装备管理

▶ 考点 1　个体防护装备分类 ［2022、2020、2017、2014］

真题链接

　　[2022·单选] 林某是某机加工企业的车床操作工人，在工作时佩戴企业安全部门选用的钢双纱外网防护眼镜。该防护眼镜按劳动防护用品的用途分类属于（　　）。

　　A. 防机械外伤用品　　　　　　　　B. 眼面部防护用品

　　C. 防冲击用品　　　　　　　　　　D. 头部防护用品

　　[解析] 按个体防护装备的用途分类，防护眼镜属于防冲击用品。

[答案] C

　　[2020·单选] 某机械加工企业根据生产过程中危险有害因素特点，为员工购买了防尘面具、焊接护目镜、防静电手套和防静电鞋等劳动防护用品。关于劳动防护用品按防护部位分类的说法，正确的是（　　）。

　　A. 防尘面具属于眼面部防护用品

　　B. 耳罩属于听觉器官防护用品

　　C. 焊接防护面罩属于头部防护用品

　　D. 防静电手套属于躯干防护用品

　　[解析] 防尘面具是防止或减少空气中粉尘进入人体呼吸器官，从而保护生命安全的个体保护用品，选项 A 错误。焊接防护面罩属于保护焊工的眼、面部避免弧光辐射伤害的防护用品，选项 C 错误。防静电手套是手部防护用品，选项 D 错误。

[答案] B

[2014·单选] 某企业在现场检查时发现使用的安全帽存在安全隐患，下列所佩戴的安全帽不予以更换的是（　　）。

A. 帽衬与帽壳之间垂直方向的距离为 35mm

B. 在使用时受到过重击，但并未发现帽壳有明显的断裂纹和变形

C. 因安全帽表面有污渍对其表面进行清洗，但浸泡时间较长、水温高至 45℃

D. 某编号的玻璃钢安全帽各次检查记录显示技术参数大部分符合国家有关要求

[解析] 根据《头部防护　安全帽》（GB 2811—2019），佩戴安全帽时，垂直间距应小于等于 50mm。

[答案] A

真题精解

点题：本考点属于高频考点，内容相对简单，可以结合常识记忆。考试时要注意，防护用品是按照防护部位分类的，还是按照用途分类的。

分析：个体防护装备的分类如图 2-28 所示。

个体防护装备的分类
- 按防护部位分
  - 头部：安全帽、防护帽、工作帽
  - 手部：劳动防护手套
  - 足部：防寒鞋、防静电鞋、防油鞋、防砸鞋、电绝缘鞋
  - 眼面部：护目镜、防护面罩
  - 呼吸系统：防尘口罩（面具）、防毒口罩（面具）、呼吸器
  - 躯干：防护服
  - 听觉器官：耳塞、耳罩
  - 坠落防护：安全带、安全网
  - 劳动护肤：护肤剂、洗涤剂
- 按用途分
  - 防止伤亡事故：防坠落、防冲击、防触电、防机械外伤、防酸碱、防寒
  - 预防职业病：防尘、防毒、防噪声、防振动、防辐射、防高低温

图 2-28　个体防护装备的分类

拓展：考试中常见的个体防护装备的配备归纳如下：

（1）易燃易爆场所，穿戴防静电服、防静电鞋，使用防爆工具（外壳带 Ex 标志）。

（2）电工作业，穿戴绝缘服、绝缘鞋、绝缘手套；踩在高压线上作业，穿戴屏蔽服（均压服）、导电鞋、导电手套、导电袜子。

（3）化学飞溅物，如液氨储存间操作，佩戴护目镜。

（4）酸碱操作，穿戴防酸碱灼伤用品。

（5）噪声场所，佩戴耳塞、耳罩。

（6）长发女职工操作机床，盘发到工作帽。

（7）有毒作业场所，佩戴呼吸器（作业环境有毒气体浓度不高，佩戴过滤式呼吸器；作业环境有毒气体浓度很高，需要佩戴自给式空气呼吸器）。

（8）有毒作业岗位佩戴防毒口罩（面具）；有粉尘作业岗位佩戴防尘口罩（面具）。

易混提示

掌握本考点注意区分以下几点：

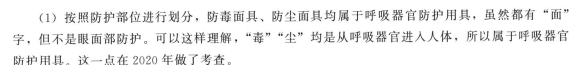

（1）按照防护部位进行划分，防毒面具、防尘面具均属于呼吸器官防护用具，虽然都有"面"字，但不是眼面部防护。可以这样理解，"毒""尘"均是从呼吸器官进入人体，所以属于呼吸器官防护用具。这一点在2020年做了考查。

（2）企业个体防护装备支出可以使用安全生产费用。

（3）劳动护肤剂也属于个体防护装备，但仅限于安全生产使用，不包括个人使用的护肤剂。

■ 举一反三

[典型例题1·单选] 电工进入低压配电室，为保证操作电气设备时的安全，电工必须穿戴的个体防护装备是（　　）。

　　A. 防水手套　　　　　　　　　　B. 防静电手套

　　C. 电绝缘鞋　　　　　　　　　　D. 防电磁辐射服

[解析] 电工操作应穿戴绝缘服、绝缘鞋、绝缘手套。

[答案] C

[典型例题2·多选] 李某被一木材加工厂招收为电锯工，其工作环境有噪声、飞溅火花、锯屑等危害因素。木材厂应为李某配备的劳动防护用品有（　　）。

　　A. 防滑鞋　　　　　　　　　　　B. 呼吸器

　　C. 防护眼镜　　　　　　　　　　D. 绝缘手套

　　E. 耳塞

[解析] 工作环境有噪声应佩戴防噪声耳塞、耳罩；有锯屑应佩戴防护眼镜。

[答案] CE

[典型例题3·单选] 李某为某大型机械加工厂的安全管理人员，2022年12月2日对该企业机加工车间进行了安全检查，发现甲某操作铣床时穿紧身工作服，袖口扎紧；乙某高速切削铸件时戴防护眼镜；丙某操作车床时戴一般防护手套；丁某清理铁屑时戴防尘口罩。上述操作行为中，存在隐患的人员是（　　）。

　　A. 甲某　　　　　　　　　　　　B. 乙某

　　C. 丙某　　　　　　　　　　　　D. 丁某

[解析] 从事有可能被传动机械绞碾、夹卷伤害的作业人员应穿戴紧口式防护服，长发应佩戴防护帽，不能戴防护手套。

[答案] C

[典型例题4·单选] 电工作业属于特种作业，作业危险性很大，高压电工作业尤甚，高压电在一定距离内可以击穿空气电击到人，所以正确穿戴劳动防护用品对保证作业安全至关重要。在500kV高压线路进行电路检维修作业的电工，应穿戴的劳动防护用品是（　　）。

　　A. 防静电工作服、防滑鞋、防滑手套

　　B. 阻燃服、绝缘鞋、防滑手套

　　C. 绝缘服、绝缘鞋、绝缘手套

　　D. 屏蔽服、导电鞋、导电手套

[解析] 根据《±500kV直流输电线路带电作业技术导则》（DL/T 881—2019），从事电气作业的人员应穿戴绝缘防护装备，从事高压带电作业的人员应穿屏蔽服等防护装备。屏蔽服又称等电位均压服，是采用均匀的导体材料和纤维材料制成的服装，其作用是在穿用后，使处于高压电场中的

人体外表面各部位形成一个等电位屏蔽面，从而防护人体免受高压电场及电磁波的危害。屏蔽服配套使用的其他身体部位劳动防护用品是导电手套、导电袜子、导电鞋。

[答案] D

■ 环球君点拨

针对本考点，应重点掌握在不同作业环境条件下个体防护装备的穿戴要求，按照拓展部分总结内容记忆。从近几年考查形式看，单纯考查个体防护装备的分类意义不大，要从企业安全生产现场实际存在的问题、安全隐患入手，利用学习的理论知识进行安全管理，考试主要考查实际运用能力。

▶ 考点 2 配备管理 [2023、2022、2021、2020、2019、2017、2015、2014]

■ 真题链接

[2023·单选] 某化工厂按照规定为员工配备了劳动防护用品，包括安全帽、耐高温手套、防尘口罩、绝缘鞋、防静电工作服等。关于该企业劳动防护用品配备的说法，错误的是（　　）。

A. 粉碎岗位应配备防尘口罩

B. 仪表岗位应配备绝缘鞋

C. 缩合岗位应配备防静电工作服

D. 液相色谱分析岗位应配备耐高温手套

[解析] 液相色谱分析岗位应配备常规化验室手套，选项 D 错误。

[答案] D

[2023·单选] 根据年度检查计划，某建筑工地项目经理李某组织安全部、工程部、物资部等相关人员进行劳动防护用品专项检查，对检查中发现的问题限期整改。下列整改要求中，错误的是（　　）。

A. 卫生清扫人员佩戴超过有效使用期的新安全帽，应立即更换

B. 公用的便携式煤气报警仪由班组统一保管

C. 电工班组绝缘手套已到有效使用期，应强制报废

D. 焊工佩戴墨镜焊接作业，应缩短作业时间

[解析] 焊工应佩戴电焊工护目镜、绝缘手套等个体防护装备，不应佩戴墨镜进行焊接作业，选项 D 错误。

[答案] D

[2022·多选] 使用劳动防护用品，是保障从业人员人身安全与健康的重要措施。根据《个体防护装备配备规范 第 1 部分：总则》（GB 39800.1—2020），关于用人单位劳动防护用品发放、培训和使用管理的说法，正确的有（　　）。

A. 对劳动者进行劳动防护用品的使用等专业知识培训

B. 对劳动防护用品使用情况进行检查

C. 劳动防护用品入库后应进行进货验收，确保符合国家标准

D. 确保劳动防护用品外观完好、功能正常

E. 所有劳动防护用品实施强制报废管理

　　[解析] 劳动防护用品入库前应进行进货验收，确保符合国家标准或行业标准，选项 C 错误。安全帽、呼吸器、绝缘手套到期强制报废，选项 E 错误。

[答案] ABD

　　[2021·单选] 某氯碱企业按照规定为员工配备的劳动防护用品包括安全帽、安全带、防砸鞋、乳胶手套、防尘口罩、滤毒罐等。关于该企业劳动防护用品使用的做法，错误的是（　　）。

　　A. 低毒岗位使用防尘口罩　　　　　　B. 电解岗位穿防静电工作服

　　C. 电工穿戴绝缘鞋　　　　　　　　　D. 化验分析岗位员工佩戴乳胶手套

　　[解析] 防尘口罩主要用于防止或减少有害气体、粉尘、烟、雾等进入人体呼吸器官。对于有毒岗位的作业人员，应佩戴防毒口罩或防毒面具。

[答案] A

　　[2020·单选] 甲公司进行脱硝系统氨区改造，委托乙公司拆除原有液氨储罐及相关管路。为保证作业人员安全，乙公司除配置安全帽、空气呼吸器、防护手套、安全带等劳动防护用品外，还需配置的劳动防护用品是（　　）。

　　A. 防寒服　　　　　　　　　　　　　B. 绝缘靴

　　C. 耳塞　　　　　　　　　　　　　　D. 护目镜

　　[解析] 防止化学飞溅物等外界有害因素的个人防护用品是护目镜。

[答案] D

　　[2019·单选] 某企业根据《用人单位劳动防护用品管理规范》，对可能产生的危险、有害因素进行了识别和评价，配备了相应的劳动防护用品。关于该企业劳动防护用品的维护、更换与报废的说法，正确的是（　　）。

　　A. 公用的劳动防护用品应当由个人保管

　　B. 企业应当对劳动防护用品进行经常性维护，保证其完好有效

　　C. 员工对于到期损坏的劳动防护用品可自行进行购买

　　D. 安全帽经过检查没有破损可以延长使用期限

　　[解析] 根据《个体防护装备配备规范》（GB 39800），公用的劳动防护用品应当由车间或班组统一保管，定期维护，选项 A 错误。用人单位应当对应急劳动防护用品进行经常性的维护、检修，定期检测劳动防护用品的性能和效果，保证其完好有效，选项 B 正确。用人单位应当按照劳动防护用品发放周期定期发放，对工作过程中损坏的，用人单位应及时更换，选项 C 错误。安全帽、呼吸器、绝缘手套等安全性能要求高、易损耗的劳动防护用品，应当按照有效防护功能最低指标和有效使用期，到期强制报废，选项 D 错误。

[答案] B

真题精解

　　点题：本考点是本节的重点，一般会结合考点 1 进行考查，主要考查个体防护装备的配备和管理。

　　分析：个体防护装备使用管理要求如图 2-29 所示。

个体防护装备使用管理要求
- （1）根据个人特点及劳动强度，选择适用的劳动防护用品；根据个人特点和需求选择适合型号、式样
- （2）不得以货币或者其他物品替代
- （3）使用进口的劳动防护用品，其防护性能不得低于我国相关标准
- （4）公用的劳动防护用品应当由车间或班组统一保管，定期维护
- （5）应当进行经常性的维护、检修，定期检测劳动防护用品的性能
- （6）安全帽、呼吸器、绝缘手套等安全性能要求高、易损耗的，按照有效防护功能最低指标和有效使用期，到期强制报废
- （7）用人单位应购置具有追踪溯源标识的个体防护装备

图 2-29 个体防护装备使用管理要求

拓展：

（1）个体防护装备"三证一标志"是指生产许可证、产品合格证、安全鉴定证和安全标志。

（2）企业职工要做到"三会"，即会检查劳动防护用品的可靠性、会正确使用劳动防护用品、会正确维护保养劳动防护用品。

易混提示

学习本考点需要注意以下两点：

（1）使用进口的劳动防护用品，其防护性能不得低于我国相关标准，而非出口国标准。例如，我国某单位从美国进口一批呼吸器，这批呼吸器在美国生产，符合美国的标准，但由于在我国使用，必须符合我国的标准。这是细节，容易混淆。

（2）追踪溯源，通过全国性追踪溯源系统实现。个体防护装备的制造商、经销商、检测检验单位均应将相关信息录入全国追踪溯源系统中，生产经营单位购买具有追踪溯源标识的个体防护装备。

举一反三

[典型例题 1·多选] 生产经营单位为职工配备的劳动防护用品，必须具有"三证一标志"。生产经营单位应教育从业人员，按照使用规则和防护要求正确使用劳动防护用品，使职工做到"三会"。下列说法正确的有（　　）。

A. "三证一标志"是指生产许可证、产品合格证、安全鉴定证和安全标志

B. "三证一标志"是指产品合格证、检验合格证、安全鉴定证和特种劳动防护用品标志

C. "三会"是指会检查劳动防护用品的可靠性、会正确使用劳动防护用品、会正确维护保养劳动防护用品

D. "三会"指会检验劳动防护用品、会正确使用劳动防护用品、会正确维修劳动防护用品

E. 用人单位应当对应急劳动防护用品进行经常性的维护、检修，定期检测劳动防护用品的性能和效果，保证其完好有效

[解析] "三证一标志"是指生产许可证、产品合格证、安全鉴定证和安全标志；"三会"是指会检查劳动防护用品的可靠性、会正确使用劳动防护用品、会正确维护保养劳动防护用品；用人单位应当对应急劳动防护用品进行经常性的维护、检修，定期检测劳动防护用品的性能和效果，保证其完好有效。

[答案] ACE

[典型例题 2·单选] 某炼油公司生产装置发生中间产物危险化学品泄漏，调度室监测数据显

示事故点处硫化氢浓度超标，且有部分遇险人员。该企业负责人立即成立现场指挥部组织相关人员进行救援，该负责人应为事故救援人员配备的安全防护装备是（　　）。

A. 护目镜、半面罩

B. 防酸碱手套、正压式空气呼吸器

C. 化学品防护服、正压式空气呼吸器

D. 过滤式防毒面具、防静电服

[解析] 事故现场有危险化学品和硫化氢，故必须配备化学品防护服和正压式空气呼吸器。在周围环境中有毒有害气体浓度很高时，不能穿戴过滤式防毒面具或过滤式空气呼吸器。

[答案] C

[典型例题 3·单选] 某市在 2021 年年初遭遇了一场罕见的暴雨，某街道的地下通水管道被淤泥堵死，街道办事处相关负责人立即联系污水管道清淤公司进行清淤工作。根据《个体防护装备配备规范　第一部分　总则》（GB 39800.1—2020），作业人员应当配备的个体防护装备是（　　）。

A. 自给式空气呼吸器

B. 带电作业屏蔽服

C. 防尘口罩

D. 防刺穿鞋

[解析] 污水管道中可能存在硫化氢、一氧化碳等有毒气体以及缺氧窒息风险，所以需要佩戴自给开路式压缩空气呼吸器；带电作业屏蔽服用在高压带电作业；防尘口罩一般用在粉尘作业场所；防刺穿鞋一般用在存在物体坠落、撞击的作业。

[答案] A

[典型例题 4·单选] 某大型石化企业按照规定为员工配备了劳动防护用品，包括防尘口罩、耳塞、绝缘手套、防静电服、防毒面具、防砸鞋、防护手套等。关于该企业劳动防护用品使用的做法，错误的是（　　）。

A. 原油取样作业岗穿戴防静电工作服

B. 原油含水化验岗会接触到二甲苯，佩戴防毒口罩

C. 转输泵机组间操作工佩戴耳塞

D. 带转动轴机械设备操作工佩戴防护手套

[解析] 原油取样作业属于易燃易爆环境，需要穿戴防静电工作服；二甲苯属于有毒易挥发液体，需要佩戴防毒口罩或防毒面具；转输泵机组间存在噪声，需要佩戴耳塞、耳罩；带转动轴机械设备操作工不应佩戴防护手套。

[答案] D

■ 环球君点拨

学习本考点时注意以下两点：

（1）考试时能够找出企业在个体防护装备管理中的问题。

（2）掌握不同作业环境中应该选配的个体防护装备。

第十三节　特殊作业安全管理

▶ 考点 1　4 类人的基本要求 [2020、2018]

■ 真题链接

[2020·多选] 某机械加工厂临时承接一直径 3m、长 9m 的容器直管段内的部件安装工作。焊

工甲用电焊在直管段内进行焊接，乙在外监护。因通风不良，焊接烟尘不易扩散，甲要求乙去找风机，乙去办理借用手续，半小时后仍未回来。甲着急完成当日工作量，便打开了附近的氧气瓶接上了氧气带，引至工作位。焊接过程中，焊渣引燃了工作垫和工作服，甲受重伤。本次作业应办理的作业许可包括（　　）。

A. 压力容器作业许可
B. 动火作业许可

C. 受限空间作业许可
D. 临时用电许可

E. 安装作业许可

[解析] 焊接作业属于动火作业而且需要用到电，作业场所位于直管段内属于受限空间作业，选项 B、C、D 正确。

[答案] BCD

[2020·单选] 某企业生产系统包括物料装卸、场内传送，电气、热力等生产系统，且相互关联。根据相关规定，企业要求有关作业人员必须取得政府部门颁发的作业资格证书。下列作业人员中，应取得作业资格证书的是（　　）。

A. 物料装卸工
B. 热力操作员

C. 架子工
D. 皮带运行工

[解析] 电焊工、架子工、起重工、电工、射线探伤人员等应具备作业要求的相应能力，取得政府部门颁发的作业资格证书。

[答案] C

[2018·多选] 甲压力容器维修公司承担了乙化工厂大型储罐清洗维修工作。乙化工厂根据相关要求，对此次危险性较大的作业活动实施作业许可管理，要求甲公司履行作业许可审批手续，制定作业许可技术交底文件。根据安全管理相关要求，作业许可文件包含的内容有（　　）。

A. 安全风险分析
B. 安全及职业病危害防护措施

C. 安全验收标准
D. 应急处置

E. 检修进度

[解析] 依据《企业安全生产标准化基本规范》（GB/T 33000—2016），企业应对临近高压输电线路作业、危险场所动火作业、有（受）限空间作业、临时用电作业、爆破作业、封道作业等危险性较大的作业活动，实施作业许可管理，严格履行作业许可审批手续。作业许可应包含安全风险分析、安全及职业病危害防护措施、应急处置等内容。作业许可实行闭环管理。

[答案] ABD

真题精解

点题：本考点为非重点，近 5 年考查了 2 次，主要考查 8 大特殊作业的范围以及 4 类人员的基本要求，考试基本以多项选择题为主。

分析：

1. 8 大特殊作业

8 大特殊作业：动火作业、受限空间作业、盲板抽堵作业、高处作业、吊装作业、临时用电作业、断路作业、动土作业。

2. 项目负责人的基本要求

项目负责人负责向监护人员、作业单位现场负责人、作业人员等有关人员进行交底。交底内容应包括作业内容、安全注意事项、作业人员劳动保护装备、紧急情况的处理、应急逃生路线和救护方法等，并根据实际情况，开具相应的作业票证。

3. 作业人员的基本要求

电焊工、架子工、起重工、电工、射线探伤人员等应具备作业要求的相应能力，取得政府部门颁发的作业资格证书。（持证上岗）

4. 监护人的基本要求（作业人员的保安）

（1）经过培训、考试，具有监护资格，掌握作业安全管理要求。

（2）检查作业人员个人防护用品穿戴，不符合劳保着装要求的施工人员不得进入现场。

（3）检查施工工器具，不符合安全规范的工器具不得进入现场施工。

（4）监护过程中，不得离岗，并注意观察作业现场的异常现象，随时提醒作业人员任何危险情况，如果发现紧急情况时，应及时制止作业，通知作业人员离开作业现场。

拓展：需要持证上岗的作业工种还包括特种作业人员，本考点应特别掌握架子工和起重工需要持证上岗。架子工是指搭设脚手架的工种，属于高处作业。

举一反三

[典型例题 1·单选] 某化工厂拟对该厂区西南部污水管线进行清淤作业，该作业由化工厂作业大队负责，队长王某作为该作业项目的负责人确定了作业人员 2 名、监护人员 1 名和现场安全员 1 名。作业前，负责向监护人员、安全员、作业人员等有关人员进行交底的是（   ）。

A. 化工厂主要负责人

B. 化工厂分管安全的副总

C. 队长王某

D. 现场专职安全员

[解析] 根据《危险化学品企业特殊作业安全规范》（GB 30871—2022），项目负责人负责向监护人员、作业单位现场负责人、作业人员等有关人员进行交底。本题中，项目负责人是化工厂作业大队队长王某。

[答案] C

[典型例题 2·单选] 根据《危险化学品企业特殊作业安全规范》（GB 30871—2022），下列作业中，可以不用实施作业许可的是（   ）。

A. 起重吊装作业　　　　　　　　　　B. 动火作业

C. 断路作业　　　　　　　　　　　　D. 爆破作业

[解析] 根据《危险化学品企业特殊作业安全规范》（GB 30871—2022），8 大特殊作业为动火作业、受限空间作业、盲板抽堵作业、高处作业、吊装作业、临时用电作业、断路作业、动土作业。

[答案] D

环球君点拨

学习中要特别留意监护人员的安全职责。一般把监护人员称为作业人员的保安，监护人员要具有监护资格，不得随意离岗，时刻保持与作业人员的沟通。对于 8 大特殊作业，均应至少配备 1 名监护人员。

> **考点 2** **8 大特殊作业** [2023、2022、2021、2020、2019、2018、2017、2015、2014、2013]

真题链接

[2023·单选] 使用三台额定起重能力为 50t 的起重机共同吊运一重物时,每台起重机所承受的最大载荷是( )。

A. 15t

B. 25t

C. 50t

D. 40t

[解析] 利用两台或多台起重机械吊运同一重物时应保持同步,各台起重机械所承受的载荷不应超过各自额定起重能力的 80%。50×80%＝40(t)。

[答案] D

[2023·单选] 某炼油厂拟在硫黄回收车间原料水罐罐顶切割排气管线。根据《危险化学品企业特殊作业安全规范》(GB 30871—2022),关于该动火作业管理的说法,错误的是( )。

A. 该动火安全作业票有效期不超过 8 小时

B. 作业现场应使用防爆型摄录设备全程摄录

C. 该动火作业应办理一级动火安全作业票

D. 该动火作业期间应连续进行气体监测

[解析] 特级动火作业是指在火灾爆炸危险场所处于运行状态下的生产装置设备、管道、储罐、容器等部位上进行的动火作业(包括带压不置换动火作业);存有易燃易爆介质的重大危险源罐区防火堤内的动火作业。本次动火作业为特级动火作业,应办理特级动火作业安全票,选项 C 错误。

[答案] C

[2022·单选] 甲公司将脱硫脱硝检修项目委托给乙公司。乙公司在审核检修作业方案时,发现需增加脱硫吸收塔内两处动火作业,随即办理动火作业审批手续,当日 20 时,开始动火工作。次日凌晨 5 时左右,气割作业的切割熔渣点燃塔内易燃衬胶引发火灾,造成 1 人死亡。关于动火作业许可安全要求的说法,正确的是( )。

A. 脱硫吸收塔内禁止多处同时进行动火作业

B. 本次气割动火作业级别应是一级动火

C. 本次气割动火作业审批的有效期不应超过 8h

D. 甲公司安全部门审批该动火作业许可证

[解析] 本次动火作业属于特级动火,由主管领导审批作业许可证,在同一脱硫吸收塔内可以同时进行两处动火作业,特级动火、一级动火作业的许可证有效期是 8h。

[答案] C

[2021·单选] 炼油厂甲委托承包商乙对厂区管廊上 6m 高管道进行防腐除锈工作,承包商乙在 13:00 使用磨光机等机具进行动火作业。根据《化学品生产单位特殊作业安全规范》,关于现场施工安全管理的说法,错误的是( )。

A. 管廊作业按一级动火作业管理

B. 甲要求乙在施工作业前办理高处作业票

C. 应在 12:20 前进行动火作业分析

D. 应在距离动火点 10m 内进行气体采样

［解析］本题根据最新规范进行了修正。根据《危险化学品企业特殊作业安全规范》（GB 30871—2022），厂区管廊动火作业属于一级动火，选项 A 正确。厂区管廊高度 6m，属于高处作业，选项 B 正确。动火作业前应行动火分析，在较大的设备内动火，应对上、中、下各部位进行监测分析，动火分析应在距离动火点 10m 以内进行，动火分析与动火作业间隔不应超过 30min，选项 C 错误，选项 D 正确。

［答案］C

［2021·单选］某天然气公司接到人员报警"在辖区商业步行街处有人闻到泄漏'煤气'味"，立即派抢修人员及时赶到查找泄漏点，经紧急勘察锁定了漏气点为地下燃气管道一法兰接口处。抢修人员经共同讨论后认为，作业前应对供气管道实施加盲板抽堵作业。根据《化学品生产单位特殊作业安全规范》，关于盲板抽堵作业安全要求的说法，正确的是（　　　）。

A. 在泄漏法兰处上下端，应同时进行盲板抽堵作业

B. 在燃气管道实施盲板抽堵作业时，应穿防静电工作鞋

C. 在法兰接口上端 30m 处不应进行盲板抽堵作业

D. 燃气管道盲板抽堵检修完后，参与检修人员应共同确认签字

［解析］不应在同一管道上同时进行两处及两处以上的盲板抽堵作业，选项 A 错误。在易燃易爆场所进行盲板抽堵作业时，作业人员应穿防静电工作服、工作鞋，并应使用防爆灯具和防爆工具，选项 B 正确。距盲板抽堵作业地点 30m 内不应有动火作业，选项 C 错误。盲板抽堵作业结束，由作业单位和生产车间（分厂）专人共同确认，选项 D 错误。

［答案］B

［2020·单选］某化工企业进行现场吊装作业，汽车吊试吊后，将一台 40t 储罐从停止送电的 6kV 输电线路上方吊至厂房 3 层平台上安装。在现场安全员的指挥下，吊车司机将储罐吊起，越过高压线路时，吊车突然倾翻，储罐坠落砸断输电线。根据《化学品生产单位特殊作业安全规范》（GB 30871—2022），本次吊装作业违反安全管理要求的是（　　　）。

A. 本次吊装作业按照二级进行管理

B. 现场安全员指挥吊装

C. 吊装作业时 6kV 输电线路停止送电

D. 起吊前对储罐进行试吊

［解析］本题根据最新规范进行了修正。根据《危险化学品企业特殊作业安全规范》（GB 30871—2022），二级吊装作业重物质量：$40t \leqslant m \leqslant 100t$，选项 A 正确。严禁越过无防护设施的外电架空线路作业，现场安全员指挥越过高压线路吊装属于违章指挥，选项 B 错误。确需在输电线路附近作业时，起重机械的安全距离应大于起重机械的倒塌半径，不能满足时，应停电后再进行作业，选项 C 正确。重物接近或达到额定起重吊装能力时，应检查制动器，用低高度、短行程试吊后再吊起，选项 D 正确。

［答案］B

［2019·单选］某化学品生产企业在一次维修作业活动中，临时搭建一个 6m 高的平台，并在平台上开展临时用电作业。根据《化学品生产单位特殊作业安全规范》（GB 30871—2022），关于特殊作业安全要求的说法，正确的是（　　　）。

A. 6m 平台上下时，应手持绝缘工具

B. 临时用电时间超过 1 个月的，应向供电单位备案

C. 平台上的动力和照明线路应分路设置

D. 6m 平台维修作业超过 8h，应在平台处休息

[解析] 高处作业使用的工具、材料、零件等应装入工具袋，上下时手中不应持物，不应投掷工具、材料及其他物品，选项 A 错误。临时用电时间一般不超过 15 天，特殊情况不应超过 30 天，选项 B 错误。高处作业应设专人监护，作业人员不应在作业处休息，选项 D 错误。

[答案] C

[2018·单选] 某工程队承包一栋 6 层檐高 18m 的化学实验大楼外墙粉刷，粉刷工人从顶楼开始进行粉刷作业，粉刷作业过程中无其他坠落危险因素存在。根据《化学品生产单位特殊作业安全规范》（GB 30871—2022），粉刷工在粉刷顶楼外墙时作业等级是（　　）。

A. Ⅲ级   B. Ⅰ级

C. Ⅱ级   D. Ⅳ级

[解析] 本题根据最新规范进行了修正。根据《危险化学品企业特殊作业安全规范》（GB 30871—2022），无其他坠落危险因素存在，按 A 类法分级，2m≤作业高度（h）≤5m，属于Ⅰ级高处作业；5m＜作业高度（h）≤15m，属于Ⅱ级高处作业；15m＜作业高度（h）≤30m，属于Ⅲ级高处作业；作业高度（h）＞30m，属于Ⅳ级高处作业。本题作业高度 18m，属于Ⅲ级高处作业。

[答案] A

真题精解

点题： 本考点是本章乃至本科目考试的重点，分值高，内容多，记忆量大，是每年的必考点。

分析：

1. 动火作业

（1）动火作业分类如图 2-30 所示。

动火作业分类 { 禁火区 { 固定动火区：固定动火区的设定由危险化学品企业审批后确定，设置明显标识。至少每年进行一次风险辨识

非固定动火区：固定动火区外的动火作业，一般分为二级动火、一级动火、特级动火三个级别

图 2-30 动火作业分类

固定动火区要求：（以焊接车间为例）

①不应设置在火灾爆炸危险场所。

②应设置在火灾爆炸危险场所全年最小频率风向的下风侧或侧风向，并保持一定的防火间距。

③距火灾爆炸危险场所不应小于 30m。

④应设置带有声光报警功能的固定式可燃气体检测报警器。

（2）动火作业分级见表 2-14。

表 2-14 动火作业分级

分级	定义	举例
特级动火	在生产运行状态下的易燃易爆生产装置、输送管道、储罐、容器等部位上及其他特殊危险场所进行的动火作业	①带压不置换动火作业 ②存有易燃易爆介质的重大危险源罐区防火堤内进行的动火作业

续表

分级	定义	举例
一级动火	在易燃易爆场所进行的除特级动火作业以外的动火作业	厂区管廊上的动火作业
二级动火	除特级动火作业和一级动火作业以外的动火作业	凡生产装置或系统全部停车，装置经清洗、置换、分析合格并采取安全隔离措施后，经过批准，动火作业可按二级动火作业管理

注意：遇节假日、公休日、夜间或五级风时，动火作业应升级管理

（3）动火作业许可证管理见表 2-15。

表 2-15　动火作业许可证管理

分级	办理	审核会签	审批	有效期	作业证保存情况（一式 3 联）		
					第一联	第二联	第三联
特级动火	危险化学品企业	企业自行决定	主管领导	8h	监护人	作业单位（动火人）	安全管理部门
一级动火			安全管理部门				
二级动火			所在基层单位	72h	—	—	所在基层单位

注意：实行一个动火点、一张动火证，安全作业票至少保存 1 年；特级动火作业应采集全过程记录影像，设备为防爆型，作业影像记录保存 1 个月

（4）动火作业安全措施如下。

①凡在盛有或盛装过易燃易爆危险化学品的设备、管道上，以及在火灾爆炸危险场所中的生产设备上动火时，应将上述设备设施、管道系统进行彻底隔绝。严禁以水封或关闭阀门代替盲板作为隔断措施。

②安全间距：动火期间距动火点 30m 内不应排放可燃气体；距动火点 15m 内不应排放可燃液体。在动火点 10m 范围内及动火点下方不应同时进行可燃溶剂清洗或喷漆等作业；在动火点 10m 范围内不应进行可燃性粉尘清扫作业。铁路沿线 25m 以内的动火作业，如遇装有危险化学品的火车通过或停留时，应立即停止。使用电焊机作业时，电焊机与动火点的间距不应超过 10m，不能满足要求时应将电焊机作为动火点进行管理；使用气焊、气割动火作业时，乙炔瓶应直立放置，氧气瓶与之间距不应小于 5m，二者与作业地点间距不应小于 10m，并应设置防晒设施。

③在生产、使用、储存氧气的设备上进行动火作业时，设备内氧含量不应超过 23.5%。

④在油气罐区防火堤内进行动火作业时，不应同时进行切水、取样作业。

⑤作业前应进行动火分析，在较大设备内动火，对上、中、下取样检测；在设备外部动火，应在 10m 范围内进行动火分析；动火分析与动火时间间隔不应超过 30min；特级、一级动火作业中断时间超过 30min，应重新进行气体分析；二级动火作业中断时间超过 60min，应重新进行气体分析。

⑥动火分析合格标准为：当被测气体或蒸气的爆炸下限大于或等于 4% 时，其被测浓度应小于或等于 0.5%（体积分数）；当被测气体或蒸气的爆炸下限小于 4% 时，其被测浓度应小于或等于 0.2%（体积分数）。

记忆方法："大 405，小 402"。

2. 受限空间作业

（1）许可证管理：受限空间作业许可证由危险化学品企业负责办理，由受限空间所在基层单位审批。

（2）受限空间作业安全措施。

①作业前，应对受限空间进行安全隔绝，与受限空间连通的可能危及安全作业的管道应采用插入盲板或拆除一段管道进行隔绝，严禁以水封或关闭阀门代替盲板作为隔断措施；与受限空间连通的可能危及安全作业的孔、洞应进行严密的封堵；受限空间内的用电设备应停止运行并有效切断电源，在电源开关处上锁并加挂警示牌。

②作业前，对受限空间进行清洗或置换，并达到要求：氧含量为 19.5%～21%，在富氧环境下小于或等于 23.5%；可燃气体浓度应符合规定：当被测气体或蒸气的爆炸下限大于或等于 4% 时，其被测浓度应小于或等于 0.5%（体积分数）；当被测气体或蒸气的爆炸下限小于 4% 时，其被测浓度应小于或等于 0.2%（体积分数）。

记忆方法："大 405，小 402"。

③应保持受限空间空气流通良好，打开人孔、手孔、料孔、风门、烟门等与大气相通的设施进行自然通风；必要时，应采用风机强制通风或管道送风，涂刷具有挥发性溶剂的涂料时，应采取强制通风措施。不应向受限空间充纯氧或富氧空气。

④应对受限空间内的气体浓度进行严格监测，作业前 30min 内，应对受限空间进行气体分析，分析合格后方可进入；监测点应有代表性，容积较大的受限空间，应对上、中、下各部位进行监测分析；作业中断时间超过 60min 时，应重新进行分析。

⑤作业现场应配置便携式或移动式可燃气体检测报警仪，连续监测受限空间内氧气、可燃气体和有毒气体的浓度，2h 记录一次。

⑥当一处受限空间内存在动火作业时，该处受限空间内不应安排涂刷油漆、涂料等其他可能产生有毒有害、可燃物质的作业活动。

⑦照明及用电安全要求：照明电压≤36V，潮湿狭小环境照明电压≤12V。作业人员应站在绝缘板上，同时保证金属容器接地可靠。

⑧有限空间作业应当严格遵守"先通风、再检测、后作业"的原则，最长作业时限≤24h。（不能延期、到期重办）

3. 盲板抽堵作业

（1）许可证管理。

①由危险化学品企业编写。

②由企业自行决定审核和会签。

③由受限空间所在基层单位审批。

一张盲板办理 2 张作业许可证。同一盲板的抽、堵作业，应分别办理盲板抽、堵安全作业票，一张安全作业票只能进行一块盲板的一项作业。

记忆方法："一板两证"。

（2）盲板抽堵作业安全要求。

①作业单位应按图进行盲板抽堵作业，并对每个盲板设标牌进行标识。（堵多少抽多少）

②作业时，作业点压力应降为常压，并设专人监护。

③在易燃易爆场所进行盲板抽堵作业时，作业人员应穿防静电工作服、工作鞋，并应使用防爆灯具和防爆工具；距盲板抽堵作业地点30m内不得有动火作业。

④不应在同一管道上同时进行两处及两处以上的盲板抽堵作业。

⑤盲板抽堵作业结束，由作业单位和生产车间（分厂）专人共同确认。

⑥高压盲板使用前应经超声波探伤。

⑦在强腐蚀性介质的管道、设备上进行盲板抽堵作业时，作业人员应采取防止酸碱灼伤的措施。在介质温度较高、较低，可能造成烫伤或冻伤的情况下，作业人员应采取防烫、防冻措施。

4.高处作业

（1）高处作业分级见表2-16。

表2-16　高处作业分级

分级	作业高度（h）/m	坠落半径/m
Ⅰ级	$2 \leqslant h \leqslant 5$	3
Ⅱ级	$5 < h \leqslant 15$	4
Ⅲ级	$15 < h \leqslant 30$	5
Ⅳ级	$h > 30$	6
注意：存在一种或一种以上客观危险因素的高处作业要进行升级管理（A类到B类）		

高处作业分级可以用数轴来表示，具体如图2-31所示。（临界点靠左）

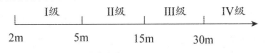

图2-31　高处作业分级

直接引起坠落的客观危险因素主要有以下几种：

①阵风风力五级（风速8.0m/s）以上。

②作业环境：平均气温≤5℃。

③作业环境：接触冷水温度≤12℃。

④作业场地有冰、雪、霜、水、油等易滑物。

⑤作业场所光线不足或能见度差。

⑥存在有毒气体或空气中含氧量低于19.5%的作业环境。

（2）高处作业安全要求与防护。

①作业人员应正确佩戴符合要求的安全带，高挂低用。带电高处作业应使用绝缘工具或穿均压服。

②高处作业应设专人监护，作业人员不应在作业处休息。

③雨天和雪天作业时，应采取可靠的防滑、防寒措施；遇有五级以上强风（包括五级）、浓雾等恶劣气候，不应进行高处作业、露天攀登与悬空高处作业。

④作业使用的工具、材料、零件等应装入工具袋，上下时手中不应持物，不应投掷工具、材料及其他物品。

⑤在同一坠落方向上，一般不应进行上下交叉作业，如需进行交叉作业，中间应设置安全防护层，坠落高度超过24m的交叉作业，应设双层防护。

⑥拆除脚手架、防护棚时，应设警戒区并派专人监护，不应上部和下部同时施工。

⑦因作业必需，临时拆除或变动安全防护设施时，应经作业审批人员同意，并采取相应的防护措施，作业后应立即恢复。

（3）高处作业许可证的审批见表2-17。

表2-17 高处作业许可证的审批

分级	办理	审核或会签	审批
Ⅰ级	危险化学品企业	企业自行决定	所在基层单位
Ⅱ、Ⅲ级			所在单位专业部门
Ⅳ级			主管厂长或总工程师
注意：作业票有效期为7天，作业中断、再次作业前，应重新确认环境条件和安全措施			

5. 吊装作业

（1）吊装作业分级见表2-18。

表2-18 吊装作业分级

分级	重物质量（m）/t
三级	$m < 40$
二级	$40 \leqslant m \leqslant 100$
一级	$m > 100$
注意：吊装质量<10t的，可以不办理吊装作业票，但应进行风险分析，并确保措施有效	

吊装作业分级可以用数轴来表示，具体如图2-32所示。（临界点靠中间）

| 三级 | 二级 | 一级 |

40t　　　　　100t

图2-32 吊装作业分级

（2）许可证管理见表2-19。

表2-19 许可证管理

分级	办理	审核或会签	审批
一级	危险化学品企业	企业自行决定	主管厂长或总工程师
二、三级			所在单位专业部门

（3）吊装作业管理要求。

①三级以上的吊装作业，应编制吊装作业方案。吊装物体质量虽不足40t，但形状复杂、刚度小、长径比大、精密贵重，以及在作业条件特殊的情况下，也应编制吊装作业方案，吊装作业方案应经审批。

记忆方法：一二级必须编，三级特殊情况需要编。

②不应靠近输电线路进行吊装作业。确需在输电线路附近作业时，起重机械的安全距离应大于起重机械的倒塌半径并符合相关要求；不能满足时，应停电后再进行作业。（注意三个层次）

③大雪、暴雨、大雾、六级及以上风时，不应露天作业。

④不应利用管道、管架、电杆、机电设备等作吊装锚点，未经土建专业人员审查核算，不应将

建筑物、构筑物作为锚点。起吊前应进行试吊。

⑤任何人发出的紧急停车信号均应立即执行。

⑥利用两台或多台起重机械吊运同一重物时应保持同步，各台起重机械所承受的载荷不应超过各自额定起重能力的80%。

⑦司索工不应用吊钩直接缠绕重物及将不同种类或不同规格的索具混在一起使用；吊运零散件时，应使用专门的吊篮、吊斗等器具，吊篮、吊斗等不应装满。

⑧下放吊物时，不应自由下落，不应利用极限位置限制器停车。

6. 临时用电作业

(1) 临时用电管理要求。

①在运行的火灾爆炸性生产装置、罐区和具有火灾爆炸危险场所内不应接临时电源，确需时应对周围环境进行气体分析，合格结果为：当被测气体或蒸气的爆炸下限大于或等于4%时，其被测浓度应小于或等于0.5%（体积分数）；当被测气体或蒸气的爆炸下限小于4%时，其被测浓度应小于或等于0.2%（体积分数）。

记忆方法：与动火作业、受限空间作业相同，大405，小402。

②各类移动电源及外部自备电源，不应接入电网。

③动力和照明线路应分路设置。

④临时用电线路经过有高温、振动、腐蚀、积水及产生机械损伤等区域，不应有接头，并应采取相应的保护措施。

⑤临时用电线路及设备应有良好的绝缘，所有的临时用电线路应采用耐压等级不低于500V的绝缘导线。

⑥临时用电架空线应采用绝缘铜芯线，并应架设在专用电杆或支架上。其最大弧垂与地面距离，在作业现场不低于2.5m，穿越机动车道不低于5m。

⑦对需埋地敷设的电缆线路应设有走向标志和安全标志。电缆埋地深度不应小于0.7m，穿越道路时应加设防护套管。

⑧临时用电设施应安装符合规范要求的漏电保护器，移动工具、手持式电动工具应逐个配置漏电保护器和电源开关。

⑨在开关上接引、拆除临时用电线路时，其上级开关应断电上锁并加挂安全警示标牌。

⑩临时用电应设置保护开关，使用前应检查电气装置和保护设施的可靠性。所有的临时用电均应设置接地保护。

⑪临时用电时间一般不超过15天，特殊情况不应超过30天。

(2) 临时用电作业许可管理需办理临时作业票，临时作业票的办理、审核以及审批见表2-20。

表 2-20 临时作业票的办理、审核以及审批

办理	审核或会签	审批
危险化学品企业	配送电单位	配送电单位

7. 动土作业

(1) 作业证管理：动土证由动土危险化学品单位办理，水、电、汽、工艺设备、消防、安全管理等部门审核或会签，所在单位专业部门审批。

（2）挖掘坑、槽、井、沟等作业，应遵守下列规定：

①作业现场应根据需要设置护栏、盖板或警告标志，夜间应悬挂警示灯。

②挖掘土方应该自上而下逐层挖掘，不应采用挖底脚的办法挖掘，使用材料及挖出的泥土应堆放在所挖坑洞边沿至少1.0m处，堆土高度不应大于1.5m，如图2-33所示。

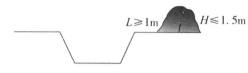

$L \geqslant 1\mathrm{m}$ $H \leqslant 1.5\mathrm{m}$

图2-33 挖掘土方堆土要求

③不应在土壁上挖洞攀登，不应在坑、槽、井、沟边沿站立、行走及内部休息。

④在拆除固壁支撑时，应自下而上进行；更换支撑时，应先装新的，再拆旧的。

⑤机械开挖时，在距管道边1m范围内应采用人工开挖，在距直埋管线2m范围内宜采用人工开挖。

⑥作业人员2人以上同时挖土应相距2m以上，防止工具伤人。

⑦在生产装置区、罐区等危险场所动土时，遇有埋设的易燃易爆、有毒有害介质管线等可能引起燃烧、爆炸、中毒、窒息危险，且挖掘深度超过1.2m时，应执行受限空间作业相关规定。

8. 断路作业

（1）作业许可证管理：断路证由断路危险化学品单位办理，断路涉及单位的消防、安全管理部门审核或会签，所在单位专业部门审批。

（2）断路作业安全要求。

①作业单位应根据需要在断路的路口和相关道路上设置交通警示标志，在作业区附近设置路栏、道路作业警示灯、导向标等交通警示设施。

②在道路上进行定点作业，白天不超过2h、夜间不超过1h即可完工的，在有现场交通指挥人员指挥交通的情况下，只要作业区设置了相应的交通警示设施，可不设标志牌。

③在夜间或雨、雪、雾天进行作业应设置道路作业警示灯，警示灯设置要求如下：

a. 设置高度应离地面1.5m，不低于1.0m。

b. 夜间警示灯应能反映作业区域的轮廓。

c. 应能发出至少自150m以外清晰可见的连续、闪烁或旋转的红光。

拓展：学习本考点需要注意以下几个方面：

（1）动土作业，当挖土深度超过1.2m时，适用受限空间作业安全规定是有前提的，在挖坑的下面一定要有易燃易爆管线或有毒有害介质，否则，不管挖多深都不执行受限空间作业规定。

（2）断路作业设置的警示灯，电压可以是安全电压，也可以是220V电压。

（3）动火作业、受限空间作业、高处作业许可证超过有效期后，需要重新办理，不可以延期。但是，对于临时用电作业，最长是30天，作业时间超过30天需要设置永久用电，就不属于临时用电作业了。

（4）盲板抽堵作业，"一板两证"，对于盲板的抽、堵，分别办理许可证。但是，如果只是盲板的堵，只需要办理一张许可证即可。

（5）同一种作业可能会同时办理好几张作业票。例如，一名电工站在10m高处进行焊接作业，需要办理动火作业许可证、高处作业许可证、临时用电许可证，同时焊接作业属于特种作业，还需要持特种作业操作证。

根据《危险化学品企业特殊作业安全规范》（GB 30871—2022），安全作业票的办理、审批见表2-21。

表 2-21 安全作业票的办理、审批

安全作业票种类		办理	审核或会签	审批
动火安全作业票	特级动火作业	危险化学品企业	—	主管领导
	一级动火作业		—	安全管理部门
	二级动火作业		—	所在基层单位
受限空间安全作业票			—	所在基层单位
盲板抽堵安全作业票			—	所在基层单位
高处安全作业票	Ⅰ级高处作业		—	所在基层单位
	Ⅱ级、Ⅲ级高处作业		—	所在单位专业部门
	Ⅳ级高处作业		—	主管厂长或总工程师
吊装安全作业票	一级吊装作业		—	主管厂长或总工程师
	二级、三级吊装作业		—	所在单位专业部门
临时用电安全作业票			配送电单位	配送电单位
动土安全作业票			水、电、汽、工艺设备、消防、安全管理等动土涉及单位	所在单位专业部门
断路安全作业票			断路涉及单位消防、安全管理部门	所在单位专业部门

易混提示

本考点需要区分以下几点：

（1）作业许可证就是作业票。

（2）不是所有的特种作业均需要办理作业许可证，如吊装作业，吊物质量小于10t的，可以只进行危险分析，不办理作业票。

（3）本节涉及的8大特殊作业，前提是在危险化学品企业中进行的作业，其他企业类型进行同样的作业没有规范的强制性要求。

（4）本节内容关于"大风"的总结：

①动火作业：达到五级风，要升级管理。

②高处作业：达到五级风（风速＞8m/s），要升级管理。

③吊装作业：达到六级风，不应露天作业。

举一反三

[典型例题1·单选] 受甲化工企业的委托，具有相关资质的乙单位对甲单位的部分封闭设施进行清理工作，在清理工作前由甲单位对可能危及安全作业的各管道插入盲板进行隔绝。根据《危险化学品企业特殊作业安全规范》（GB 30871—2022），关于本次清理作业的做法，错误的是（　　）。

A. 本次作业涉及受限空间作业和盲板抽堵作业

B. 受限空间作业许可证应由乙单位作业主管人员办理，乙单位主要负责人负责审批

C. 盲板抽堵安全作业许可证由该化工企业负责办理，盲板抽堵作业所在基层单位审批

D. 部分硫化氢封闭管道进行盲板抽堵作业时，作业人员应采取防止酸碱灼伤的措施

[解析] 根据《危险化学品企业特殊作业安全规范》（GB 30871—2022），部分封闭设施进行清理工作属于受限空间作业，对各管道插入盲板进行隔绝属于盲板抽堵作业，选项 A 正确。受限空间作业许可证由危险化学品企业负责办理，由受限空间所在基层单位审批，选项 B 错误。盲板抽堵安全作业证由危险化学品企业办理，由所在基层单位审批，选项 C 正确。在强腐蚀性介质的管道、设备上进行盲板抽堵作业时，作业人员应采取防止酸碱灼伤的措施，选项 D 正确。

[答案] B

[典型例题 2·多选] 某甲醇生产企业工程部计划于 2022 年 5 月 14 日对厂区管廊支架进行动火作业，作业点高度为 6.2m，作业时间约为 2h。由于时值周六，高架管廊清洁不到位导致支架布满油污，为了保证安全，企业安全总监要求现场安全员全程旁站。关于该次作业的说法，错误的有（   ）。

A. 该动火作业应该办理作业许可证，由企业主管安全的副总进行审批

B. 该高处作业属于Ⅲ级，作业许可证应由厂长或总工程师进行审批

C. 在动火作业前需要进行动火分析，在距离支架 5m 位置进行了动火分析

D. 作业中断时间超过 60min，应重新进行气体分析，每日动火前均应进行动火分析

E. 动火期间距动火点 30m 内不应排放可燃气体，距动火点 15m 内不应排放可燃液体，在动火点 15m 范围内及动火点上下方不应同时进行可燃溶剂清洗或喷漆等作业

[解析] 根据《危险化学品企业特殊作业安全规范》（GB 30871—2022），厂区管廊支架进行动火作业属于一级动火作业，周六需要升级为特级动火作业，作业许可证由主管领导审批，选项 A 正确。作业点高度为 6.2m 属于Ⅱ级高处作业，现场存在油污需要升级为Ⅲ级，作业许可证由所在单位的专业部门审批，选项 B 错误。动火分析在距离动火点 10m 范围内进行，选项 C 正确。作业中断时间超过 30min，应重新进行气体分析，每日动火前均应进行动火分析，选项 D 错误。动火期间距动火点 30m 内不应排放可燃气体，距动火点 15m 内不应排放可燃液体，在动火点 10m 范围内及动火点下方不应同时进行可燃溶剂清洗或喷漆等作业，选项 E 错误。

[答案] BDE

[典型例题 3·单选] 某精细化工厂对 6♯ 车间的狭小反应釜内部进行清洗和维修作业，安全管理部门进行了现场检查如下：①反应釜进行清洗后测得的氧气含量为 19%；②作业人员在作业前 30min 进行了气体分析，作业中断 70min 后重新进行了分析；③反应釜作业时，采用电压 36V 行灯照明；④作业中进行了定时监测，每 1.5h 监测一次。根据《危险化学品企业特殊作业安全规范》（GB 30871—2022），关于该反应釜作业过程中的做法，正确的是（   ）。

A. ①   B. ②   C. ③   D. ④

[解析] 根据《危险化学品企业特殊作业安全规范》（GB 30871—2022），受限空间内氧气含量为 19.5%～21%，富氧环境下不应大于 23.5%，选项 A 错误。受限空间作业人员在作业前 30min 进行气体分析，作业中断超过 60min 后需要重新进行分析，选项 B 正确。受限空间内照明电压应小于等于 36V，潮湿、狭小容器内作业电压应小于或等于 12V，选项 C 错误。受限空间作业现场应佩戴便携式或移动式气体检测报警仪，连续监测氧气、可燃气体、有毒气体和蒸汽的浓度，发现气体

浓度超限报警，应立即停止作业、撤离作业人员、对现场进行处理，分析合格后方可继续进行作业，选项 D 错误。

[典型例题 4 · 多选] 某大型化工企业甲公司计划对铁路栈桥进行改造，委托具有相关资质的乙建筑公司进行施工，由于改造过程需要使用电动设备，作业前应按照规定办理临时用电作业许可证。根据《危险化学品企业特殊作业安全规范》（GB 30871—2022），下列说法中，错误的有（   ）。

A. 临时用电线路及设备应有良好的绝缘，所有的临时用电线路应采用耐压等级不低于 500V 的绝缘导线

B. 临时用电架空线应采用绝缘铜芯线，并应架设在专用电杆和支架上

C. 临时用电单位不应擅自向其他单位转供电或增加用电负荷，以及变更用电地点和用途

D. 动力和照明线路不应分路设置，避免发生危险

E. 电缆埋地深度为 0.5m，穿越道路时加设了防护套管

[解析] 根据《危险化学品企业特殊作业安全规范》（GB 30871—2022），动力和照明线路应分路设置，选项 D 错误。对需埋地敷设的电缆线路应设有走向标志和安全标志，电缆埋地深度不应小于 0.7m，穿越道路时应加设防护套管，选项 E 错误。

[答案] DE

[典型例题 5 · 单选] 断路作业是指在化学品生产单位内交通主、支路与车间引道上进行工程施工、吊装、吊运等影响正常交通的作业。根据《危险化学品企业特殊作业安全规范》（GB 30871—2022），下列关于断路作业管理要求的说法中，错误的是（   ）。

A. 作业单位应根据需要在断路的路口和相关道路上设置交通警示标志

B. 断路证由断路所在单位办理，安全管理部门审核或会签，工程管理部门审批

C. 在夜间进行作业应设置能发出至少 150m 以外清晰可见、连续闪烁或旋转的红光警示灯

D. 作业前，作业申请单位应会同本单位相关主管部门制定交通组织方案

[解析] 根据《危险化学品企业特殊作业安全规范》（GB 30871—2022），断路证由断路所在单位办理，消防、安全管理部门审核或会签，所在单位专业部门审批，选项 B 错误。

[答案] B

[典型例题 6 · 单选] 2023 年 10 月 1 日，某化工厂生产工艺流程一条 $DN25$ 承压 0.5MPa 的输送氨气的管线发生开裂泄漏，当班人员发现后立即采取了应急处置措施。已知氨气的爆炸极限范围是 16%～25%，生产科监测人员测定了车间内氨气的浓度并上报给企业负责人，负责人认为氨气浓度符合标准，组织人员进入现场对一处管线进行盲板抽堵作业实施封闭，在确认安全后安排电焊工刘某焊接泄漏点。根据《危险化学品企业特殊作业安全规范》（GB 30871—2022），下列说法正确的是（   ）。

A. 生产科监测人员测得的现场氨气浓度可能是 1.6%

B. 输送氨气的压力管线属于特种设备

C. 盲板抽堵作业需要办理一张作业许可证并设专人全程监护

D. 该动火作业属于非固定动火区的特级动火作业，作业过程中需全程监测作业影像

[解析] 氨气的爆炸下限为 16%，大于 4%，故测得的氨气浓度不应大于 0.5%，选项 A 错误。压力管道公称直径达到 50mm 且最高工作压力大于或者等于 0.1MPa 的，为特种设备，选项 B 错

误。同一盲板的抽堵作业应分别办理抽、堵安全作业票，一张安全作业票只能进行一块盲板的一项作业，选项 C 错误。该动火作业是在易燃易爆环境下的动火，不是特级动火就是一级动火，由于不是带压不置换作业，属于一级动火作业，节假日需要升级，为特级动火作业，作业过程中需要全程监测作业影像，设备为防爆型，选项 D 正确。

[答案] D

[典型例题 7·单选] 某化工厂防火堤内两个液氨储罐存放有液氨分别为 2t 和 5t，液氨的临界量是 10t，校正系数为 2。某日，企业安全科在进行安全检查时发现防火堤内一条冷却水管线发生开裂，在办理了动火作业许可票后安排专人进行了动火作业。根据《危险化学品企业特殊作业安全规范》（GB 30871—2022），该动火作业的分级是（   ）。

A. 特级   B. 一级   C. 二级   D. 三级

[解析] 根据《危险化学品企业特殊作业安全规范》（GB 30871—2022），存有易燃易爆介质的重大危险源罐区防火堤内进行的动火作业属于特级动火作业。本题中，液氨储存量为 7t，没有达到其临界量 10t，故该罐区不构成重大危险源，在易燃易爆环境中不是特级动火就是一级动火，所以本次动火作业属于一级动火作业。

[答案] B

■ 环球君点拨

本考点是管理科目考试的重点，历年考查分值在 10 分左右，内容多，记忆量大，建议复习过程中合理安排时间。

第十四节　承包商管理

▶**考点** 承包商管理 [2023、2022、2021、2020、2019、2018、2017、2015、2014、2013]

■ 真题链接

[2023·单选] 甲企业委托具有资质的乙企业进行污水厂排污改造。在改造过程中，甲企业生产正常运行，改造现场由甲企业负责供电。为确保施工进度及现场安全，甲企业采取了一系列措施，其中正确的是（   ）。

A. 甲企业派品控部门员工对作业现场进行监督检查，及时协调作业事项

B. 甲企业确认所有隐患整改完成后，乙企业方能恢复全线施工

C. 甲企业对乙企业作业现场的临时用电实行备案制，当日施工结束后断电上锁

D. 甲企业应与乙企业就作业相关的中毒和窒息、触电等危害进行确认，并明确作业许可的相关要求

[解析] 应由生产经营单位安全生产管理部门派人进行作业现场监督检查，选项 A 错误。对于施工单位存在重大事故隐患或者情况比较严重的，应当停工，一般隐患应及时整改，选项 B 错误。施工现场临时用电需要审批，而不是备案，选项 C 错误。生产经营单位应与承包商就作业相关的泄漏、火灾、爆炸、中毒、窒息、触电、坠落、物体打击和机械伤害等危害进行确认，并明确作业许可的相关要求，选项 D 正确。

[答案] D

[2022·单选] 甲企业扩大生产规模，将成品储运业务外包给乙公司。乙公司在甲企业厂区内自己投资建设储运设备设施，并将配套厂房建设项目委托给具有相应资质的丙公司。关于乙、丙公司在甲企业内发生事故管理的说法，错误的是（　　）。

A. 丙公司发生的事故应由乙公司承担主要责任

B. 乙公司发生的事故应纳入甲企业事故管理

C. 丙公司发生的事故应纳入乙公司事故管理

D. 乙公司发生的事故应报送属地应急管理部门

[解析] 丙公司发生的事故应由丙公司承担主要责任，选项A错误。承包商在生产经营单位施工，其发生的事故应纳入生产经营单位的事故管理，服从统一协调，选项B正确。乙公司是总承包单位，丙公司是分包单位，分包单位发生的事故应纳入总承包单位事故管理，选项C正确。单位发生事故后，应及时上报至属地应急管理部门，选项D正确。

[答案] A

[2020·单选] 甲公司是一家生产消毒剂的民营企业。针对疫情防控市场需求，甲公司决定扩大生产规模，新建一条生产线，成立了项目部。项目部将新建项目发包给乙公司，同时聘请丙公司进行监理。关于项目及相关方安全管理的做法，正确的是（　　）。

A. 甲公司明确项目部为发包工程归口管理部门

B. 项目部以部门名义将该工程项目发包给乙公司

C. 项目建设期间，乙公司造成的生产安全事故由乙公司负责

D. 甲公司要求丙公司承担施工现场的安全管理责任

[解析] 生产经营单位应明确发包工程归口管理部门，统一对发包工程进行管理，选项A正确。生产经营单位发包工程项目，应以生产经营单位名义进行，严禁以某一部门的名义进行发包，选项B错误。乙公司为承包商，对其发生的事故负责；但是，生产经营单位甲公司应负协调管理责任，选项C错误。监理公司不承担管理责任，只承担监理责任，选项D错误。

[答案] A

[2020·单选] 甲公司实施一项大型技改项目，拟将与该项目配套的办公楼、工艺楼建设项目等发包给乙公司。按照相关要求，甲公司安全管理部门对乙公司进行了安全资质审查。下列乙公司提供的安全资质审查资料中，符合要求的是（　　）。

A. 法定代表人证明书、安全生产许可证、主要负责人安全生产考核合格证书、近两年的安全业绩

B. 法定代表人证明书、安全生产许可证、安全管理体系程序文件及有效评审报告、近两年的安全业绩

C. 特种作业证书、安全生产许可证、主要负责人安全生产考核合格证书、近两年的安全业绩

D. 安全生产许可证、主要负责人安全资格证书、安全管理体系有效评审报告、近两年的安全业绩

[解析] 法定代表人证明书、特种作业证书均属于业务资质审查需要提交的资料。

[答案] D

[2019·单选] 甲企业是乙炔生产企业，委托有资质的建筑施工企业乙在现厂区实施扩建。扩

建期间,甲企业正常生产,施工区用电由甲企业提供。为了确保施工安全,甲企业采取了一系列的过程控制措施。下列甲企业采取的措施中,错误的是( )。

A. 派出安全管理人员全面负责乙企业现场施工的安全管理工作

B. 对乙企业的施工现场临时用电进行审批

C. 告知乙企业现场作业相关的火灾、爆炸等危害并进行确认

D. 督促乙企业整改施工现场的事故隐患

[解析] 生产经营单位负责对承包商的安全生产工作统一协调、管理,而不是全面负责施工现场的安全管理,承包商的安全管理由承包商负责,选项A错误。生产经营单位审批承包商的临时用电,选项B正确。生产经营单位应对承包商进行安全交底和现场危害确认,选项C正确。生产经营单位监督检查承包商现场隐患排查,督促整改施工现场的事故隐患,选项D正确。

[答案] A

真题精解

点题:本节只有一个考点,是每年的必考内容,涉及发包方、总承包方、分包方、监理方的安全管理,对施工现场要求熟悉。

分析:发承包管理内容如下:

(1) 对于发包工程,应该以发包单位的名义发包,而不是发包单位的某个部门。

(2) 生产经营单位应明确发包工程归口管理部门,统一对发包工程进行管理。

(3) 根据《安全生产法》,同一工程项目或同一施工场所有多个承包商施工时,生产经营单位应与承包商签订专门的安全管理协议或者在承包合同中约定各自的安全生产管理职责。发包单位对各承包商的安全生产工作统一协调、管理。分包单位不得擅自将工程转包、分包。

(4) 根据《施工承包商安全资质审查管理制度》,生产经营单位承包商主管部门审查承包商业务资质,安全管理部门审查承包商安全资质。承包商应提供的资料见表2-22。

表 2-22 承包商应提供的资料

审查方式	审查内容(提交的资料)	记忆方法
业务资质	(1) 承包商准入审查表 (2) 有效的企业资信证明,如有效的营业执照、法定代表人证明书、税务登记证、组织机构代码证、银行开户许可证、开立单位银行结算账户申请书等 (3) 企业资质证明,如施工资质证书、特种作业证书、安全生产许可证等 (4) 其他应提供的资料,如近期业绩和表现等有关资料	不含"安全"二字
安全资质	(1) 承包商安全资质审查表 (2) 安全资质证书,如安全生产许可证、职业安全健康管理体系认证证书等 (3) 主要负责人、项目负责人、安全生产管理人员经政府有关部门安全生产考核合格名单及证书 (4) 企业近2年的安全业绩,包括施工经历、重大安全事故情况档案、事故发生率及原始记录、安全隐患治理情况档案等	含"安全"二字

(5) 现场安全管理要求如下。

①生产经营单位实施门禁管理。

②生产经营单位对进入施工现场的承包商进行消防安全、治安、设备保护方面教育。

③生产经营单位对现场承包商进行安全交底、危害确认。

④承包商应制定施工方案和施工过程中的安全技术措施。

⑤承包商施工过程中，生产经营单位派人监督检查，对发现的安全隐患督促施工单位整改。

拓展：本考点还需要掌握以下重要内容：

（1）发包单位甲将工程发包给总承包单位乙，乙将装饰装修工程发包给分包单位丙，丁是监理单位。本案例中，总承包单位乙的事故要纳入发包单位甲的事故管理中，分包单位丙的事故要纳入总承包单位乙的事故管理中，丁只承担监理责任。

（2）考点串联：安全生产费用由企业自提自用，总承包单位可以将分包单位的安全生产费用一并结算，分包单位不再重复提取。

（3）《建设工程安全生产管理条例》重要内容补充：

①建设工程实行施工总承包的，由总承包单位对施工现场的安全生产负总责。

②总承包单位应当自行完成建设工程主体结构的施工。

③总承包单位依法将建设工程分包给其他单位的，分包合同中应当明确各自的安全生产方面的权利、义务。总承包单位和分包单位对分包工程的安全生产承担连带责任。

④分包单位应当服从总承包单位的安全生产管理，分包单位不服从管理导致生产安全事故的，由分包单位承担主要责任。

⑤施工单位发生生产安全事故，应当按照国家有关伤亡事故报告和调查处理的规定，及时、如实地向负责安全生产监督管理的部门、建设行政主管部门或者其他有关部门报告；特种设备发生事故的，还应当同时向特种设备安全监督管理部门报告。

⑥实行施工总承包的建设工程，由总承包单位负责上报事故。

易混提示

学习本考点需要区分以下几个方面：

（1）生产经营单位、发包单位、建设单位、甲方，均是同一种称呼，一般是指项目的投资方。例如，某化工厂扩建厂房，化工厂既是生产经营单位，也是发包单位。

（2）对于独立的单位，责任主体是自己。例如，发包单位发生事故，发包单位负安全生产责任；承包商发生事故，承包商承担事故责任。

（3）承包商资质审查提交的资料中，除按照记忆方法记忆外，还需要注意，业务资质和安全资质审查均需要提交安全生产许可证。

举一反三

［典型例题1·单选］乙企业承包甲企业某建设项目，下列对现场安全管理的做法中，正确的是（　　）。

A. 现场施工作业应由甲企业进行作业安全风险分析

B. 甲、乙双方的安全监督人员均有现场安全监督责任

C. 甲企业应组织对乙企业施工现场使用的特种设备进行许可登记

D. 甲企业以承包商主管部门的名义将工程发包给乙企业

［解析］建设项目由乙企业施工，乙企业应进行作业安全风险分析，选项A错误。施工用特种

设备及现场安装的起重机械应取得政府有关部门颁发的使用许可证，选项 C 错误。生产经营单位发包工程项目，应以生产经营单位名义进行，严禁以某一部门的名义进行发包，选项 D 错误。

[答案] B

[典型例题 2·单选] 某石油天然气开采企业甲，将厂区一 5 000 m³ 原油储罐的建设工程发包给乙。下列关于相关方管理的说法中，错误的是（　　）。

A. 签订合同前，甲必须对乙的资质和条件进行审查

B. 乙保证安全施工的组织机构、工器具、安全防护设施、安全用具满足安全施工要求

C. 乙可以擅自将检修作业转包给有相应资质的企业

D. 甲对乙实施门禁管理

[解析] 根据《建筑法》，承包商不得擅自将工程转包、违法分包，禁止承包单位将其承包的全部建筑工程转包给他人，禁止承包单位将其承包的全部建筑工程肢解以后以分包的名义分别转包给他人，选项 C 错误。

[答案] C

[典型例题 3·单选] 甲公司新建办公楼，与乙、丙建筑公司签订了施工承包合同。在承包商队伍进入作业现场前，应接受消防安全、设备设施保护及社会治安方面的教育，组织教育的责任主体是（　　）。

A. 工程所在地应急管理部门

B. 甲公司

C. 乙、丙建筑公司

D. 工程所在地建设主管部门

[解析] 在承包商队伍进入作业现场前，发包单位要对其进行消防安全、设备设施保护及社会治安方面的教育。

[答案] B

[典型例题 4·单选] 甲单位承包了乙建筑施工单位的水电改造项目。乙施工单位对甲单位进行资质审查，甲单位提供了业务资质资料和安全资质资料。依据相关法律法规，甲单位应提供的业务审查资料是（　　）。

A. 企业近 2 年的安全业绩

B. 施工资质证书

C. 安全管理体系程序文件及有效评审报告

D. 主要负责人经政府有关部门安全生产考核合格名单及证书

[解析] 选项 A、C、D 均为安全资质审查需要提交的资料。

[答案] B

[典型例题 5·单选] 某大型建筑施工单位甲以总承包的方式承包了某机械加工厂新建宿舍楼的工程，甲施工单位将钢结构工程分包给乙施工单位，将室内装修分包给丙装修单位，并且在各自承包合同中约定各自的安全生产管理职责。下列关于承包商安全管理责任的说法中，错误的是（　　）。

A. 甲和乙在合同中约定，由乙公司统一协调管理

B. 甲单位要对乙、丙的作业过程进行监督检查

C. 乙、丙单位主要负责人依法对本单位的安全生产工作全面负责

D. 甲单位向乙、丙单位进行作业现场安全交底

[解析] 生产经营单位负责施工现场的统一协调、管理，本题中，机械加工厂是生产经营单位，选项 A 错误。乙、丙为分包单位，接受总承包单位甲的监督检查，选项 B 正确。乙、丙单位主要负责人依法对本单位的安全生产工作全面负责，选项 C 正确。机械加工厂对总承包单位进行安全交底和教育，总承包单位对分包单位进行安全交底，选项 D 正确。

[答案] A

■ 环球君点拨

　　承包商管理涉及建筑施工现场各方主体责任，学习过程中除按照上面方法记忆理论知识外，还需要联系施工现场实际情况，结合安全常识判断。

第十五节　企业安全文化建设

▶ 考点 **企业安全文化建设** [2022、2021、2020、2019、2018、2017、2015]

■ 真题链接

[2022·单选] 某大型食品加工企业推动安全文化示范企业建设，在工厂大门入口处设置醒目的电子公告牌，公告显示企业安全承诺。下列电子公告牌显示的内容中，不属于安全承诺的是（　　）。

　　A. 企业安全生产 365 天无事故

　　B. 您觉得在工作时有不安全，可以拒绝工作

　　C. 让员工在安全舒适的环境中体面地劳动

　　D. 操作不规范，亲人两行泪

[解析] 根据《企业安全文化建设导则》（AQ/T 9004—2008），企业应建立包括安全价值观、安全愿景、安全使命和安全目标等在内的安全承诺。选项 A 属于安全目标，选项 B 属于安全价值观，选项 C 属于安全愿景，选项 D 不属于安全承诺。

[答案] D

[2021·单选] 某冶金企业开展安全文化建设年度审核，审查承包商年度相关材料时，发现一起承包商违章作业造成的手部伤害事故。经调查，承包商作业人员熟悉企业安全文化，安全作业规程考试合格。在研究评价指标时，应减分的指标是（　　）。

　　A. 安全承诺　　　　　　　　　　B. 员工层行为

　　C. 安全管理　　　　　　　　　　D. 决策层行为

[解析] 根据《企业安全文化建设评价准则》（AQ/T 9005—2008），安全管理包括安全权责、管理机构、制度执行、管理效果，题干中"承包商作业人员熟悉企业安全文化，安全作业规程考试合格"说明不是作业人员的行为错误，而是在安全管理方面的制度执行和管理效果出现了问题。

[答案] C

[2019·单选] 某公司在安全文化建设过程中，明确了公司的安全价值观、安全愿景、安全使命和目标，声明在安全生产上投入足够的时间和资源，并传达给全体员工和相关人员。该公司的做

法所体现的企业安全文化建设基本要素是（　　）。

A. 行为规范与程序 B. 安全事务参与

C. 安全承诺 D. 审核与评估

［解析］根据《企业安全文化建设导则》（AQ/T 9004—2008），企业安全文化建设基本要素中，安全承诺是指企业应建立包括安全价值观、安全愿景、安全使命和安全目标等在内的安全承诺。安全承诺应做到：切合企业特点和实际，反映共同安全志向；明确安全问题在组织内部具有最高优先权；声明所有与企业安全有关的重要活动都追求卓越；含义清晰明了，并被全体员工和相关方所知晓和理解。

［答案］C

［2018·单选］某矿山企业为了促进安全文化建设，提高员工的安全意识，采取了一系列措施：①进行安全教育培训；②建立安全绩效评估系统；③完善岗位安全生产责任制；④设置安全心理咨询部门；⑤健全安全管理制度。根据《企业安全文化建设导则》（AQ/T 9004—2008），这些措施中，属于企业安全文化建设"行为规范与程序"要素的是（　　）。

A. ①④ B. ③⑤

C. ②③ D. ④⑤

［解析］根据《企业安全文化建设导则》（AQ/T 9004—2008），行为规范与程序主要是利用管理制度、安全绩效等来约束全体员工的行为。本题中，完善岗位安全生产责任制、健全安全管理制度均属于"行为规范与程序"要素内容。

［答案］B

［2015·单选］在企业安全文化建设过程中，职工应充分理解和接受企业的安全理念，并结合岗位任务践行职工安全承诺。下列内容中，属于企业职工安全承诺的是（　　）。

A. 清晰界定职工岗位安全责任

B. 坚持与相关方进行沟通和合作

C. 对任何安全异常和事件保持警觉并主动报告

D. 评估自我安全绩效，推动安全承诺的实施

［解析］在企业职工安全承诺中，每个员工应做到：①在本职工作上始终采取安全的方法；②对任何与安全相关的工作保持质疑的态度；③对任何安全异常和事件保持警觉并主动报告；④接受培训，在岗位工作中具有改进安全绩效的能力。

［答案］C

真题精解

点题：本节只有一个考点，是每年的必考点，主要涉及企业安全文化建设的基本要素、操作步骤和建设评价等内容，内容抽象，记忆量大。

分析：

1. 企业安全文化建设7大基本要素

（1）安全承诺。

（2）行为规范与程序。（规章制度、操作规程、安全绩效）

（3）安全行为激励。

（4）安全信息传播与沟通。

（5）自主学习与改进。（一厂出事故，万厂受教育）

（6）安全事务参与。（员工安全大会）

（7）审核与评估。

企业应建立包括安全价值观、安全愿景、安全使命和安全目标等在内的安全承诺，领导者、管理者、员工的安全承诺见表 2-23。

表 2-23　安全承诺

人员	职责	代表
领导者	（1）提供安全工作的领导力，坚持保守决策，以有形的方式表达对安全的关注 （2）在安全生产上真正投入时间和资源 （3）制定安全发展的战略规划，以推动安全承诺的实施 （4）授权组织的各级管理者和员工参与安全生产工作，积极质疑安全问题 （5）安排对安全实践或实施过程的定期审查 （6）与相关方进行沟通和合作	厂长
各级管理者	（1）清晰界定全体员工的岗位安全责任 （2）确保全体员工充分理解并胜任所承担的工作 （3）接受培训，在推进和辅导员工改进安全绩效上具有必要的能力 （4）保持与相关方的交流合作，促进组织部门之间的沟通与协作	副总
每个员工	（1）在本职工作上始终采取安全的方法 （2）对任何与安全相关的工作保持质疑的态度 （3）对任何安全异常和事件保持警觉并主动报告 （4）接受培训，在岗位工作中具有改进安全绩效的能力	员工

2. 企业安全文化建设操作步骤

（1）建立机构。

领导机构可以定为安全文化建设委员会，必须由主要负责人亲自担任委员会主任。

（2）制定规划。

①对本单位的安全生产观念、状态进行初始评估。

②对本单位的安全文化理念进行定格设计。

③制定出科学的时间表及推进计划。

（3）培训骨干。

（4）宣传教育。

（5）努力实践。

记忆口诀："机制干教务"。

3. 企业安全文化建设评价指标

（1）企业安全文化建设评价指标如图 2-34 所示。

$$
\text{企业安全文化}\atop{\text{建设评价指标}\atop{(11项)}}
\begin{cases}
\text{基础特征：关键词是"特征+捡经文"（监管环境、经营环境、文化环境）}\\
\text{安全承诺：关键词是"承诺"}\\
\text{安全管理："全权管制"（安全权责、管理机构、制度执行、管理效果）}\\
\text{安全环境："只在乎感受"（安全指引、安全防护、环境感受）}\\
\text{安全培训与学习}\\
\text{安全信息传播}\\
\text{安全行为激励}\\
\text{安全事务参与："汇报建交"（安全会议与活动、安全报告、安全建议、沟通交流）}\\
\text{决策层行为}\\
\text{管理层行为}\\
\text{员工层行为}
\end{cases}
$$

图 2-34 企业安全文化建设评价指标

（2）企业安全文化建设减分指标：死亡事故、重伤事故、违章记录。

4. 企业安全文化建设评价程序

（1）建立评价组织机构与评价实施机构。

（2）制定评价工作实施方案。

（3）下达评价通知书。

（4）调研、收集与核实基础资料。

（5）数据统计分析。

（6）撰写评价报告。

（7）反馈企业征求意见。

（8）提交评价报告。

（9）进行评价工作总结。

记忆口诀：前四步"鸡按书收集资料"。

拓展：本考点可以运用下面两个技巧学习：

（1）安全承诺的内容。领导者、管理者、员工可以具体到某个人来辅助记忆，例如，领导者可以具体到厂长，其安全承诺的内容层面大，如"决策""投入""战略规划""授权"等关键词。

（2）安全文化建设的 7 大要素，规范中的内容很多，除安全承诺要素需单独记忆外，其他 6 大要素可以按照选择题特点备考，理解性记忆即可。例如，行为规范与程序，一般是利用公司的制度和绩效来约束员工的行为；自主学习与改进，一般强调的是自主性，典型特点是"一厂出事故，万厂受教育"，即一个企业发生事故，为了避免再次发生，其他企业自主学习。

■ 举一反三

[典型例题 1·单选] 李某是某企业的一名基层职工，下列说法中，适合李某的安全承诺是（　　）。

A. 保持与相关方的交流合作，促进部门之间的沟通与协作

B. 制定企业安全发展的战略规划

C. 鼓励和肯定在安全方面的良好态度，在推进和辅导职工改进安全绩效上具备必要的能力

D. 对任何与安全相关的工作保持质疑的态度

[解析] 选项 A 属于各级管理者安全承诺的内容；选项 B、C 属于领导者安全承诺的内容。

[答案] D

[典型例题2·单选] 某企业在审查和评估自身安全绩效时，除使用事故发生率等消极指标外，还应使用旨在对安全绩效给予直接认可的积极指标。该公司的做法体现的安全文化建设基本要素是（ ）。

A. 安全承诺   B. 行为规范与程序

C. 安全行为激励   D. 安全信息传播与沟通

[解析] 根据《企业安全文化建设导则》（AQ/T 9004—2008），安全行为激励包括企业在审查和评估自身安全绩效时，除使用事故发生率等消极指标外，还应使用旨在对安全绩效给予直接认可的积极指标。员工应该受到鼓励，在任何时间和地点，挑战所遇到的潜在不安全实践，并识别所存在的安全缺陷。对员工所识别的安全缺陷，企业应给予及时处理和反馈。

[答案] C

[典型例题3·单选] 某企业安全文化建设经历了如下步骤：①在企业内部设立公告栏，宣传安全文化；②培养骨干；③安全文化理念深入到员工头脑中，落实到员工行动上；④建立安全文化建设委员会；⑤制定出科学的时间表和推进计划。下列排序正确的是（ ）。

A. ⑤④①②③   B. ⑤④②①③

C. ④⑤①②③   D. ④⑤②①③

[解析] 企业安全文化建设操作步骤：建立机构→制定规划→培训骨干→宣传教育→努力实践。

[答案] D

[典型例题4·单选] 某化工企业重视安全文化的建设工作，为了了解企业文化现状以及安全文化建设效果，该企业采取了一系列的系统化测评行为，其中安全文化评价的步骤有：①制定评价工作实施方案；②调研、收集与核实基础资料；③建立评价组织机构与评价实施机构；④下达评价通知书；⑤撰写评价报告；⑥数据统计分析；⑦提交评价报告；⑧反馈企业征求意见；⑨进行评价工作总结。下列排序正确的是（ ）。

A. ③①④②⑥⑤⑧⑦⑨

B. ③④②①⑥⑧⑤⑦⑨

C. ①③④⑥⑤②⑧⑦⑨

D. ①③④②⑧⑦⑥⑤⑨

[解析] 根据《企业安全文化建设评价准则》（AQ/T 9005—2008），评价程序为：①建立评价组织机构与评价实施机构；②制定评价工作实施方案；③下达评价通知书；④调研、收集与核实基础资料；⑤数据统计分析；⑥撰写评价报告；⑦反馈企业征求意见；⑧提交评价报告；⑨进行评价工作总结。

[答案] A

环球君点拨

本考点的内容抽象，记忆量大，在备考过程中，可以利用上面提供的方法辅助学习。涉及的两个排序题，均可以利用口诀帮助记忆。当然学习方法和口诀只是辅助，不能"学死"，也不能"死学"，考试时还需要随机应变，灵活运用。

第十六节　安全生产标准化

安全生产标准化基本要求［2023、2022、2021、2020、2019、2018、2017］

真题链接

［2023·单选］某冶金企业在有职业危害场所的醒目位置设置了职业病有害因素公告栏，内容有：①操作规程；②职业病危害事故应急救援措施；③职业病防治的规章制度；④可能产生的职业病危害及其后果；⑤作业场所职业病危害因素监测和评价结果；⑥职业病危害防护措施和待遇。根据有关规定，公告栏中必须公布的内容是（　　　）。

　　A. ①②③⑤　　　　　　　　　　　　B. ①②③⑥

　　C. ①③④⑤　　　　　　　　　　　　D. ①③④⑥

［解析］公告栏需要公布有关职业病防治的规章制度、操作规程、职业病危害事故应急救援措施和工作场所职业病危害因素检测结果。

［答案］A

［2022·单选］某生产企业根据《企业安全生产标准化基本规范》（GB/T 33000—2016），梳理完善本企业安全生产规章制度要素管理和文档归类工作，实现安全管理工作的规范化和标准化。关于安全规章制度要素的说法，正确的是（　　　）。

　　A. 安全生产管理制度文档应归入"制度化管理"文档中

　　B. 企业应两年评估一次规章制度要素的适用性和有效性

　　C. 记录和档案管理制度应规定评估结果、安全检查和事故情况的内容

　　D. 安全生产管理制度编制程序为起草、会签、审核、发布、培训和反馈

［解析］根据《企业安全生产标准化基本规范》（GB/T 33000—2016），二级要素规章制度属于一级要素制度化管理的内容，选项A正确。企业应至少每年评估一次规章制度要素的适用性和有效性，选项B错误。评估结果、安全检查和事故情况的内容不属于记录和档案管理制度，选项C错误。安全生产管理制度编制程序为起草、会签、审核、签发、发布、培训、反馈和持续改进，选项D错误。

［答案］A

［2020·单选］某大型速冻食品加工企业使用液氨储量为13t的制冷系统，根据《企业安全生产标准化基本规范》（GB/T 33000—2016），开展了安全生产标准化"制度化管理"工作，将现有的安全生产台账按体系要素进行归类管理。下列整理"现场管理"体系要素台账的做法中，正确的是（　　　）。

　　A. 将工具的定置管理等台账从"现场管理"要素台账中移出

　　B. 将隐患排查治理台账归到"现场管理"要素台账

　　C. 将13t液氨储罐台账从"现场管理"要素台账中移出

　　D. 将安全生产现状评价资料归到"现场管理"要素台账

［解析］根据《企业安全生产标准化基本规范》（GB/T 33000—2016），选项A，工具的定置管理属于设备设施管理，是现场管理核心要素；选项B的隐患排查治理和选项C的重大危险源管理均

属于安全风险管控及隐患排查治理核心要素；选项 D 属于文档管理。

[答案] C

[2019·单选] 企业安全生产标准化强调落实企业领导责任、构建双重预防机制、制度化管理等安全核心要素。根据《企业安全生产标准化基本规范》（GB/T 33000—2016），下列管理要素中，属于制度化管理的二级要素的是（　　）。

A. 全员参与　　　　　　　　　　B. 人员教育培训

C. 文档管理　　　　　　　　　　D. 安全生产投入

[解析] 根据《企业安全生产标准化基本规范》（GB/T 33000—2016），制度化管理的二级要素包括法规标准识别、规章制度、操作规程、文档管理。

[答案] C

真题精解

点题：本考点几乎每年都考，分值通常为 1 分，主要考查 8 个一级要素和 28 个二级要素的一一对应关系。

分析：根据《企业安全生产标准化基本规范》（GB/T 33000—2016），考点内容如下：

（1）8 个一级要素和 28 个二级要素见表 2-24。

表 2-24　8 个一级要素和 28 个二级要素

一级要素（8 个）	二级要素（28 个）	一级要素（8 个）	二级要素（28 个）
1. 目标职责	1.1 目标	4. 现场管理	4.3 职业健康
	1.2 机构和职责		4.4 警示标志
	1.3 全员参与	5. 安全风险管控及隐患排查治理	5.1 安全风险管理
	1.4 安全生产投入		5.2 重大危险源辨识与管理
	1.5 安全文化建设		5.3 隐患排查治理
	1.6 安全生产信息化建设		5.4 预测预警
2. 制度化管理	2.1 法规标准识别	6. 应急管理	6.1 应急准备
	2.2 规章制度		6.2 应急处置
	2.3 操作规程		6.3 应急评估
	2.4 文档管理	7. 事故管理	7.1 报告
3. 教育培训	3.1 教育培训管理		7.2 调查和处理
	3.2 人员教育培训		7.3 管理
4. 现场管理	4.1 设备设施管理	8. 持续改进	8.1 绩效评定
	4.2 作业安全		8.2 绩效改进

（2）企业应每年至少评估一次安全生产和职业卫生法律法规、标准规范、规章制度、操作规程的适用性、有效性和执行情况。

（3）存在职业病危害的，每年至少进行一次全面的职业病危害因素检测；职业病危害严重的，应委托具有相应资质的职业卫生技术服务机构，每三年至少进行一次职业病危害现状评价。

（4）企业每年至少应对安全生产标准化管理体系的运行情况进行一次自评，主要负责人担任自评组长。

（5）矿山、金属冶炼等企业，生产、经营、运输、储存、使用危险物品或处置废弃危险物品的企业，应每年进行一次应急准备评估。

（6）企业应对进入企业检查、参观、学习等外来人员进行安全教育，主要内容包括安全规定、可能接触到的危险有害因素、职业病危害防护措施、应急知识等。外来人员进入作业现场前，对其进行安全教育培训的主要内容包括外来人员入厂（矿）有关安全规定、可能接触到的危害因素、所从事作业的安全要求、作业安全风险分析及安全控制措施、职业病危害防护措施、应急知识等。

（7）企业应建立设备设施检维修管理制度，落实"五定"原则，即定检维修方案、定检维修人员、定安全措施、定检维修质量、定检维修进度，并做好记录。

记忆口诀："房子进错人"。

（8）企业应对临近高压输电线路作业、危险场所动火作业、有（受）限空间作业、临时用电作业、爆破作业、封道作业等实施作业许可管理。作业许可实行闭环管理。

拓展：管理科目考试中涉及的作业许可知识点总结见表2-25。

表2-25　作业许可知识点总结

作业许可 （《企业安全生产标准化基本规范》）	八大作业 （《危险化学品企业特殊作业安全规范》）	企业安全生产许可
（1）临近高压输电线路作业 （2）危险场所动火作业 （3）有限空间作业 （4）临时用电作业 （5）爆破作业 （6）封道作业	（1）动火作业 （2）盲板抽堵作业 （3）受限空间作业 （4）高处作业 （5）吊装作业 （6）临时用电作业 （7）动土作业 （8）断路作业	（1）矿山企业 （2）建筑施工企业 （3）危险化学品 （4）烟花爆竹 （5）民用爆破器材 记忆口诀："烟民建危矿"

易混提示

对进入企业检查、参观、学习等外来人员进行安全教育、培训，不包括带"作业"关键词的内容，因为检查、参观、学习等外来人员不涉及作业，不要混淆。

举一反三

[典型例题1·单选] 为了加强各种危险作业的安全管理工作，保证各种危险作业过程中的安全，防止各类事故的发生，确保职工的人身安全，使财产不受损失，各种危险作业应实行作业审批制度。根据《企业安全生产标准化基本规范》（GB/T 33000—2016）的规定，下列作业需要实行审批制度的是（　　）。

A. 铲装作业　　　　　　　　　　B. 爆破作业

C. 冲压作业　　　　　　　　　　D. 浇筑作业

[解析] 根据《企业安全生产标准化基本规范》（GB/T 33000—2016），企业应对临近高压输电线路作业、危险场所动火作业、受限空间作业、临时用电作业、爆破作业、封道作业等实施作业许可管理。

[答案] B

[典型例题2·单选] 国务院安委会办公室在全国开展安全生产大检查活动，安全监督管理部门落实部署对一家化工企业进行检查。根据《企业安全生产标准化基本规范》（GB/T 33000—

2016）中对检查、参观、学习等外来人员进行安全教育培训的规定，外来人员进入企业后应进行的安全教育培训的内容是（   ）。

    A. 可能接触到的危害因素

    B. 作业现场采取的安全控制措施

    C. 作业安全风险分析

    D. 所从事作业的安全要求

[解析] 检查、参观、学习等外来人员安全教育培训的内容包括安全规定、可能接触到的危险有害因素、职业病危害防护措施、应急知识等。

[答案] A

[典型例题 3·单选] 某大型机械加工厂对设备设施的管理非常严格，不仅建立了设备和设施检维修管理制度，制定了综合检维修计划，加强了日常检维修和定期检维修管理，还落实了"五定"原则。依据相关规定，下列不属于"五定"原则的是（   ）。

    A. 定检维修人员　　　　　　　　　B. 定安全措施

    C. 定检维修实施方法　　　　　　　D. 定检维修进度

[解析] 根据《企业安全生产标准化基本规范》（GB/T 33000—2016），企业应建立设备设施检维修管理制度，落实"五定"原则，即定检维修方案、定检维修人员、定安全措施、定检维修质量、定检维修进度，并做好记录。

[答案] C

[典型例题 4·单选] 企业不仅应建立隐患排查治理制度，逐级建立并落实从主要负责人到每位从业人员的隐患排查治理和防控责任制，还应按照有关规定建立应急管理组织机构或指定专人负责应急管理工作，建立与本企业安全生产特点相适应的专（兼）职应急救援队伍等。依据相关规定，下列某金属冶炼企业的做法，错误的是（   ）。

    A. 该企业每三年委托具备规定资质条件的专业技术服务机构对本企业的安全生产状况进行安全评价

    B. 该企业应每年至少进行一次全面的职业病危害因素检测

    C. 该企业应每年进行一次应急准备评估

    D. 该企业每三年对安全生产标准化管理体系的运行情况进行一次自评

[解析] 根据《企业安全生产标准化基本规范》（GB/T 33000—2016），该企业应每年对安全生产标准化管理体系的运行情况进行一次自评，选项 D 错误。

[答案] D

■ 环球君点拨

    本考点是必考点，比较抽象，规范内容较多，分值占比不高。在掌握 8 个一级要素和 28 个二级要素的基础上，对其他内容进行记忆，做到主次分明，复习过程中应合理安排时间。

▶ 考点2　**安全生产标准化定级管理** [2023、2022、2021、2019、2017]

■ 真题链接

    [2023·单选] 某设备制造企业开展安全生产标准化建设，按照工作流程开展策划准备、制定

目标、教育培训、现状梳理、管理文件制修订、实施运行及整改、企业自评、评审申请、现场评审等各阶段的工作。下列关于企业安全生产标准化建设及评审的说法，错误的是（　　）。

A. 策划准备阶段，成立领导小组，主要负责人担任组长

B. 管理文件制修订环节，各部门按照分工对相关文件进行修订并审核

C. 现状梳理阶段，对发现的问题及时整改并验收

D. 评审申请阶段，企业根据自评结果确定拟申请等级

［解析］　管理文件制修订：提出有关文件的制修订计划，以各部门为主，自行对相关文件进行制修订，由标准化执行小组对管理文件进行把关。选项B中"修订并审核"说法错误。

［答案］B

［2022·单选］　某工业园区在辖区内积极推进安全生产标准化建设工作，各企业按照《企业安全生产标准化建设定级办法》，结合自身情况准备申请定级。其中，A企业在制定全年工作规划时确定在本年度内完成三级标准化定级工作。下列安全标准化建设及管理的做法中，正确的是（　　）。

A. 成立标准化建设工作组，组长由安全部经理担任，成员为各职能部门负责人

B. 在对员工培训时，讲解了标准化定级程序为：申请、自评、评审、公告、发放证书和牌匾

C. 半年前发生了一起事故，经济损失50万元，无人伤亡，不影响本次定级申请

D. 领导层高度重视标准化建设工作，列支专款用于向监管机构缴纳定级费用

［解析］　标准化建设工作组由企业主要负责人担任组长，选项A错误。企业安全生产标准化定级按照自评、申请、评审、公示、公告的程序进行，选项B错误。申请定级之日前1年内，未发生死亡、总计3人及以上重伤或者直接经济损失总计100万元及以上的生产安全事故，可以申请定级，选项C正确。标准化定级工作不得向企业收取任何费用，选项D错误。

［答案］C

［2021·单选］　某市危化品码头储运有限公司2018年通过评审取得安全生产标准化二级企业证书（以下简称证书）。2019年5月，因有害气体泄漏发生一起2人死亡的生产安全事故。根据安全生产标准化评审管理办法相关要求，正确的是（　　）。

A. 该公司安全生产标准化二级降为三级

B. 该公司证书自撤销之日起届满半年后，方可重新申请评审

C. 该公司证书自撤销之日起通过内审半年后，方可重新申请评审

D. 该公司证书自撤销之日起届满1年后，方可重新申请评审

［解析］　根据《企业安全生产标准化建设定级办法》（应急〔2021〕83号），企业存在以下情形之一的，应当立即告知并由原定级部门撤销其等级：①发生生产安全死亡事故的；②连续12个月内发生总计重伤3人及以上或者直接经济损失总计100万元及以上的生产安全事故的；③发生造成重大社会不良影响事件的；④瞒报、谎报、迟报、漏报生产安全事故的；⑤被列入安全生产失信惩戒名单的；⑥提供虚假材料，或者以其他不正当手段取得标准化等级的；⑦行政许可证照注销、吊销、撤销的，或者不再从事相关行业生产经营活动的；⑧存在重大生产安全事故隐患，未在规定期限内完成整改的；⑨未按照标准化管理体系持续、有效运行，情节严重。被撤销标准化等级之日起满1年，方可重新申请定级评审。

［答案］D

［2019·单选］某企业为推动安全生产标准化管理体系的有效运行，开展自评工作，安全生产制度措施的适应性、充分性和有效性，检查安全生产和职业卫生管理目标、指标的完成情况，并作为年度安全绩效考评的重要依据。关于该企业安全生产标准化绩效评定的说法，正确的是（　　）。

A. 企业主管安全的副总经理全面负责组织自评工作

B. 企业发生死亡事故应重新进行安全绩效评定

C. 企业自评周期为每两年一次

D. 企业自评结果的通报范围为自评工作小组

［解析］企业主要负责人应全面负责组织自评工作，选项 A 错误。企业发生生产安全责任死亡事故，应重新进行安全绩效评定，选项 B 正确。企业应每年至少对安全生产标准化管理体系的运行情况进行一次自评，自评结果应形成正式文件，并作为年度安全绩效考评的重要依据，选项 C 错误。自评结果向本企业所有部门、单位和从业人员通报，选项 D 错误。

［答案］B

真题精解

点题：本考点属于高频考点，2022 年对规范进行了更新，是每年重点学习的内容，分值为 1～2 分。

分析：根据《企业安全生产标准化建设定级办法》，考点内容如下：

（1）安全生产标准化三级定级部门如图 2-35 所示。

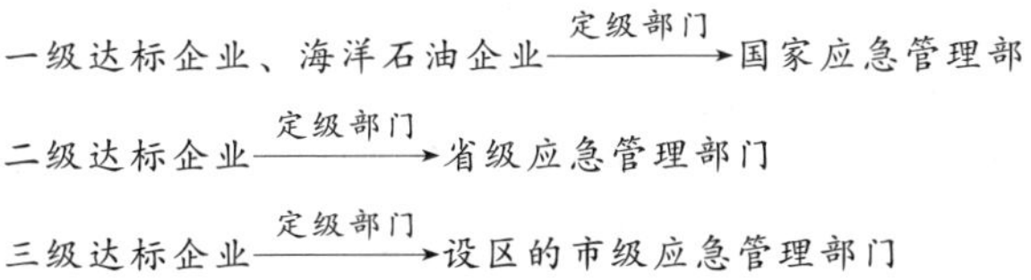

图 2-35　安全生产标准化三级定级部门

（2）安全生产标准化定级流程如图 2-36 所示（以化工厂申请二级达标等级为例）。

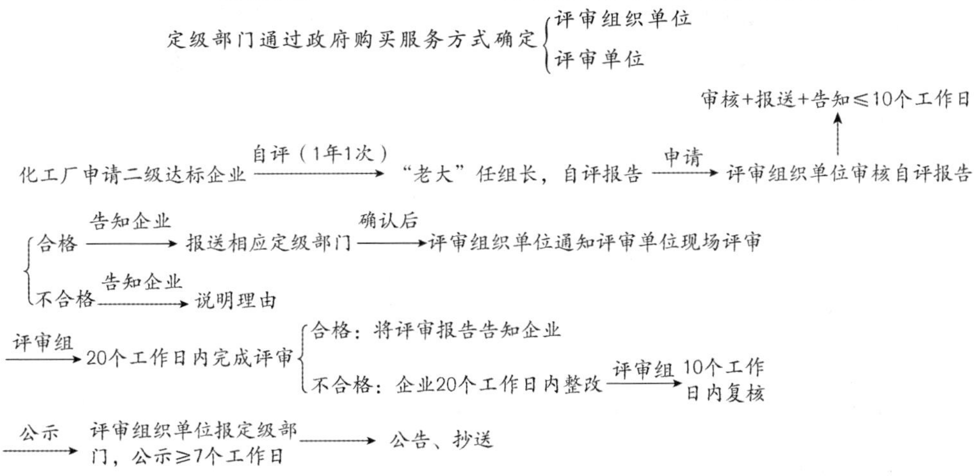

图 2-36　安全生产标准化定级流程

（3）安全生产标准化定级条件（通用）如图 2-37 所示。

①依法应当具备的证照齐全有效

②依法设置安全生产管理机构或者配备安全生产管理人员

③主要负责人、安全生产管理人员、特种作业人员依法持证上岗

安全生产标准化　④申请定级之日前1年内，未发生死亡、总计3人及以上重伤或者直接经济损失

定级条件　　　　总计100万元及以上的生产安全事故（记忆方法："1死3伤100万"）

（"老大"　　⑤未发生造成重大社会不良影响的事件

承诺制）　⑥未被列入安全生产失信惩戒名单

⑦前次申请定级被告知未通过之日起满1年

⑧被撤销安全生产标准化等级之日起满1年

⑨全面开展隐患排查治理，发现的重大隐患已完成整改

图2-37 安全生产标准化定级条件

（4）一级达标企业申请定级还应满足的条件如图2-38所示。

一级达标　①从未发生过特别重大生产安全事故，且申请定级之日前5年内未发生过重大生产

企业　　　安全事故、前2年内未发生过生产安全死亡事故（记忆方法："无特大、5年无重大、

申请定级　　2年无死亡"）

还应满足　②按照《企业职工伤亡事故分类》（GB 6441）、《事故伤害损失工作日标准》（GB/T 15499），

的条件　　　统计分析年度事故起数、伤亡人数、损失工作日、千人死亡率、千人重伤率、伤害频率、

（"老大"　　伤害严重率等，并自前次取得安全生产标准化等级以来逐年下降或者持平

承诺制）　③曾被定级为一级，或者被定级为二级、三级并有效运行3年以上

图2-38 一级达标企业申请定级还应满足的条件

（5）评审定级不收取任何费用；评审过程中，如果发现承诺不实，评审终止，企业3年内不得参加评审。

（6）等级证书有效期3年，到期前3个月申请继续定级。发生下列行为之一的，由原定级部门撤销其等级并予以公告：

①发生生产安全死亡事故的。

②连续12个月内发生总计重伤3人及以上或者直接经济损失总计100万元及以上的生产安全事故的。

③瞒报、谎报、迟报、漏报生产安全事故的。

④被列入安全生产失信惩戒名单的。

⑤提供虚假材料，或者以其他不正当手段取得安全生产标准化等级的。

⑥行政许可证照注销、吊销、撤销的，或者不再从事相关行业生产经营活动的。

⑦存在重大生产安全事故隐患，未在规定期限内完成整改的。

拓展：本考点需注意两个细节：

（1）一级达标等级的申请，必须先评二级或三级并有效运行3年，不得直接评一级。

（2）通用定级条件中的"1死3伤100万"，指的是评审之日前1年内的累计数字。

易混提示

学习本考点需要区分以下几点：

（1）企业申请流程，时限均是"工作日"，而不是"日"。

（2）弄虚作假的两种情况：

①如果企业没有取得达标证书，评审过程中发现弄虚作假，3年内不再参与评审。

②如果企业已经取得达标证书，在3年有效期内发现其弄虚作假，撤销证书并在1年内不再参与评审。

■ 举一反三

[典型例题1·单选] 某企业证照齐全，2020年8月12日发生一起生产安全事故，只造成了2人轻伤，直接经济损失10万元，除此之外从未发生任何生产安全事故。2021年7月12日，该企业准备申请安全生产标准化，下列说法正确的是（　　　）。

A. 该企业不能申请安全生产标准化等级证书，因为其发生生产安全事故至今未满1年

B. 该企业申请标准化，需经标准化评审单位审查其是否符合申请条件

C. 该企业需向标准化评审组织单位提交申请材料

D. 评审单位收到评审通知后，需按照有关评定标准进行评审，编制评审报告，对符合要求的，将评审报告报相应的安全监管部门审核

[解析] 根据《企业安全生产标准化建设定级办法》，申请定级之日前1年内，未发生死亡、总计3人及以上重伤或者直接经济损失总计100万元及以上的生产安全事故，可以申请定级，选项A错误。该企业申请标准化，需经标准化评审组织单位审查其是否符合申请条件，评审组织单位审查其材料，选项B错误，选项C正确。评审单位收到评审通知后，需按照有关评定标准进行评审，编制评审报告，对符合要求的，将评审报告报相应定级部门审核，选项D错误。

[答案] C

[典型例题2·单选] 某企业的董事长赵某常年在海外，企业日常运营由副总经理周某负责，安全工作由吴某全面负责，配备了两名注册安全工程师张某和李某，该企业非常重视本企业的安全，从未发生过生产安全事故。经过领导层决定，决定申请企业安全生产标准化达标等级，在自评工作中成立了自评工作组，自评组的组长是（　　　）。

A. 赵某　　　　　　　　　　　B. 周某

C. 吴某　　　　　　　　　　　D. 张某和李某

[解析] 自评工作组组长是企业主要负责人。本题中，周某全面负责企业日常运营，是主要负责人。

[答案] B

[典型例题3·单选] 下列关于该企业安全生产标准化评审工作的说法中，正确的是（　　　）。

A. 评审组织单位收到企业评审申请后，应在15个工作日内完成申请材料审查工作

B. 颁发的相应等级的安全生产标准化证书和牌匾，有效期为2年

C. 在证书有效期内发生生产安全死亡事故的，由安全监督管理部门公告撤销其安全生产标准化企业等级

D. 被撤销安全生产标准化等级的企业，自撤销之日起满1年后，方可重新申请评审

[解析] 根据《企业安全生产标准化建设定级办法》，评审组织单位收到企业评审申请后，应在10个工作日内完成申请材料审核、报送和告知工作，选项A错误。安全生产标准化证书和牌匾有效期为3年，选项B错误。在证书有效期内发生生产安全死亡事故的，由原公告部门公告撤销其安全生产标准化企业等级，选项C错误。

[答案] D

[典型例题 4·单选] 某石化企业拟申请企业安全生产标准化达标等级，按照有关规定，下列该企业主要负责人在自评报告中承诺的内容，错误的是（ ）。

A. 企业采取自愿申请原则，依法设置了安全生产管理机构或配备专职安全生产管理人员

B. 参加评审之日前 1 年内，发生了 2 起事故，共造成 3 人重伤

C. 距离上次评审未通过之日已经有 1 年时间

D. 已经取得安全生产许可证

[解析] 申请定级之日前 1 年内，未发生死亡、总计 3 人及以上重伤或者直接经济损失总计 100 万元及以上的生产安全事故，可以申请定级，选项 B 错误。

[答案] B

📄 环球君点拨

本考点内容抽象，记忆量大，备考中可以利用口诀、关键词辅助记忆。对于评审流程，可以将规范内容通读 2～3 遍，再结合流程图进行梳理，会事半功倍。

第十七节　企业双重预防机制建设

▶考点　企业双重预防机制建设 [2022、2021、2018]

📄 真题链接

[2022·单选]《国务院安委会办公室关于实施遏制重特大事故工作指南构建双重预防机制的意见》规定了采用不同颜色代表不同风险等级，代表一般风险的颜色是（ ）。

A. 红色　　　　　　　　　　　　B. 橙色

C. 黄色　　　　　　　　　　　　D. 蓝色

[解析] 根据《国务院安委会办公室关于实施遏制重特大事故工作指南构建双重预防机制的意见》，安全风险等级从高到低划分为重大风险、较大风险、一般风险和低风险，分别用红、橙、黄、蓝四种颜色标示，其中，重大安全风险应填写清单、汇总造册，按照职责范围报告属地负有安全生产监督管理职责的部门。要依据安全风险类别和等级建立企业安全风险数据库，绘制企业"红橙黄蓝"四色安全风险空间分布图。

[答案] C

[2021·单选] 生产经营企业是安全生产的主体，对本单位安全生产负全面责任。根据安全生产相关法律法规的要求，关于某公司安全生产主体责任的说法，错误的是（ ）。

A. 法定代表人和实际控制人同为安全生产第一责任人

B. 重大事故隐患治理实行监管部门和工会"双报告"制度

C. 强化部门安全生产职责，落实"一岗双责"

D. 企业实行全员安全生产责任制度

[解析]"双报告"制度是指企业将风险管控和隐患排查治理情况向负有安全生产监督管理职责的部门和企业职工代表大会报告，而不是工会。

[答案] B

[2018·多选] 某企业按照国家、省、市、区安委办印发的文件要求，积极开展企业双重预防

机制建设工作，领导小组根据企业的实际决定选用风险矩阵法作为其中一种风险评估方法，开展安全风险等级评估工作。在运用风险矩阵法进行风险等级评估过程中，需要考虑的因素有（　　）。

A. 控制措施的状态　　　　　　　　　　B. 危险性

C. 事故后果严重程度　　　　　　　　　D. 事故发生的可能性

E. 人体暴露在这种危险环境中的频率程度

［解析］风险矩阵法通过判定事故发生的可能性和事故后果严重程度确定安全风险大小。本题在进行风险等级评估过程中，需要考虑的因素有事故后果严重程度和事故发生的可能性。

［答案］CD

真题精解

点题：本考点内容不多，每年考查分值在 1 分左右，主要考查安全风险分级管控及安全隐患排查治理的内容，涉及国务院相关通知、应急管理部令、安委办文件等超纲点，考查相对灵活。

分析：

1. 企业开展安全风险等级评估

企业开展安全风险等级评估常用的两种方法：

（1）风险矩阵法。

判定事故发生的可能性和事故后果严重程度，确定安全风险大小。

（2）作业条件危险性评价法（LEC 法）：

$$作业危险性＝可能性 L×频繁程度 E×损失后果 C$$

2. 安全风险控制

安全风险可从三个方面进行控制：

（1）源头控制。直接从源头消除或降低风险。

（2）在源头和员工之间的控制。主要指安全规章制度和安全操作规程。

（3）在员工处的控制。主要指为员工提供个体防护装备。

3. 安全风险分级管控清单

安全风险分级管控清单应包括：

（1）危险源位置、名称。

（2）危险源可能导致事故的途径和事故类型。

（3）安全风险等级和管控措施。

（4）管控责任主体。

拓展：安全风险四色图：

根据《国务院安委会办公室关于实施遏制重特大事故工作指南构建双重预防机制的意见》，安全风险等级从高到低划分为重大风险、较大风险、一般风险和低风险，分别用红、橙、黄、蓝四种颜色标示。

举一反三

［典型例题 1·单选］某机械制造企业针对生产加工车间职工出现的断手事故频发现象，决定淘汰一批生产落后的设备，购进具有本质安全属性的先进设备。从企业双重预防机制建设角度考

虑，该企业的做法符合安全风险控制的方面是（　　）。

　　A. 源头控制　　　　　　　　　　　B. 在源头和员工之间的控制

　　C. 在员工处的控制　　　　　　　　D. 安全风险管理控制

[解析] 企业购进具有本质安全属性的先进设备，属于从源头控制安全风险，防止事故发生。

[答案] A

[典型例题 2·多选] 某石油化工企业主要负责人重视企业安全生产管理，根据企业双重预防机制建设要求，组织各个部门对企业内部所有的危险源进行辨识并评估安全风险，建立了安全风险管控清单。下列属于该企业原油储罐区重大危险源安全风险管控清单内容的有（　　）。

　　A. 储罐区的分布位置及名称

　　B. 储罐区导致事故发生的途径是油品泄漏

　　C. 罐区油品泄漏可能导致火灾爆炸事故

　　D. 罐区发生事故后上报责任人的联系方式

　　E. 储罐区风险等级为四级灾难性，制定管控措施

[解析] 安全风险分级管控清单应包括：①危险源位置、名称；②危险源可能导致事故的途径和事故类型；③安全风险等级和管控措施；④管控责任主体。选项 D，发生事故后上报责任人的联系方式不属于风险管控清单的内容。

[答案] ABCE

[典型例题 3·单选] 某乳品生产企业，因生产工艺要求需要对半成品进行冷却，建有以液氨为制冷剂的制冷车间，内设一台容积为 $10m^3$ 的液氨储罐，为防止液氨发生泄漏导致事故的发生，该企业对制冷工艺和设备进行改进，更换了一种无毒的新型制冷剂，完全能够满足生产工艺的要求。根据企业安全风险分级管控与隐患排查治理双重预防机制建设的内容，该企业的做法符合安全风险控制的原则是（　　）。

　　A. 源头控制　　　　　　　　　　　B. 在源头和员工之间的控制

　　C. 在员工处的控制　　　　　　　　D. 风险最小化原则

[解析] 源头控制包括替换或降低危险物质的量，改进维护方式，修复防护装置等。该企业更换了一种无毒的新型制冷剂，属于源头控制。

[答案] A

■ 环球君点拨

　　本节内容少，分值低，主要考查安全风险分级管控与隐患排查治理，可以结合第二章隐患排查治理和第三章安全评价的内容学习。

第三章 安全评价

第一节 安全评价的分类、原则及依据

▶考点 **安全评价的程序和内容** [2022、2021、2019、2017、2015]

真题链接

[2022·单选] 某安全评价机构接受一食品加工企业委托，对该企业仓库扩建项目进行竣工安全验收评价，验收范围包括加工半成品储存库房、运输线路、仓库干燥系统、实时控温系统等。关于安全验收评价内容的说法，错误的是（　　）。

A. 评价企业仓库扩建项目施工期间编制的应急处置方案的合规性

B. 评价企业初步设计中湿度、温度等与安全卫生相关指标的落实情况

C. 评价项目安全预评价中针对机械伤害提出设置屏障的安全措施落实情况

D. 评价仓库干燥系统用电安全相关内容

[解析] 验收评价在工程竣工之后进行，评价企业仓库扩建项目施工期间编制的应急处置方案的合规性不属于验收评价的内容。

[答案] A

[2021·单选] 甲安全评价机构接受了乙企业的委托进行安全评价，评价组人员进行了现场勘查，认为该企业安全设备设施具备投入生产和使用的条件，提交了相关评价报告。该评价报告可不包括的内容是（　　）。

A. 安全设施设计的符合性

B. 安全对策措施在试投产中的合理有效性

C. 试生产记录和对策措施建议的落实情况

D. 安全对策措施的具体设计、安装施工情况有效保障程度

[解析] 安全验收评价结论和内容包括：①评价对象前期对安全生产保障等内容的实施情况和相关对策措施建议的落实情况；②评价对象的安全对策措施的具体设计、安装施工情况有效保障程度；③评价对象的安全对策措施在试投产中的合理有效性和安全措施的实际运行情况；④评价对象的安全管理制度和事故应急预案的建立与实际开展和演练有效性。本题属于项目竣工后实施的安全验收评价，选项 A 属于安全预评价的内容。

[答案] A

[2019·单选] 某煤矿委托安全评价机构对建设项目进行安全验收评价，该机构按照有关评价步骤和内容要求，进行了以下工作：①通过查阅相关文件、技术资料和现场勘查，编制安全检查表，对该工程项目进行定性、定量评价；②依据国家有关的法律、法规和技术规范等，列出了开采单元、通风单元等15个评价单元；③收集资料，确定评价范围为煤矿采矿许可证固定的 5 个拐点

坐标的范围；④对目前生产条件和管理状态下的危险、有害因素逐一进行辨识；⑤建议完善瓦斯抽采系统，加强薄弱单元的管理，以提高企业的安全管理水平；⑥经评价，该矿开拓方式、开采方法、安全设施等基本能满足有关安全生产法律法规和行业标准规范要求，具备安全验收条件。上述评价工作正确的步骤是（   ）。

A. ①②③④⑤⑥   B. ③①②④⑥⑤

C. ③④②①⑤⑥   D. ④③②①⑥⑤

[解析] 根据《安全评价通则》，安全评价的程序主要包括：①前期准备（准备工具、收集资料）；②辨识与分析危险、有害因素；③划分评价单元；④定性、定量评价；⑤提出安全对策措施建议；⑥作出安全评价结论；⑦编制安全评价报告。

[答案]（

真题精解

点题：本考点属于高频考点，主要考查两个方面的内容：安全评价的程序和安全评价的内容。根据历年真题，考查安全评价的内容较多。

分析：

1. 安全评价程序

根据《安全评价通则》，安全评价程序如图 3-1 所示。

图 3-1 安全评价程序

备考中需要注意以下几点：

（1）前期准备阶段包括做评价所需的设备和工具，收集相关法规、标准、系统资料等。

（2）辨识危险有害因素包括确定危险、有害因素存在的部位、存在的方式和事故发生的途径及其变化的规律。

（3）评价流程记忆口诀："前期变化定出结报"。

2. 安全评价内容

（1）安全预评价的内容。

①前期准备工作应包括明确评价对象和评价范围，组建评价组，收集国内外相关法律法规、标准、行政规章、规范，收集并分析评价对象的基础资料、相关事故案例，对类比工程进行实地调查等。

记忆口诀："低调组案例资料"。

②辨识和分析评价对象可能存在的各种危险、有害因素，分析危险、有害因素发生作用的途径及其变化规律。

③评价单元划分应考虑安全预评价的特点，以自然条件、基本工艺条件、危险和有害因素分布及状况、便于实施评价为原则进行。

④定性、定量评价。

⑤提出安全管理对策措施。

⑥概括评价结果，给出符合性结论、预测性结论。

（2）安全验收评价的内容。

①符合性评价的综合结果。

②评价对象运行后存在的危险、有害因素及其危险危害程度。

③明确给出评价对象是否具备安全验收的条件，对达不到安全验收要求的评价对象明确提出整改措施建议。安全验收评价对象前期（安全预评价、可行性研究报告、初步设计中安全卫生专篇等）对安全生产保障等内容的实施情况和相关对策措施建议的落实情况。

（3）安全现状评价的内容。

①全面收集评价所需的信息资料，采用合适的安全评价方法进行危险、有害因素识别与分析，给出安全评价所需的数据资料。

②对可能造成重大事故后果的危险、有害因素，特别是事故隐患，采用合适的安全评价方法，进行定性、定量安全评价，确定危险、有害因素导致事故的可能性及其严重程度。

③对辨识出的危险源，按照危险性进行排序，按照可接受风险标准，确定可接受风险和不可接受风险；对于辨识出的事故隐患，根据其事故的危险性，确定整改的优先顺序。

④对不可接受风险和事故隐患，提出整改措施。为了安全生产，提出安全管理对策措施。

安全评价内容总结如图 3-2 所示。

安全评价内容
- 安全预评价内容
  - ①前期准备工作：“低调组案例资料”
  - ②单元划分的原则：自然条件、基本工艺条件、危险和有害因素分布及状况、便于实施评价
- 安全验收评价内容
  - ①符合性评价的综合结果：关键词“运行后”“验收”
  - ②评价对象前期的资料：安全预评价、可行性研究报告、初步设计中安全卫生专篇
- 安全现状评价内容：关键词“安全隐患”

图 3-2　安全评价内容总结

拓展：根据《安全评价通则》，本考点涉及重要规范内容的补充，需掌握以下几点：

（1）安全评价人员不得同时在两个或两个以上安全评价机构从业。

（2）任何部门和个人不得指定评价对象接受特定评价机构开展安全评价，不得以任何理由限制安全评价机构开展正常业务活动。

（3）同一对象的安全预评价和验收评价，宜由不同的安全评价机构分别承担。

注意：这里说的是“不宜由同一机构进行”，即特殊情况下也是可以由同一安全评价机构承担同一工程项目的安全预评价和验收评价的。但要特别指出，对于危险化学品建设项目和煤矿建设项目是“不应由同一机构进行的”，需留意细节。

易混提示

学习本考点需要注意以下两个方面：

（1）考试时，可以结合三种安全评价实施的时间节点辅助选择，例如，安全预评价是在项目开始之前、可行性研究阶段进行的；验收评价是在项目竣工后、投入生产之前进行的；现状评价是在正常生产过程中进行的安全评价。我们可以先判断项目所在节点，再按照上面内容进行选择，能够提高正确率。

（2）安全评价的程序中，第三步是“划分评价单元”，这个“单元”是安全评价机构选出的相对独立且具有明显特征的界限，便于实施评价。类似于第二章重大危险源评价单元的划分，也是便于实施评价。

举一反三

[典型例题 1·单选] 某评价机构承担了煤矿建设项目的安全预评价工作，并成立了评价项目组，在明确评价对象、评价范围后，收集了相关的法律法规和标准、评价对象的基础资料和相关事故案例。在预评价的前期准备工作中，该评价项目组还应进行的工作是（　　）。

A. 分析危险、有害因素　　　　　　　　B. 合理划分评价单元

C. 选择适用的评价方法　　　　　　　　D. 实地调查类比工程

[解析] 根据《安全评价通则》，安全预评价的前期准备工作还应包括实地调查类比工程。

[答案] D

[典型例题 2·单选] 某金属露天矿山拟将建设项目安全预评价的工作委托给相关机构，露天矿项目经理就安全预评价的机构和评价人等相关问题咨询了有关人员。根据《安全评价通则》，下列关于安全评价委托的说法中，错误的是（　　）。

A. 生产经营单位可以自主选择具备规定资质的安全评价机构

B. 生产经营单位委托安全评价机构为其提供安全生产技术服务的，保证安全生产的责任仍由本单位负责

C. 专职安全评价师可以同时在两个以上安全评价检测检验机构从业

D. 该项目的安全预评价和验收评价宜由不同的安全评价机构分别承担

[解析] 根据《安全评价通则》，安全评价机构从业人员不得同时在两个以上安全评价检测检验机构从业，选项 C 错误。

[答案] C

[典型例题 3·单选] 某安全评价公司对某大型石化企业的扩建项目进行了安全预评价，评价公司拟定的评价报告包含如下内容：①根据建设项目可行性研究报告的内容，辨识和分析评价对象可能存在的各种危险、有害因素；②对运行情况过程中的危险、有害因素逐一分析；③评价对象运行后存在的危险、有害因素及其危险危害程度；④对辨识出的事故隐患，根据其事故的危险性，确定整改的优先顺序。符合安全预评价内容的是（　　）。

A. ②　　　　　　　B. ①　　　　　　　C. ④　　　　　　　D. ③

[解析] ①属于安全预评价；②属于安全现状评价；③属于安全验收评价；④属于安全现状评价。

[答案] B

[典型例题 4·单选] 某化工厂扩大生产规模，2020 年新建一座危险化学品储存仓库，2021 年聘请安全评价机构对该仓库进行了安全评价。安全评价机构在对项目进行安全评价时，需要按照一定的程序进行。安全评价程序主要包括：①前期准备；②提出安全对策措施建议；③定性、定量评价；④安全评价报告的编制；⑤辨识与分析危险、有害因素；⑥作出安全评价结论；⑦划分评价单元。根据《安全评价通则》，下列安全评价流程正确的是（　　）。

A. ①⑦⑤③②⑥④　　　　　　　　　　B. ①⑤⑦③②⑥④

C. ①⑦⑤③②④⑥　　　　　　　　　　D. ①⑤⑦③②④⑥

[解析] 根据《安全评价通则》，安全评价程序为前期准备，辨识与分析危险、有害因素，划分评价单元，定性、定量评价，提出安全对策措施建议，作出安全评价结论，编制安全评价报告。

[答案] B

环球君点拨

　　本考点每年考查分值为 1～2 分，内容比较抽象，备考时可利用记忆口诀、关键词等辅助学习。根据考试规律，本考点主要考查三种安全评价的内容，较少考查安全评价的程序。

第二节　危险、有害因素辨识

考点　危险、有害因素辨识 ［2023、2022、2021、2020、2019、2018、2017、2015、2014、2013］

真题链接

　　［2023·单选］某露天矿运输车辆在弯道行驶过程中，装载的矿石突然滑落，击伤路边一矿工。根据《企业职工伤亡事故分类》（GB 6441—1986），该事故类型属于（　　）。

　　A. 车辆伤害　　　　　　　　　　　　B. 物体打击

　　C. 机械伤害　　　　　　　　　　　　D. 高处坠落

　　［解析］车辆伤害是指企业机动车辆在行驶中引起的人体坠落和物体倒塌、下落、挤压伤亡事故，不包括起重设备提升、牵引车辆和车辆停驶时发生的事故。

［答案］A

　　［2022·单选］某日 13 时，一景区露天玻璃栈道维保员因热射病晕倒滑下栈道，被佩戴的三点式安全带悬吊在半空，在救援过程中，由于救援人员救援方式不当，安全带脱落，维保员不慎坠亡。根据《生产过程危险和有害因素分类与代码》（GB/T 13861—2022），下列危险和有害因素分类错误的是（　　）。

　　A. 中午极端高温属于环境因素中的室外作业场所环境不良

　　B. 选用三点式安全带属于物的因素中的防护缺陷

　　C. 玻璃栈道本身较滑属于物的因素中的外形缺陷

　　D. 救援人员未接受预案培训属于管理因素中的应急管理缺陷

　　［解析］根据《生产过程危险和有害因素分类与代码》，高温气体属于物理因素，极端的温度属于室外作业场所环境不良，选项 A 正确。三点式安全带不适用于高处作业，属于防护缺陷，选项 B 正确。玻璃栈道较滑属于室外作业场所环境不良，选项 C 错误。未接受预案培训属于管理因素中的应急管理缺陷，选项 D 正确。

［答案］C

　　［2022·单选］某企业醋酸车间二楼操作平台的员工甲在未关闭真空泵的情况下拔出前一个原材料的软管，插入下一个原材料软管进行抽吸作业，造成醋酸酐高位槽发生爆炸，爆发后的碎片击破相邻的盐酸高位槽；员工乙在撤离过程中由于二层操作平台阶梯一侧扶手缺失，失稳坠落死亡。根据《生产过程危险和有害因素分类与代码》（GB/T 13861—2022），关于造成此次事故的危险、有害因素分类的说法，正确的是（　　）。

　　A. 醋酸酐高位槽爆炸产生的运动碎片，属于环境因素

　　B. 醋酸车间二层操作平台的阶梯扶手缺失，属于物的因素

　　C. 员工甲未按照公司规定的操作规程操作，属于管理因素

　　D. 醋酸酐高位槽与盐酸高位槽距离过近，属于物的因素

[解析] 根据《生产过程危险和有害因素分类与代码》(GB/T 13861—2022),醋酸酐高位槽爆炸产生的运动碎片,属于物理因素中的运动物伤害;操作平台阶梯一侧扶手缺失属于环境因素中的室内梯架缺陷;员工甲未按照公司规定的操作规程操作,属于人的因素中的违章作业;醋酸酐高位槽与盐酸高位槽距离过近属于物的因素中的物理因素,防护距离不够。

[答案] D

[2021·单选] 甲企业检修期间实施管道改造项目,工程地点主要在泵房及罐区,某焊工分别在泵房内部和罐区连续加班工作 15 天和 5 天。由于工作量巨大、时间紧迫,该焊工颈椎出现劳损,不能继续焊接工作。根据《生产过程危险和有害因素分类与代码》(GB/T 13861—2009),导致焊工颈椎出现劳损的有害因素属于(　　　)。

　　A. 其他作业环境不良　　　　　　　　B. 室内作业环境不良

　　C. 地下作业环境不良　　　　　　　　D. 室外作业环境不良

[解析] 根据《生产过程危险和有害因素分类与代码》(GB/T 13861—2009),颈椎出现劳损属于环境因素中其他作业环境不良中的强迫体位。

[答案] A

[2020·单选] 某公司对餐厨垃圾处理和利用建设项目进行安全预评价,该项目包括餐厨垃圾容纳系统、传送系统、油水分离系统、脱水干燥系统和固态物发酵系统等。关于脱水干燥系统危险、有害因素辨识的说法,正确的是(　　　)。

　　A. 根据生产过程危险和有害因素分类标准,脱水干燥系统安全标志不清晰属于环境缺陷

　　B. 对照国家法律法规和标准对脱水干燥系统危险和有害因素辨识属于类比法

　　C. 考虑脱水干燥系统起因物造成的伤害方式,辨识该系统存在烫伤危险因素

　　D. 根据相似工程系统的统计资料,对脱水干燥系统危险和有害因素进行辨识的方法属于对照、经验法

[解析] 脱水干燥系统安全标志不清晰属于物的缺陷,选项 A 错误。对照国家法律法规和标准进行危险和有害因素辨识属于对照、经验法,选项 B 错误。根据相似工程系统的统计资料,对脱水干燥系统危险和有害因素进行辨识的方法属于类比法,选项 D 错误。

[答案] C

[2014·单选] 某建筑施工单位在起重机检修过程中,检修工具从高处坠落,砸中一名在起重机下方作业的建筑工人,导致该工人重伤。根据《企业职工伤亡事故分类标准》(GB 6441—1986),该事故类别属于(　　　)。

　　A. 高处坠落　　　　　B. 机械伤害　　　　　C. 起重伤害　　　　　D. 物体打击

[解析] 起重伤害是指各种起重作业(包括起重机安装、检修、试验)中发生的挤压、坠落(吊具、吊重)、物体打击等。题干中所述情景符合起重伤害的定义。

[答案] C

■ 真题精解

点题:本考点每年必考,分值在 3～4 分,同时也是专业实务案例简答题的重要考查内容。

分析:

1. 危险、有害因素分类和辨识

生产过程中存在的危险、有害因素的分类有三种方法:按照事故的直接原因分类、参照事故类

别分类和按职业健康分类，具体内容如下：

（1）根据《生产过程危险和有害因素分类与代码》（GB/T 13861—2022），按照事故的直接原因，危险、有害因素的分类如图 3-3 所示。

危险、有害因素
- 人的因素
- 物的因素
  - 物理性
  - 化学性
  - 生物性
- 环境因素
- 管理因素

图 3-3 按照事故的直接原因分类

人的因素如图 3-4 所示。

人的因素
- 心理、生理性危险和有害因素
  - 负荷超限（劳动强度、劳动时间延长引起的疲劳、劳损，如加班）
  - 健康状况异常
  - 从事禁忌作业
  - 心理异常（情绪异常、冒险心理、过度紧张、泄愤心理）
  - 辨识功能缺陷（感知延迟、辨识错误、其他）
  - 其他
- 行为性危险和有害因素
  - 指挥错误（指挥失误、违章指挥、其他）
  - 操作错误（误操作、违章作业、其他）
  - 监护失误
  - 其他（包括脱岗等违反劳动纪律的行为）

图 3-4 人的因素

物的因素（物理性）如图 3-5 所示。

物的因素（物理性）
- 设备、设施、工具、附件缺陷
- 防护缺陷（包括防护设施缺陷、防护距离不够、支撑不当）
- 电伤害
- 噪声
- 振动危害
- 电离辐射（X 射线、Y 射线、α 粒子、β 粒子、中子、质子、电子束）
- 非电离辐射（激光、工频电场、紫外线、微波、高频电磁场）
- 运动物伤害（滚落的浮石、掉落的钢管）
- 明火
- 高温物质（高温气体、高温液体、高温固体）
- 低温物质
- 信号缺陷（无紧急撤离信号）
- 标志缺陷
- 有害光照（包括直射光、反射光、眩光、频闪效应等）
- 信息系统缺陷（包括数据传输是否加密、通讯中断或延迟）

图 3-5 物的因素（物理因素）

物的因素（化学性）如图 3-6 所示。

爆炸品（如三硝基甲苯、硝酸铵等）

压缩气体和液化气体（如天然气、丙烷、液化乙烷、液化乙烯、液氧等）

易燃液体（如汽油、正戊烷、甲醇等）

易燃固体、自燃物品和遇湿易燃物品（如红磷、硝化棉、黄磷、活性炭、金属钠等）

物的因素（化学性）氧化剂和有机过氧化物（如过氧化氢、过氧化钠、过氧化二氢、丙烷等）

有毒品（如三氧化二砷、氰化钾等）

健康危险（包括急性毒性、致癌性等）

腐蚀品（如硫酸、盐酸、硝酸等）

粉尘

其他

图 3-6 物的因素（化学因素）

物的因素（生物性）如图 3-7 所示。

物的因素（生物性）
致病微生物（细菌、病菌、真菌、其他）
传染病媒介物
致害动物
致害植物
其他

图 3-7 物的因素（生物因素）

环境因素如图 3-8 所示（具体内容详见本书第二章第九节）。

环境因素
室内作业场所环境不良｛关键词：作业场所｜特殊记忆：采光照明不良
室外作业场所环境不良｛关键词：作业场地｜特殊记忆：脚手架缺陷、地面开口缺陷、门和围栏缺陷
地下（含水下）作业环境不良，关键词：地压、水下、隧道、矿井
其他作业环境不良，特殊记忆：强迫体位，作业姿势导致的疲劳、劳损

图 3-8 环境因素

管理因素如图 3-9 所示。

管理因素
职业安全卫生管理机构和人员配备不健全
职业安全卫生责任制不完善（新平台经济）
职业安全卫生管理规章制度不完善或未落实
｛建设项目"三同时"制度
安全风险分级管控
事故隐患排查治理
教育培训制度
操作规程
职业卫生管理制度｝
职业安全卫生投入不足
应急管理缺陷
｛应急资源调查不充分
应急能力、风险评估不全面
事故应急预案缺陷（缺乏可操作性、无针对性）
应急预案培训不到位、应急演练不规范
应急评估不到位｝

图 3-9 管理因素

（2）根据《企业职工伤亡事故分类》（GB 6441—1986），综合考虑起因物、引起事故的诱导性原因、致害物、伤害方式等，将危险因素按照事故的类别分为20类：

①物体打击，不包括因机械设备、起重机械、车辆、坍塌引起的物体打击。

②车辆伤害，不包括车辆停驶时造成的伤害。

③起重伤害，各种起重作业（检修、试验、安装）中发生的伤害。

④机械伤害，不包括车辆、起重机械引起的伤害。

⑤触电，包括雷击造成的伤亡事故。

⑥淹溺，包括高处坠落导致的淹溺，不包括矿山、井下透水导致的淹溺。

⑦灼烫，包括火焰烧伤、高温烫伤、化学灼伤、物理灼伤，不包括电灼伤和火灾引起的烧伤。

⑧火灾。

⑨高处坠落，不包括触电引发的高处坠落。

⑩坍塌，不包括矿山冒顶片帮，车辆、起重机械、爆破引起的坍塌。

⑪冒顶片帮。

⑫透水。

⑬放炮。

⑭"5大爆炸"：火药爆炸、瓦斯爆炸、容器爆炸、锅炉爆炸、其他爆炸。

⑮中毒和窒息。

⑯其他伤害。例如，跌倒扭伤等。

（3）根据《职业病危害因素分类目录》，将危害因素分为6大类，即物理因素、化学因素、生物因素、粉尘、放射性因素（如X射线、电离辐射）、其他因素（如金属烟）。

这里的"物理因素""化学因素"除将"放射性因素""粉尘"单独列为一类外，其余内容与（GB/T 13861—2022）一样。

2. 危险和有害因素辨识

危险和有害因素的辨识方法见表3-1。

表3-1　危险和有害因素的辨识方法

辨识方法	举例	特点	记忆方法
直观经验分析方法	对照、经验法	对照有关标准、法规、检查表或依靠分析人员的观察分析能力，借助于经验和判断能力进行分析	自己的企业新建一个工艺，自己人会
	类比方法	利用相同或相似工程系统或作业条件的经验和劳动安全卫生的统计资料来类推、分析评价对象的危险、有害因素	自己的企业新建一个工艺，自己人不会，别人会
系统安全分析方法	事件树、事故树	常用于复杂、没有事故经验的新开发系统	一个新工艺，任何人都不会

拓展：学习本考点需要特别注意《企业职工伤亡事故分类》（GB 6441—1986）中的除外条款：

（1）机械设备、起重机械、车辆、坍塌引起的物体打击不属于物体打击，分别属于机械伤害、起重伤害、车辆伤害、坍塌。

（2）车辆停驶时造成的伤害不属于车辆伤害，属于其他伤害。

（3）机械车辆、起重机械引起的伤害不属于机械伤害，分别属于车辆伤害、起重伤害。

（4）对于淹溺，矿山、井下透水导致的淹溺不属于淹溺，属于透水；高处坠落导致的淹溺属于淹溺，不属于高处坠落。

记忆方法："就高不就低"。

（5）电灼伤和火灾引起的灼烫不属于灼烫，分别属于触电和火灾。

（6）触电引发的高处坠落属于触电。

（7）矿山冒顶片帮，车辆、起重机械、爆破引起的坍塌不属于坍塌，分别属于冒顶片帮、车辆伤害、起重伤害、放炮。

（8）"5大爆炸"中没有物理爆炸和化学爆炸这两个类别。

■ 易混提示

学习本考点需要区分以下几点：

（1）《企业职工伤亡事故分类》（GB 6441—1986）中的起重伤害，包括起重作业、检修、试验、安装过程中发生的伤害，其他与起重无关的伤害均不是起重伤害。例如，建筑工地停工期间，一台塔式起重机由于雨后地基失稳倒塌，属于坍塌而不是起重伤害；一辆轮胎式起重机在正常行驶过程中按照普通车辆考虑，其对人造成的伤害属于车辆伤害而不是起重伤害。

（2）《生产过程危险和有害因素分类与代码》《职业病危害因素分类目录》两部规范内容对于相同的危害因素作了不同的归类，容易混淆。例如，电离辐射 X 射线，按照两部规范分别属于物的因素中的物理因素和放射性因素；粉尘，分别属于物的因素中的化学因素和粉尘，需要进行区分。

（3）《生产过程危险和有害因素分类与代码》中的环境因素需要区分以下几点：

①由于机器设备设计不合理导致的腰肌劳损属于其他作业环境不良中的强迫体位，由于加班导致的腰肌劳损属于人的因素。

②安全防护缺陷属于物的因素中的物理因素，脚手架、梯架安全防护缺陷属于环境因素。

③夏季、冬季极端的温度属于室外作业环境不良中的恶劣气候与环境，气流卷动属于物的因素中的物理因素。

④高温、低温气体属于物理因素，厂房内的高温属于室内作业环境不良。

⑤房屋基础下沉属于室内作业环境不良，作业场地基础下沉属于室外作业环境不良。

⑥厂房内操作空间狭小属于室内作业环境不良，室外高处作业平台操作场地狭小属于室外作业环境不良。

■ 举一反三

[典型例题 1·单选] 某生产加工车间，厂房内地面凹凸不平，厂房内的照明设施老旧，通风系统噪声严重。在冲压机旁的警示标志模糊不清，冲压机的防护罩存在缺陷，在厂房内部悬浮着粉尘，存在严重的事故隐患。根据《生产过程危险和有害因素分类与代码》（GB/T 13861—2022），关于该生产车间存在的危险、有害因素的说法中，错误的是（　　）。

A. 厂房内地面凹凸不平属于室内作业场所环境不良

B. 通风系统噪声严重属于物理性危险和有害因素

C. 厂房内悬浮的粉尘属于物理性危险和有害因素

D. 防护罩存在缺陷属于物理性危险和有害因素

[解析] 根据《生产过程危险和有害因素分类与代码》（GB/T 13861—2022），厂房内悬浮的粉尘属于化学性危险和有害因素。

[答案] C

[典型例题2·单选] 某市应急管理部门检查甲工厂时，发现该工厂存在许多安全隐患，责令其限期整改。安全隐患包括：①焊接操作车间存在严重的金属烟；②砂轮机的防护装置缺失；③空气中悬浮着大量粉尘；④放射车间存在电离辐射。根据《职业病危害因素分类目录》，下列说法正确的是（   ）。

A. ①属于化学有害因素

B. ②属于环境因素

C. ③属于化学因素

D. ④属于放射性因素

[解析] 根据《职业病危害因素分类目录》，金属烟属于其他因素；砂轮机的防护装置缺失属于物理因素；空气中悬浮着大量粉尘属于粉尘；放射车间存在电离辐射属于放射性因素。

[答案] D

[典型例题3·单选] 某化工企业组建新的管理团队，招募新的作业人员，建设新的芳烃提取装置。企业自身对芳烃抽提的了解基础较为薄弱，在针对该装置的危险和有害因素辨识过程中，采用的辨识方法较为合适的是（   ）。

A. 经验法

B. 类比法

C. 系统分析法

D. 典型事故案例分析法

[解析] 该化工企业组建了新的管理团队，招募了新的作业人员，企业自身对芳烃抽提的了解基础较为薄弱，较适宜采用的危险、有害因素辨识方法是类比法。（"新建一个工艺，自己人不会，别人会"）

[答案] B

[典型例题4·多选] 根据《企业职工伤亡事故分类》（GB 6441—1986），下列事故中，属于物体打击的有（   ）。

A. 某施工作业人员被高空坠落的瓦片砸伤

B. 某车间作业人员被机械设备的电机甩出的铁片划伤

C. 某职工在施工现场被车辆轮胎弹飞的石子击伤

D. 某职工在整理作业环境时被人为乱扔的杂物砸伤

E. 某仓库管理人员在作业时被堆置物倒塌砸伤

[解析] 作业人员被电机甩出的铁片划伤属于机械伤害；职工被车辆轮胎弹飞的石子击伤属于车辆伤害；某仓库管理人员在作业时被堆置物倒塌砸伤属于坍塌。

[答案] AD

[典型例题5·多选] 某油罐区有2名工人在地下污油池进行清淤作业，该污油池是露天状态，

深度为 5m。根据上述场景及《企业职工伤亡事故分类》(GB 6441—1986) 的规定,该现场可能发生的事故类别有( )。

    A. 中毒

    B. 高处坠落

    C. 淹溺

    D. 物体打击

    E. 火灾

[解析] 原油属于易燃易爆液体,所以可能存在中毒、窒息、火灾;少量积聚的原油不会发生淹溺,而且题干中没有雨季或者地下水方面的描述;深度 5m 可能会存在高处坠落和物体打击。

[答案] BDE

■ 环球君点拨

    本节是第三章的重点,每年必考,且分值较高。由于危险、有害因素有不同的分类方法,考试时应特别注意题干中的规范名称,备考中着重学习易混提示的内容。

第三节 安全评价方法

▶考点 **安全评价方法** [2023、2022、2021、2020、2019、2018、2017、2015、2014、2013]

■ 真题链接

[2023·多选] 某安全评价机构对低碳燃烧系统项目进行安全评价,安全评价报告中涉及多种安全评价方法:①安全检查表法;②故障类型及影响分析;③危险和可操作性研究;④事故树分析;⑤易燃易爆、有毒重大危险源评分法。属于概率风险评价法的有( )。

    A. ①   B. ②

    C. ③   D. ④

    E. ⑤

[解析] 概率风险评价法是根据事故的基本致因因素的事故发生概率,应用数理统计中的概率分析方法,求取事故基本致因因素的关联度(或重要度)或整个评价系统的事故发生概率的安全评价方法。故障类型及影响分析、事故树分析、逻辑树分析、概率理论分析、马尔可夫模型分析、模糊矩阵法、统计图表分析法等都可以由基本致因因素的事故发生概率计算整个评价系统的事故发生概率。

[答案] BD

[2022·单选] 为避免发生电梯剪切事故,专业人员建立了剪切事故故障树,如下图所示。T 代表电梯发生的剪切顶上事故,A1 代表超载溜车,A2 代表电梯系统失效溜车。经统计分析得出,超载保护开关失效事件 B1 概率为 0.1、轿厢载重量超标事件 B2 概率为 0.05、对重与轿厢重量相差较大事件 B3 概率为 0.05、曳引机故障事件 B4 概率为 0.1。根据故障树定量分析方法,电梯在运行过程中,发生的电梯剪切事故概率是( )。

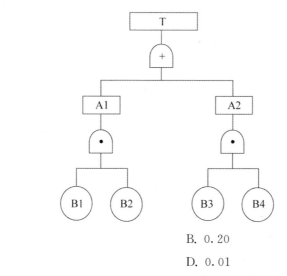

A. 0.30

B. 0.20

C. 0.02

D. 0.01

［解析］A1 和 A2 是"或"的关系，A1 和 A2 任何一类正常均会导致 T 正常，T 正常的概率＝
（1－0.1×0.05）（1－0.1×0.05）≈0.99；所以，T 发生故障的概率＝1－0.99＝0.01。

［答案］D

［2022·单选］根据事故故障树（如下图），T 代表顶上事件，X1、X2、X3、X4 代表事故原
因，根据故障树定量分析方法，发生 T 事件的基本原因是（　　）。

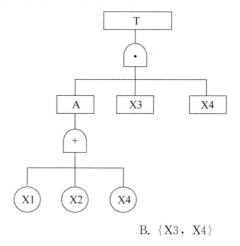

A. {X1} {X2}

B. {X3，X4}

C. {X3}

D. {X1，X2，X3}

［解析］A、X3、X4 是"且"的关系，要让顶上事故 T 发生，三者必须同时发生；在事件 A 下
面 X1、X2、X4 是"或"的关系，只要发生其中之一，事件 A 就会发生，故本题顶上事件 T 发生
的基本原因事件分别有 {X1，X3，X4}、{X2，X3，X4}、{X3，X4}。

［答案］B

［2020·单选］某化工厂的油料输送系统主要设备为泵 A、阀门 B 和阀门 C。为了提高该系统
的可靠性，委托某安全评价单位对泵物料输送系统进行事件树分析。安全评价单位对泵 A、阀门 B
和阀门 C 发生的故障事件进行统计分析，得出泵 A、阀门 B 和阀门 C 的故障概率分别为 0.1、
0.05、0.05。根据事件树定量分析方法，该系统发生故障的概率是（　　）。

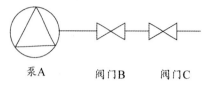

泵A   阀门B   阀门C

A. 0.150 0   B. 0.187 8

C. 0.160 0   D. 0.812 2

[解析] 泵 A、阀门 B 和阀门 C 是串联的关系,该系统发生故障的概率＝0.1＋0.9×0.05＋0.9×0.95×0.05≈0.187 8。

[答案] B

[2019·单选] 某安全评价机构对石油化工企业新建危险化学品储罐区进行安全预评价,该评价机构针对不同的评价方法开展了讨论。关于安全评价方法的说法,正确的是 ( )。

A. 采用逻辑推理的事故致因素安全评价方法属于定性安全评价法

B. 从事故结果出发,推论导致事故发生原因的评价方法属于归纳推理评价法

C. 从导致事故的原因出发,推论事故结果的评价方法属于演绎推理评价法

D. 按照评价要达到的目的,安全评价方法分为归纳和演绎推理评价法

[解析] 选项 B 属于演绎推理评价法;选项 C 属于归纳推理评价法;选项 D,按照推理过程分类,安全评价方法分为归纳和演绎推理评价法。

[答案] A

[2018·单选] 作业条件危险性评价法是通过对作业时事故发生的可能性 (L)、暴露于危险环境的频率 (E) 及危险严重程度 (C) 三个要素计算得出评定结果,用评定结果评估作业风险大小的一种评价方法。某矿山作业条件危险性要素相关参数见下表:

设施	L	E	C
水泵房	6	6	6
炸药库	3	5	40

A. 水泵房危险性值为 6

B. 水泵房危险性值为 18

C. 炸药库危险性值为 48

D. 炸药库危险性值为 600

[解析] 用 LEC 法进行评价时,风险分值 $D=L×E×C$,水泵房危险值＝6×6×6＝216,炸药库危险值＝3×5×40＝600。

[答案] D

真题精解

点题:本考点为每年必考点,分值在 2 分左右,主要考查十大常用的安全评价方法。

分析:(1) 安全评价方法的分类如图 3-10 所示。

安全评价方法的分类
- 按量化程度分
  - 定性：安全检查表法、专家现场询问观察法、因素图分析法、事故引发和发展分析、作业条件危险性评价法、故障类型和影响分析、危险和可操作性研究
  - 定量：概率风险评价法、伤害范围评价法、危险指数评价法
- 按推理过程分
  - 归纳推理（正推，由原因到结果）
  - 演绎推理（反推，由结果到原因）
- 按达到目的分
  - 事故致因因素（定性）
  - 危险性分级（定性、定量）
  - 事故后果（定量）

图 3-10　安全评价方法的分类

（2）根据安全评价方法的分类，常用的安全评价方法有以下 10 种。

①安全检查表方法（safety checklist analysis，SCA）。

a. 定义：以提问或打分的形式，将检查项目列表逐项检查，避免遗漏。

b. 优点：不遗漏任何能导致危险的关键因素；根据已有的规章制度、标准、规程等，得出准确的评价；可采用提问的方式，有问有答，可起到安全教育的作用；应用范围广。

c. 缺点：须事先编制大量的检查表，工作量大且安全检查表的质量受编制人员的知识水平和经验影响。

②危险指数方法（risk rank，RR）。

a. 定义：对工艺现状及运行的固有属性进行比较计算，可以运用在工程项目的各个阶段。

b. 道化学危险指数法：在预评价中应用最广泛。

c. 蒙德法：在道化学基础上引进毒性概念，发展了新的补偿系数。

③预先危险分析方法（preliminary hazard analysis，PHA）。

a. 定义：预先危险分析方法又称初步危险分析，在设计、施工和生产前，首先对系统中存在的危险性类别、出现条件、导致事故的后果进行分析，目的是识别系统中的潜在危险，确定危险等级，防止危险发展成事故。

b. 适用范围：在项目的发展初期使用，进行粗略的危险和潜在事故情况分析。

c. 分析步骤：了解分析对象→分析事故类型→制分析表→转化条件，找对策措施→危险性分级（轻重缓急）→制定预防事故措施。

d. 划分等级：Ⅰ级（安全）、Ⅱ级（临界）、Ⅲ级（危险）、Ⅳ级（灾难）。

④故障假设分析方法（what…if，WI）。

a. 特点：该方法由经验丰富的人员完成，能够弥补安全检查表法的缺点。（建议 SCA＋WI）

b. 适用范围：适用范围很广，可用于工程、系统的任何阶段。

c. 人员组成：应由两至三名专业人员组成小组，要求成员熟悉生产工艺，有评价危险经验。

⑤危险和可操作性研究方法（HAZOP）。

a. 方法概述：以关键词为引导，找出过程中工艺状态的变化（即偏差），然后分析找出偏差的原因、后果及可采取的对策，需要工艺流程图。

b. 特点：由专家小组进行分析，分析结果受分析评价人员主观因素的影响。

c. 分析步骤如图 3-11 所示。

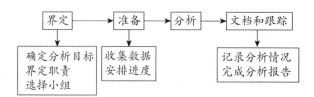

图 3-11 分析步骤

⑥故障类型和影响分析方法（failure mode effects analysis，FMEA）。

目的是辨识单一设备和系统的故障模式及每种故障模式对系统或装置的影响。明确系统本身的情况，列出所有故障类型并选出对系统有影响的故障类型，理出故障的原因。

⑦故障树分析方法（fault tree analysis，FTA）。

a. 方法概述：将已经发生的事故（顶上事件）作为分析起点，将事故原因事件按因果逻辑关系逐层列出，用树形图表示出来。若要使顶上事件发生，则要求最小割集中的所有事件必须全部发生。

b. 适用特点：既可定性分析，也可定量分析，分析人员必须具有丰富的实践经验，故障树计算的工作量大。

c. 分析步骤：熟悉分析系统→确定分析对象→确定分析边界→确定事故发生概率→调查原因事件→确定不予考虑的事件→确定分析深度→编制故障树→定量分析→得出结论。

故障树图像符号如图 3-12 所示。

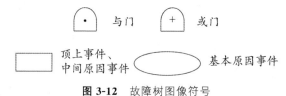

图 3-12 故障树图像符号

与门：下面的原因事件是"且"的关系；或门：下面的原因事件是"或"的关系；矩形：表示顶上事件或中间原因事件，可再分；椭圆：表示基本原因事件，不可再分。

⑧事件树分析方法（event tree analysis，ETA）。

a. 方法概述：一种从原因到结果的分析方法。从一个初始事件开始，交替考虑成功与失败的两种可能性，事件树分析是一种归纳逻辑树图。

b. 分析步骤：确定初始事件→判断安全功能→发展事件树和简化事件树→分析事件树→事件树的定量分析。

初始事件包括人的失误、设备故障、系统故障、工艺异常。

记忆口诀："人设统一"。

⑨作业条件危险性评价方法（job risk analysis，JRA）。

危险性 D＝事故发生的可能性 L×暴露于危险环境的频率 E×危险严重程度 C，即：

$$D = L \times E \times C$$

⑩专家评议法。

十种常用的安全评价方法总结见表 3-2。

表 3-2 十种常用的安全评价方法总结

常用安全评价方法	代号	定性/定量	特点	使用范围	关键词
安全检查表法	SCA	定性	编表多、工作量大，受编表人员影响	广	检查表
危险指数法	RR	定量	以固有属性为基础	各个阶段	固有属性
预先危险分析方法	PHA	定性	划分四个等级	项目初期或已建成装置	预先、在之前
故障假设分析方法	WI	定性	提出问题，解决问题，熟悉工艺的专业人员	工程系统任何阶段	假设
危险和可操作性研究方法	HAZOP	定性	强调工艺，找偏差，背景各异专家组	设计阶段和现有装置	偏差
故障类型和影响分析方法	FMEA	定性	辨识故障模式，找出原因	设计阶段和现有装置	故障类型
故障树分析法	FTA	定性、定量	由结果到原因，演绎推理	各个阶段	顶上事件
事件树分析法	ETA	定性、定量	由原因到结果，归纳推理	各个阶段	初始事件
作业条件危险性评价方法	JRA	定性	$D=L\times E\times C$	较广	—
专家评议法	—	定性	专家评议、专家质疑	适于类比工程项目	—

拓展：根据《安全评价检测检验机构管理办法》，补充以下重要内容：

（1）第十二条，安全评价检测检验机构的名称、注册地址、实验室条件、法定代表人、专职技术负责人、授权签字人发生变化的，应当自发生变化之日起 30 日内向原资质认可机关提出书面变更申请。

（2）第十三条，安全评价检测检验机构资质证书有效期 5 年。资质证书有效期届满需要延续的，应当在有效期届满 3 个月前向原资质认可机关提出申请。

（3）第十六条，生产经营单位委托安全评价检测检验机构为其提供安全生产技术服务的，保证安全生产的责任仍由本单位负责。

（4）第十七条，安全评价项目组组长应当具有与业务相关的二级以上安全评价师资格，并在本行业领域工作 3 年以上。

易混提示

（1）作业条件危险性评价方法和本书第二章第十七节企业常用的安全风险等级评估方法一样，可以合并记忆。

（2）安全检查表法是常用的安全评价方法之一，其缺点是：工作量大且安全检查表的质量受编制人员的知识水平和经验影响。本书第二章第十一节安全检查的方法中，安全检查表法的优点是将个人行为对检查结果的影响减少到最小。一个是安全评价的方法，一个是安全检查的方法，二者的特点相反，学习中需要注意区分。

■ 举一反三

[典型例题 1·单选] 预先危险分析方法的程序包括以下几个步骤：①对确定的危险源分类，制成预先危险性分析表；②进行危险性分级；③制定事故的预防性对策措施；④分析事故的可能类型；⑤对所需分析系统的生产目的、物料、装置及设备、工艺过程、操作条件以及周围环境等，进行充分详细的了解；⑥研究危险因素转变为危险状态的触发条件和危险状态转变为事故的必要条件，并进一步寻求对策措施，检验对策措施的有效性。下列排序正确的是（　　）。

A. ①②③④⑤⑥　　　　　　　　B. ②④⑤①③⑥

C. ⑤⑥①④②③　　　　　　　　D. ⑤④①⑥②③

[解析] 根据国家安全生产监督管理总局《安全评价》（煤炭工业出版社 2005 年出版），预先危险分析方法的分析步骤为：①通过经验判断、技术诊断或其他方法调查确定危险源，对所需分析对象进行充分详细的了解；②查找能够造成系统故障、物质损失和人员伤害的危险性，分析事故的可能类型；③对确定的危险源分类，制成预先危险性分析表；④研究危险因素转变为危险状态的触发条件和危险状态转变为事故的必要条件，并进一步寻求对策措施，检验对策措施的有效性；⑤进行危险性分级；⑥制定事故的预防性对策措施。

[答案] D

[典型例题 2·单选] 危险和可操作性研究方法（HAZOP）是一种定性的安全评价方法。它的基本过程是以关键词为引导，找出过程中工艺状态的偏差，然后分析产生偏差的原因、后果及可采取的对策。下列关于 HAZOP 评价方法组织实施的说法中，正确的是（　　）。

A. 评价涉及众多部门和人员，必须由企业主要负责人担任组长

B. 评价工作可分为熟悉系统、确定顶上事件、定性分析三个步骤

C. 可由一位专家独立承担整个 HAZOP 分析任务，小组评审

D. 必须由一个多专业且专业熟练的人员组成的工作小组完成

[解析] HAZOP 是在一位训练有素、富有经验的分析组长引导下进行的，并不一定是主要负责人，选项 A 错误。顶上事件是事故树分析方法的关键词，选项 B 错误。小组由多专业的专家组成，具备合适的技能和经验，有较好的直觉和判断能力，选项 C 错误。

[答案] D

[典型例题 3·单选] 通过评价人员对几种工艺现状及运行的固有属性进行比较计算，确定工艺危险性大小以及是否需要进一步研究的方法是（　　）。

A. 因果分析法　　　　　　　　B. 故障树分析法

C. 故障假设分析方法　　　　　　D. 危险指数法

[解析] 危险指数法是通过评价人员对几种工艺现状及运行的固有属性进行比较计算，确定工艺危险特性、重要性。

[答案] D

[典型例题 4·单选] 2023 年 2 月 7 日，某安全评价机构对某大型石化企业进行安全现状评价。工作人员从该企业生产线、储罐区存在的危险、有害因素开始，逐渐分析导致事故发生的直接因

素，最终分析可能发生的事故类型。该评价人员采用的安全评价方法是（　　）。

A. 归纳推理评价法　　　　　　　　　　B. 演绎推理评价法

C. 逻辑推理评价法　　　　　　　　　　D. 归纳演绎评价法

［解析］从该企业生产线、储罐区存在的危险、有害因素开始，逐渐分析导致事故发生的直接因素，最终分析可能发生的事故类型，属于归纳推理评价法。

［答案］A

［典型例题 5·单选］某涤纶化纤厂在生产短丝过程中有一道组件清洗工序，为了评价这一操作条件的危险度，确定每种因素的分数值为：①事故发生的可能性。组件清洗时，需将三甘醇加热后使用，这使三甘醇蒸气容易扩散，如室内通风设备不良，具有一定的潜在风险，属于可能但不经常发生，其分数值 $L=5$。②暴露于危险环境的频繁程度。清洗人员每天在此环境中工作，$E=8$。③发生事故产生的后果。如果发生燃烧爆炸事故，后果将是非常严重的，可能造成人员的伤员，$C=18$。该操作条件的危险性为（　　）。

A. 58　　　　　　　　　　　　　　　　B. 31

C. 720　　　　　　　　　　　　　　　D. 360

［解析］该操作条件的危险性 $D=L \times E \times C=5 \times 8 \times 18=720$。

［答案］C

■ 环球君点拨

本考点应重点掌握 10 种安全评价方法，内容相对抽象，可按照表 3-2 的关键词记忆。安全评价方法的代号、特点、分析程序是每年的考查重点。

第四章　职业病危害预防和管理

第一节　职业病危害概述

▶ 考点　**职业病危害概述**［2023、2021、2017、2015］

📖 真题链接

［2023·多选］某市政工程施工单位承压焊工甲长期从事管道焊接工作。按照职业病危害因素来源分类，属于甲在劳动过程中的危害因素有（　　）。

A. 甲从事焊接工作，长期接触电焊烟尘

B. 甲所在施工单位人力组织不合理，长期加班

C. 因为管道焊接的工作需要，甲长期需要蜷缩身体在管道内部进行焊接

D. 甲在作业过程中，企业未采取有效通风措施，长期换气不足

E. 甲从事焊接作业的区域，管道坡口的打磨工作同步进行，长期在打磨噪声中作业

［解析］劳动过程中的危害因素：①劳动组织和制度不合理，劳动作息制度不合理等；②精神性职业紧张；③劳动强度过大或生产定额不当；④个别器官或系统过度紧张，如视力紧张等；⑤长时间不良体位或使用不合理的工具等。选项 A、E 属于生产过程产生的危害因素；选项 D 属于生产环境中的危害因素。

［答案］BC

［2021·单选］蒋某于 1993 年入职某云母矿从事采掘工作，2001 年离职，经省职业病防治院诊断为尘肺职业病。2005 年，蒋某与云母矿达成调解协议，但随着时间的推移，其病情加重，2014 年出现严重功能障碍和部分生活自理障碍。根据《职业病分类和目录》和《劳动能力鉴定职工工伤与职业病致残等级》，关于蒋某法定尘肺病和致残等级的说法，正确的是（　　）。

A. 云母混合粉尘造成矽肺，致残等级为一级　　B. 云母尘造成云母肺，致残等级为三级

C. 云母混合粉尘造成矽肺，致残等级为三级　　D. 云母尘造成云母肺，致残等级为一级

［解析］云母粉尘造成云母肺，矽肺是由游离二氧化硅粉尘引起的。根据《劳动能力鉴定职工工伤与职业病致残等级》，职工工伤与职业病致残等级三级是指器官严重缺损或畸形，有严重功能障碍或并发症，存在特殊医疗依赖，或部分生活自理障碍。题干中"2014 年出现严重功能障碍和部分生活自理障碍"，致残等级为三级。

［答案］B

［2017·单选］某燃气企业在进行职业病危害专项检查时，对检查出的职业病危害因素进行了分类。下列按照职业病危害因素来源进行分类的说法中，正确的是（　　）。

A. 客服大厅的工作台与座椅高度不匹配，属于劳动过程中产生的有害因素

B. 燃气管线的巡线人员网格点分配过多，属于生产过程中产生的有害因素

C. 燃气管线的巡线人员夏天容易中暑，属于劳动过程中产生的有害因素

D. 加气站的维修工长期工作在噪声条件下，属于生产环境中产生的有害因素

［解析］选项 A 正确，客服大厅的工作台与座椅高度不匹配，属于长时间不良体位或使用不合理的工具，是劳动过程中产生的有害因素。选项 B 错误，巡线人员网格点分配过多，属于劳动强度过大或生产定额不当，是劳动过程中产生的有害因素。选项 C 错误，夏天容易中暑属于太阳辐射，是生产环境中的危害因素。选项 D 错误，噪声属于生产过程中产生的危害因素。

［答案］A

真题精解

点题：本考点为低频考点，近 5 年只考查了 1 次，为非重点内容。

分析：职业病危害相关内容如下：

（1）职业病危害因素的分类如图 4-1 所示。

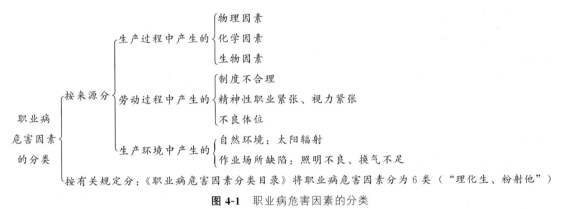

图 4-1 职业病危害因素的分类

需要注意的是，生产过程中产生的危害因素与第三章（GB/T 13861—2022）物的因素相吻合。

①按照来源划分的危害因素见表 4-1。

表 4-1 按照来源划分的危害因素

来源	危害因素
生产过程	物理因素，包括异常气象条件（高温、高湿、低温）、异常气压、噪声、振动、辐射等
	化学因素，包括生产性粉尘和化学有毒物质。生产性粉尘，如砂尘、煤尘、石棉尘、电焊烟尘等。化学有毒物质，如铅、汞、锰、苯、一氧化碳、硫化氢、甲醛、甲醇等
	生物因素，如附着于皮毛上的炭疽杆菌、甘蔗渣上的真菌，医务工作者可能接触到的生物传染性病原物等
劳动过程	（1）劳动组织和制度不合理，劳动作息制度不合理等
	（2）精神性职业紧张
	（3）劳动强度过大或生产定额不当
	（4）个别器官或系统过度紧张，如视力紧张等
	（5）长时间不良体位或使用不合理的工具等
生产环境	（1）自然环境中的因素，如炎热季节的太阳辐射
	（2）作业场所建筑卫生学设计缺陷因素，如照明不良、换气不足等

②按照有关规定划分，《职业病危害因素分类目录》将职业病危害因素分为物理因素、化学因素、生物因素、粉尘、放射性因素、其他因素。

（2）职业病危害因素对应常见的职业病。

①铍：铍肺。

②氟：氟骨症。

③氯乙烯：肢端溶骨症、肝癌。

④焦油沥青：皮肤黑变病。

⑤游离二氧化硅粉尘：矽肺。

⑥云母尘：云母肺。

（3）三级预防原则。

①第一级预防，又称病因预防，从根本上杜绝职业危害因素对人的作用。根据《职业病防治法》对职业病前期预防的要求，产生职业危害的生产经营单位的设立，应生产布局合理，符合有害与无害作业分开的原则。

②第二级预防，又称发病预防，如健康体检。

③第三级预防，是在患职业病以后，合理进行康复处理。

第一级预防是理想的方法，一般所需投入比第二级预防和第三级预防要少，且效果更好。

拓展：《劳动能力鉴定职工工伤与职业病致残等级》重要条款补充：

职工工伤与职业病致残等级一级是指器官缺失或功能完全丧失，其他器官不能代偿，存在特殊医疗依赖，或完全或大部分或部分生活自理障碍。二级是指全面部瘢痕或植皮伴有重度毁容；双侧前臂缺失或双手功能完全丧失；双下肢高位缺失；双下肢瘢痕畸形，功能完全丧失等。三级是指器官严重缺损或畸形，有严重功能障碍或并发症，存在特殊医疗依赖，或部分生活自理障碍。

举一反三

[典型例题1·单选] 某井工煤矿在开采过程中存在巷道冒顶片帮灾害，采煤机在割煤时会产生大量煤尘、严重的噪声和火花，矿井内存在硫化氢和瓦斯等有毒有害气体，作业环境温度高达36℃，工作面照明不良。按照职业病危害因素来源分类，下列说法不正确的是（   ）。

A. 煤尘属于劳动过程中的环境因素

B. 温度属于生产过程中的物理因素

C. 硫化氢和瓦斯气体属于生产过程中的化学因素

D. 工作面照明不良属于生产环境因素

[解析] 按照职业病危害因素来源分类，矿井内的煤尘属于生产过程中存在的危害因素。

[答案] A

[典型例题2·单选] 职业病危害因素是危害劳动者健康、导致职业病的有害因素。下列职业病危害因素中，属于劳动过程中产生的有害因素是（   ）。

A. 作业场所换气不足   B. 接触到的生物传染性病原物

C. 炎热季节的太阳辐射   D. 长时间不良体位或使用不合理的工具

[解析] 选项A、C属于生产环境中产生的危害因素；选项B属于生产过程中产生的危害因素。

[答案] D

[典型例题3·单选] 王某是某大型沥青厂职工，从事沥青加工工作长达8年。王某最有可能患

的职业病是（　　）。

    A. 尘肺病　　　　　　　　　　　　　　B. 中毒

    C. 皮肤黑变病　　　　　　　　　　　　D. 肝癌

［解析］长期接触沥青可能导致的职业病是皮肤黑变病。

[答案] C

环球君点拨

本考点应重点记忆常见职业病危害因素对应的职业病类型，考试一般会以案例题的形式出题，内容相对简单。

第二节　职业病危害识别、评价与控制

▶ **考点** 职业病危害识别与控制 [2023、2022、2021、2019、2017]

真题链接

[2023·单选] 甲某在一家木材加工企业工作多年，患上鼻癌，最可能的是他接触了较多的（　　）。

    A. 硬木屑　　　　　　　　　　　　　　B. 酒精

    C. 盐酸　　　　　　　　　　　　　　　D. 润滑脂

［解析］职业性致癌物硬木屑的主要致癌部位是鼻，选项 A 正确。

[答案] A

[2022·单选] 王某进入位于东北林区的某公司种羊场务工。2022 年 3 月 15 日，王某不慎滑倒，被羊圈中的杂物刺伤左手拇指背部皮肤，伤口逐渐发展为水泡，当日经医院诊断为疑似职业病。王某所得的职业病最可能是（　　）。

    A. 森林脑炎　　　　　　　　　　　　　B. 布鲁氏菌病

    C. 莱姆病　　　　　　　　　　　　　　D. 炭疽病

［解析］布鲁氏菌病和炭疽病均为人畜共患病。布鲁氏菌病的症状多表现为反复高热、大汗、乏力、关节痛，肝脾及淋巴结肿大等；炭疽菌引起的皮肤炭疽是最常见的一种炭疽病，患病后会出现面部、颈部、手足、前臂等局部丘疹或斑丘疹，随后转变为黄色液体的水疱，也可能出现发热、头痛、局部淋巴结肿大等症状。本题"伤口逐渐发展为水泡"属于炭疽病。

[答案] D

[2022·单选] 李某 2016 年入职某公司印刷车间从事网印工作，2021 年 11 月，在年度体检中发现血小板减少，后诊断为职业性慢性轻度苯中毒。导致李某中毒的慢性毒物形态属于（　　）。

    A. 液体毒物　　　　　　　　　　　　　B. 气态毒物

    C. 气溶胶毒物　　　　　　　　　　　　D. 蒸汽毒物

［解析］苯常温下是液态，挥发成气体中毒，是蒸汽毒物。

[答案] D

[2022·单选] 氯乙烯作为塑料工业的重要原料，是一种常见的职业病危害因素。王某多年从事接触氯乙烯作业，按规定应定期进行职业病体检。在职业病体检栏目中，应重点关注的

是（　　）。

A. 肺功能　　B. 肾功能

C. 甲状腺功能　　D. 肝功能

［解析］氯乙烯能够引起肢端溶骨症、肝血管瘤（肝癌）。

［答案］D

［2021·单选］ 某化工企业组织开展一次职业性致癌因素专项排查工作，辨识出的职业性致癌物有炼焦油、铍及其化合物、焦炉逸散物、氯乙烯等。其中，炼焦油的致癌部位是（　　）。

A. 肺　　B. 鼻

C. 喉　　D. 肝

［解析］炼焦油的致癌部位是鼻、皮肤或唇。

［答案］B

［2021·单选］ 某农药生产企业为改善反应釜厂房的空气质量，采取了一系列改进措施：将高压搅拌反应釜单端面密封改造为双端面机械密封，在靠近密封点位置安装了泄漏气体抽吸管路及有毒气体报警仪，厂房增加了排风机的数量，并要求职工在操作中佩戴滤毒面罩。上述措施中，属于控制污染源头措施的是（　　）。

A. 要求职工在操作中佩戴滤毒面罩

B. 靠近密封点位置安装了泄漏气体抽吸管路

C. 高压搅拌反应釜单端面密封改造为双端面机械密封

D. 厂房增加了排风机的数量

［解析］控制污染源头是指从根本上控制污染源，主要通过改进工艺技术的方法实现。佩戴滤毒面罩属于增强个体防护的措施；安装泄漏气体抽吸管路、增加排风机数量均属于加强环境通风的组织管理措施。

［答案］C

真题精解

点题： 本节是整章的重点，分值在2～3分，主要考查理论知识在生产实际中的应用。

分析： 职业病危害识别与控制相关内容如下：

（1）物理性危险、有害因素与职业病如图4-2所示。

物理性危险、有害因素与职业病
- 噪声
  - 空气动力噪声：风机、风动工具、空气压缩机、汽轮机
  - 机械性噪声：电锯、车床、砂轮锯
  - 电磁噪声：电磁式振动台或振荡器、大型电动机、发电机、变压器
- 振动
- 电磁辐射
  - 非电离辐射
    - 高频作业、微波作业
    - 红外线辐射（白内障）、紫外线辐射（电光性眼炎）
    - 激光辐射
  - 电离辐射：放射性疾病
- 异常气象条件
  - 高温作业：印染、缫丝、造纸，职业病是中暑
  - 低气压作业：职业病是高原病
  - 高压潜水作业：职业病是减压病

图4-2 物理性危险、有害因素与职业病

（2）生物因素与职业病如图4-3所示。

$$\text{生物因素与职业病}\begin{cases}\left.\begin{array}{l}\text{炭疽病}\\\text{布鲁氏菌病}\end{array}\right\}\text{人畜共患}\\\left.\begin{array}{l}\text{森林脑炎}\\\text{莱姆病}\end{array}\right\}\text{与蜱虫有关}\\\text{艾滋病（限于医生、警察）}\end{cases}$$

图 4-3 生物因素与职业病

（3）职业病危害控制如图4-4所示。

$$\text{职业病危害控制}\begin{cases}\text{工程技术措施}\begin{cases}\text{粉尘：湿式作业、密闭抽风除尘}\\\text{毒物：全面通风、局部送风和排出气体净化}\\\text{噪声：源头控制、隔离降噪、吸声措施}\end{cases}\\\text{个体防护措施}\\\text{组织管理措施}\end{cases}$$

图 4-4 职业病危害控制

（4）职业危害因素对应职业病总结。

①生产性噪声：噪声聋、爆震聋。

②振动：手臂振动病。

③红外线辐射：白内障。

④紫外线辐射：电光性眼炎。

⑤电离辐射：急性、慢性外照射放射病，外照射皮肤放射损伤，内照射放射病。

⑥激光：激光所致眼（角膜、晶状体、视网膜）损伤。

⑦高温：中暑。

⑧低温：冻伤。

⑨水下作业：减压病。

⑩高原低氧：高原病。

（5）致癌部位总结。

①石棉：肺、胸膜间皮瘤。

②联苯胺：泌尿系统（膀胱癌）。

③苯：白血病（血液）。

④甲醇：视神经、眼睛。

⑤汽油：皮肤。

⑥氯乙烯：肝血管瘤、肢端溶骨症。

⑦炼焦油：唇、鼻、皮肤。

⑧沥青：皮肤。

拓展：根据《职业病分类和目录》，常见职业病种类见表4-2。

表 4-2 常见职业病种类

分类	典型举例
尘肺病	①矽肺；②煤工尘肺；③石棉尘肺；④铝尘肺；⑤电焊工尘肺

续表

分类	典型举例
其他呼吸系统疾病	①过敏性肺炎；②棉尘病；③哮喘
职业性皮肤病	①接触性皮炎；②电光性皮炎；③白斑
职业性眼病	①化学性眼部灼伤；②电光性眼炎；③白内障
物理因素所致职业病	①中暑；②减压病；③高原病；④航空病；⑤手臂振动病；⑥激光所致眼损伤；⑦冻伤
职业性传染病	①炭疽；②森林脑炎；③布鲁氏菌病；④艾滋病；⑤莱姆病
职业性耳鼻喉口腔疾病	噪声聋

易混提示

学习本考点需要区分以下两点：

(1) 红外线导致的职业病是白内障，紫外线导致的职业病是电光性眼炎，二者可以用口诀"红白字典"来区分。

(2) 同一种作业可能导致多种职业病，例如，电焊作业会产生电焊粉尘、紫外线和红外线，对应职业病分别是电焊工尘肺、电光性眼炎、白内障，需要分别为焊工配备相应的劳动防护用品。

举一反三

[典型例题 1·单选] 根据《职业病分类和目录》，下列职业病中，不属于职业性眼病的是（　　）。

A. 激光所致眼晶状体损伤　　　　　　B. 白内障

C. 电光性眼炎　　　　　　　　　　　D. 化学性眼部灼伤

[解析] 根据《职业病分类和目录》，职业性眼病包括化学性眼部灼伤、电光性眼炎、白内障。激光所致眼晶状体损伤属于物理因素所致眼损伤。

[答案] A

[典型例题 2·单选] 某皮革加工厂在生产过程中会用到一些含铅的油漆，用含有二氯乙烷的胶水作黏合剂黏合，在加工中还存在切割、打磨等工序。甲、乙、丙、丁是该加工厂的从业人员，他们对于生产过程中的工序以及存在的化学试剂发表了自己的看法。根据《职业病危害因素分类目录》，下列说法错误的是（　　）。

A. 甲认为含铅的油漆引起的中毒属于化学因素引起的职业病

B. 乙认为因切割引起的噪声聋属于物理因素引起的职业病

C. 丙认为因打磨产生的粉尘类疾病属于化学因素引起的职业病

D. 丁认为含有二氯乙烷的胶水引起的呼吸道疾病属于化学因素引起的职业病

[解析] 根据《职业病危害因素分类目录》，粉尘类疾病不属于化学因素，丙的观点错误。

[答案] C

[典型例题 3·单选] 某企业在组织新入职的作业人员进行岗前体检时发现，王某患有严重的皮肤炎症。根据《职业健康监护技术规范》（GBZ 188—2014），王某的职业禁忌岗位是（　　）。

A. 汽油作业岗位　　　　　　　　　　B. 苯作业岗位

C. 甲醇作业岗位　　　　　　　　　　D. 氨作业岗位

［解析］汽油的致癌部位是皮肤，王某的职业禁忌岗位是汽油作业岗位。

［答案］A

［典型例题 4·单选］劳动者在职业活动中，由接触有毒、有害因素引起的疾病称为职业病。下列有关职业病的说法中，正确的是（   ）。

　A. 地下桥墩潜水作业引起的职业病是高压病

　B. 高山勘探低气压作业引起的职业病是减压病

　C. 冶炼车间热辐射产生的红外线引起的职业病是职业性白内障

　D. 冷库的低温作业引起的职业病是关节炎

［解析］地下桥墩潜水作业引起的职业病是减压病；高山勘探低气压作业引起的职业病是高原病；冷库的低温作业引起的职业病是冻伤，关节炎不属于职业病。

［答案］C

［典型例题 5·多选］某石化企业污水处理间设有两台排污泵（一用一备），安装在低于地面 2m 的泵房内，排污泵的工作介质温度约为 90℃。该泵房内作业现场存在的职业病危害因素有（   ）。

　A. 高温高湿　　　　　　　　　　B. 有毒气体

　C. 触电　　　　　　　　　　　　D. 机械噪声

　E. 电离辐射

［解析］泵房内污水存在有毒气体，工作介质温度约为 90℃存在高温高湿，泵运转会存在机械噪声。触电不属于职业病危害因素。

［答案］ABD

🔲 环球君点拨

　　在掌握本考点内容的情况下，多与生产生活实际结合，将所学知识运用到自己的工作岗位中，不但可以提升应试能力，还可以加强对知识点的理解。

第五章　安全生产应急管理

第一节　安全生产应急管理体系

▶**考点** **应急管理体系** [2022、2019、2018、2014]

📖 真题链接

[2022·单选] 某餐饮店后厨使用液化石油气，安装有液化石油气泄漏报警仪和排风机。餐饮店编制有《餐饮后厨液化气泄漏现场处置方案》，并组织了相应的应急演练培训。关于应急管理阶段的说法，正确的是（　　）。

　　A. 后厨安装排风机属于应急管理的准备阶段

　　B. 后厨安装液化石油气报警仪属于应急管理的预防阶段

　　C. 餐饮店编制现场处置方案属于应急管理的预防阶段

　　D. 餐饮店组织演练培训属于应急管理的响应阶段

[解析] 安装排风机属于预防阶段降低或减缓事故影响的设施，选项 A 错误。安装液化石油气报警仪属于应急管理的预防阶段，选项 B 正确。编制现场处置方案和组织演练培训均属于准备阶段，选项 C、D 错误。

[答案] B

[2022·单选] 某大型化工公司领导高度重视安全生产应急救援工作，要求不论何时、何地发生了何级事故，公司各级管理部门都要在第一时间到达现场参与应急响应。公司有关管理部门提出此种作法不符合分级响应的应急工作机制。关于扩大应急响应的说法，正确的是（　　）。

　　A. 扩大应急响应根据事故危害程度决定

　　B. 警戒组有权提高应急响应级别

　　C. 应急专家组有权提高应急响应级别

　　D. 扩大应急响应就是动员周边公众参与救援

[解析] 选项 B、C 错误，事故应急指挥官有权提高应急响应级别。选项 D 错误，扩大应急响应就是提高响应级别，调动更多部门或资源参与救援。

[答案] A

[2022·单选] 某食品企业发生液氨储罐泄漏事故，当地人民政府接到报警后，立即启动应急救援响应程序。应急救援队伍在第一时间赶到事故现场营救遇险人员，及时关闭阀门，并对影响范围内的环境进行检测，划定出危险区域范围，及时组织群众疏散。疏散完成后，救援总指挥宣布应急结束。根据应急救援响应程序有关规定，上述事故应急救援响应过程中，缺失的环节是（　　）。

　　A. 事故接警　　　　　　　　　　　B. 关闭应急程序

　　C. 现场恢复　　　　　　　　　　　D. 事态控制

[解析] 根据题干"当地人民政府接到报警后",体现的是事故接警,选项 A 正确。题干"疏散完成后,救援总指挥宣布应急结束",体现的是关闭应急程序,选项 B 正确。应急恢复包括现场清理、解除警戒、善后处理和事故调查,本题没有体现现场恢复,选项 C 错误。题干"及时关闭阀门,并对影响范围内的环境进行检测,划定出危险区域范围",体现的是事态控制,选项 D 正确。

[答案] C

[2019·单选] 根据全国安全生产应急救援体系总体规划方案,事故应急体系主要由组织体系、运行机制、法律法规体系以及支撑保障系统等四部分构成,每部分包含若干要素。下列要素中,属于运行机制部分的是（　　）。

　　A. 企业周边社区人员疏散动员宣传

　　B. 企业消防队的应急训练和培训

　　C. 企业建立专项应急资金保障

　　D. 企业应急志愿人员的宣传和教育

[解析] 选项 B、D 均属于组织体系的救援队伍要素;选项 C 属于支撑保障系统的财务保障要素。

[答案] A

[2018·单选] 某建筑施工单位的宿舍因员工使用"热得快"烧水引起电线短路导致火灾,火灾发生后有人拨打火警119,并报告单位现场负责人。单位现场负责人接到电话后立即赶往现场指挥灭火。关于火灾事故应急救援基本任务及特点的说法,错误的是（　　）。

　　A. 应急救援的重要任务是切断电源,控制、扑灭火情

　　B. 应急救援活动具有不确定性和突发性特点

　　C. 应急救援活动具有补救不及时可能造成激化和放大的特点

　　D. 应急救援的基本任务是组织营救受害人员、抢运宿舍内重要财物

[解析] 根据企业《事故应急救援制度》,事故应急救援的基本任务包括立即组织营救受害人员;迅速控制事态;消除危害后果,做好现场恢复;查清事故原因,评估危害程度。选项 D"抢运宿舍内重要财物"说法错误。

[答案] D

[2014·单选] 重大事故应急应根据事故的性质、严重程度、事态发展趋势和控制能力实行分级响应机制。典型的响应级别通常可分为 3 级,其中三级响应级别是指（　　）。

　　A.需要跨行政区域的部门联合解决的　　　　B. 能被一个部门资源解决的

　　C.需要两个或更多个部门解决的　　　　　　D. 必须利用一个城市所有部门的力量解决的

[解析] 应急响应中的三级紧急情况是指能被一个部门正常可利用的资源处理的紧急情况。正常可利用的资源是指在该部门权力范围内通常可以利用的应急资源,包括人力和物力等。

[答案] B

　真题精解

　　点题: 本考点属于高频考点,近 5 年考查了 3 次,主要考查应急救援四个阶段的内容。

　　分析: 应急管理体系内容如下:

（1）事故应急救援的基本任务如图 5-1 所示。

$$事故应急救援的基本任务 \begin{cases} 立即组织营救受害人员（首要任务） \\ 迅速控制事态（重要任务） \\ 消除危害后果，做好现场恢复（封闭、隔离、洗消、监测） \\ 查清事故原因，评估危害程度 \end{cases}$$

图 5-1 事故应急救援的基本任务

（2）应急管理的四个阶段见表 5-1。

表 5-1 应急管理的四个阶段

阶段	内容
预防	（1）加大建筑物的安全距离 （2）工厂选址的安全规划 （3）减少危险物品的存量 （4）设置防护墙以及开展公众教育
准备	（1）应急预案体系、风险评估与防范 （2）救援队伍 （3）应急物资储备、应急通信保障 （4）应急培训、应急演练
响应	（1）应急救援并伴随着应急恢复 （2）保障生活必需品的供应 （3）采取防止发生次生、衍生事件的必要措施
恢复	（1）短期恢复：向受灾人员提供食品、避难所、安全保障和医疗卫生等基本服务；继续实施措施防止发生自然灾害，公共卫生事件的次生、衍生事件。 （2）长期恢复：经济、社会、环境和生活的恢复，包括重建被毁的设施和房屋，重新规划和建设受影响区域等

（3）事故应急管理体系如图 5-2 所示。

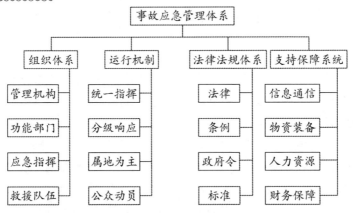

图 5-2 事故应急管理体系

其中，组织体系是基础，运行机制是保障，统一指挥是原则，属地为主强调第一反应。

在复习过程中，可以这样理解记忆：事故应急管理体系，组织体系相对静态，例如，机构、部门、静态的队伍；运行机制相对动态，例如，属地为主、统一指挥、公众动员；支持保障系统可以用口诀"人物信钱"来记忆，分别指人力资源、物资保障、信息通信、财务保障。

（4）现场应急指挥系统的组织结构如图 5-3 所示。

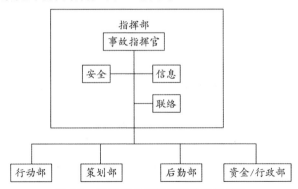

图 5-3 现场应急指挥系统的组织结构

考试时主要考查各个小组的现场职责，可以按照下面方法记忆：

①指挥部：高效调配资源、全面管理现场。

②行动部：真正投入应急行动的人。

③策划部：动脑、动嘴，发信息、写计划、资料归档。

（5）事故应急响应机制：

①一级紧急情况：必须利用所有有关部门及一切资源的紧急情况，通常要宣布进入紧急状态。

②二级紧急情况：需要两个或更多个部门响应的紧急情况。

③三级紧急情况：能被一个部门正常可利用的资源处理的紧急情况。

（6）事故应急救援响应程序：事故发生→接警→警情判断响应级别→应急启动→救援行动→事态控制→应急恢复→应急结束，如图 5-4 所示：

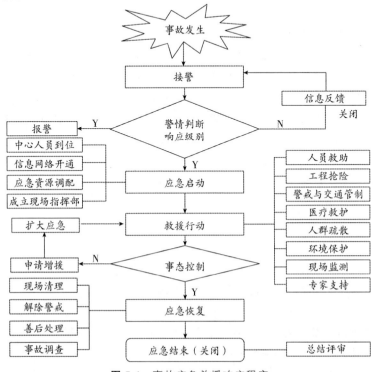

图 5-4 事故应急救援响应程序

应急救援响应程序中需要注意以下两点：

①当事态超出响应级别无法有效控制时，请求改为更高级别。

②应急结束由事故总指挥宣布。

■ 易混提示

应急管理的四个阶段需要区分以下两点：

（1）采取防止发生次生、衍生事件的必要措施，属于应急响应；继续实施必要措施，防止发生自然灾害、公共卫生事件的次生、衍生事件，属于短期恢复。二者均是防止发生次生、衍生事件，但是归属不同。

（2）应急响应一般伴随着应急恢复，也可以理解为应急恢复是应急响应的延伸。例如，在应急救援过程中，抢救受伤人员属于应急响应，安置获救人员属于短期恢复。

■ 举一反三

[典型例题 1·单选] A省B市某加油站在油罐车给地埋储罐补注汽油时，由于地埋储罐设置的止逆阀故障，汽油大量外溢。加油工以及站长在现场展开应急救援行动后，为了消除危害后果，做好现场恢复，该企业应迅速采取的措施是（　　）。

A. 隔离、减弱、监测、评估

B. 封闭、隔离、洗消、监测

C. 疏散、隔离、减弱、监测

D. 封闭、减弱、洗消、监测

[解析] 消除危害后果，做好现场恢复，一般采取封闭、隔离、洗消、监测等措施，防止事故危害的继续扩大。

[答案] B

[典型例题 2·单选] 2022年12月7日，某市一大型石化企业安全总监组织各部门针对邻近企业发生的一起火灾爆炸事故现场抢救工作中暴露出的问题展开讨论。装备科陈某说，事故发生后，现场本身比较混乱，所以要服从现场统一指挥，这是高效应急的基本原则；安全科李某说，我们企业有完备的运行机制，发生事故后大家只要慌而不乱有序展开救援，就能够避免邻近企业出现的问题，这是应急管理的重要保障；生产科赵某说，我们企业的组织体系中明确了救援队伍的组成，除消防科、现场安全专业人员组成外，还应该包括志愿人员；综合科王某说，邻近企业救援不力主要是由于其响应机制不对，据悉，火灾事故发生之初，该企业警情判断仅为一级紧急情况，由于火灾蔓延至成品储罐区，事故扩大，没有及时扩大应急，最终爆炸事故发生。根据企业事故应急管理体系的内容，以上四人说法中，错误的是（　　）。

A. 陈某　　　　　　　　　　　　　　B. 李某

C. 赵某　　　　　　　　　　　　　　D. 王某

[解析] 综合科王某的说法错误，一级紧急情况是指必须利用所有有关部门及一切资源的紧急情况，通常要宣布进入紧急状态，一级紧急情况是最高级别。

[答案] D

[典型例题 3·单选] 某石化企业主要的事故风险为中毒、火灾和爆炸。在应急管理中，针对突发事件采取了以下应对行动和措施：①针对罐区切水可能发生的中毒事故开展应急培训；②对企业西北角甲醇储罐区设置防护墙；③保障生活必需品的供应；④加大员工宿舍楼和危险化学品库房

建筑物的安全距离。根据《突发事件应对法》，关于应急管理四个阶段的说法，不正确的是（ ）。

A.①属于准备阶段   B.④属于预防阶段

C.②属于响应阶段   D.③属于响应阶段

[解析] ②对企业西北角甲醇储罐区设置防护墙属于预防阶段的内容。

[答案] C

[典型例题 4·单选] 某化工企业的液氨罐区发生了泄漏，导致火灾爆炸事故。关于该企业采取的应急管理的说法，正确的是（ ）。

A. 生产科王科长在组织现场人员营救时，对伤员提供食品属于应急响应

B. 事故发生后企业重建损毁的厂房设施属于短期恢复

C. 现场采取防止发生次生、衍生事件的必要措施属于应急响应

D. 应急恢复是应急响应的延伸，一般应急响应过程中往往伴随着长期恢复

[解析] 选项 A 属于应急恢复的短期恢复；选项 B 属于长期恢复；应急恢复是应急响应的延伸，一般应急响应过程中往往伴随着短期恢复，选项 D 错误。

[答案] C

■ 环球君点拨

本考点分值为 1～2 分，内容多且比较抽象，在备考过程中不必背记所有内容，掌握上述记忆方法即可。本考点主要应对的是管理科目的选择题，专业实务案例简答题几乎不涉及。

第二节 事故应急预案编制

▶ 考点 1 应急预案体系 [2023、2022、2021、2020、2019、2017、2015、2014、2013]

■ 真题链接

[2023·单选] 某水电站地处偏远地区，根据相关法规要求编制了事故应急预案，明确了应急保障内容。关于应急保障内容的说法，错误的是（ ）。

A. 配备卫星电话属于通信与信息保障

B. 购置冲锋舟属于物资装备保障

C. 与当地派出所签订应急协议属于应急队伍保障

D. 与当地医院签订协议属于其他保障

[解析] 应急保障的内容包括：①通信与信息保障。明确与可为本单位提供应急保障的相关单位或人员通信联系方式和方法，并提供备用方案。同时，建立信息通信系统及维护方案，确保应急期间信息通畅。②应急队伍保障。明确应急响应的人力资源，包括应急专家、专业应急队伍、兼职应急队伍等。③物资装备保障。明确生产经营单位的应急物资和装备的类型、数量、性能、存放位置、运输及使用条件、管理责任人及其联系方式等内容。④其他保障。根据应急工作需求而确定的其他相关保障措施，如经费保障、交通运输保障、治安保障、技术保障、医疗保障、后勤保障等。本题中，派出所提供的是治安保障，属于其他保障内容，选项 C 错误。

[答案] C

[2022·单选] 某工厂发生火灾事故，厂领导立即启动火灾专项应急预案，并向政府主管部门上报事故情况。上报事故情况属于应急预案内容的（ ）。

A. 应急指挥机构及职责   B. 处置措施

C. 处置程序   D. 信息公开

[解析] 根据《生产经营单位生产安全事故应急预案编制导则》，上报事故情况属于专项应急预案的响应启动、处置程序内容。

[答案] C

[2021·多选] 甲防腐公司5人在乙企业廊道内进行防腐作业，其中1人监护，4人作业，作业2h后，监护人去洗手间，回来后发现4人在廊道内晕倒。事故发生后，乙企业检修部门负责人汇报公司主要领导，启动专项应急预案，拨打了110电话，并组织将伤者送入医院抢救。为切实保障救援者的身心健康，乙企业将参与救援的20多名职工送到当地医院，留观正常。该事故涉及送医人员较多，未及时报告当地政府有关部门，造成一定的社会恐慌。根据《生产经营单位生产安全事故应急预案编制导则》，该专项预案应完善的内容包括（ ）。

A. 应急响应启动后须信息公开，避免造成恐慌

B. 乙企业主要领导应启动专项应急预案

C. 处置措施环节应明确专人拨打110电话

D. 应急保障部分应明确医疗应急救援相关事项

E. 处置措施环节应增加向当地政府部门即时报送信息

[解析] 根据《生产经营单位生产安全事故应急预案编制导则》中专项应急预案内容，事故发生后该企业立即启动应急预案，而不是主要领导启动专项应急预案，选项B错误。拨打110报警电话是任何人都可以的，而不是明确专人拨打，选项C错误。向当地政府部门即时报送信息属于事故的上报，在事故发生后要及时上报，事故上报属于响应启动，不是事故处置的内容，选项E错误。

[答案] AD

[2020·单选] 某矿山过去10年平均年降水量为1 765mm，某尾矿库上游水平投影面积约7km²。为做好防洪工作，矿山计划编制《尾矿库汛期防洪专项应急预案》，本预案除洪水可能造成的事故风险分析、应急组织机构和职责内容外，还应包含的内容是（ ）。

A. 处置措施，应急恢复   B. 处置程序，应急恢复

C. 处置程序，处置措施   D. 应急措施，应急恢复

[解析] 根据《生产经营单位生产安全事故应急预案编制导则》，专项应急预案的内容还应包括响应启动和处置程序、处置措施。

[答案] C

[2019·多选] 某火力发电厂组织开展应急预案编制工作，经过风险评估，电厂存在的事故类型有火灾、锅炉爆炸、起重伤害、触电、泄漏等。根据《生成经营单位生产安全事故应急预案编制导则》，关于应急预案编制的说法，正确的有（ ）。

A. 该发电厂编制的事故灾害类专项应急预案，应明确应急指挥机构总指挥、副总指挥以及各成员单位或人员的具体职责

B. 该发电厂编制的人身伤害专项应急预案中，应明确应急预案修订的基本要求，并定期进行评审，实现可持续改进

第五章

C. 该发电厂存在液氨罐区重大危险源，可针对液氨罐区泄漏制定专项应急预案

D. 该发电厂编制的火灾专项应急预案应明确应急预案的报备部门，并进行备案

E. 锅炉爆炸专项应急预案内容包括针对锅炉爆炸发生的可能性以及严重程度、影响范围进行分析的内容

［解析］根据《生产经营单位生产安全事故应急预案编制导则》，选项 B、D 不属于专项应急预案的内容。

［答案］ACE

真题精解

点题：本考点每年必考，分值在 1~2 分，内容比较综合。

分析：

1. 应急预案的分类

根据《生产经营单位生产安全事故应急预案编制导则》，应急预案的分类见表 5-2。

表 5-2 应急预案的分类

种类	特点	内容
综合应急预案	(1) 应急预案体系的总纲 (2) 从总体上阐述事故的应急工作原则	(1) 总则 (2) 应急组织机构及职责 (3) 应急响应 (4) 后期处置 (5) 应急保障
专项应急预案	(1) 针对某一类型或某几种类型事故 (2) 针对重要生产设施、重大危险源、重大活动等内容定制	(1) 适用范围 (2) 应急组织机构及职责 (3) 响应启动 (4) 处置措施 (5) 应急保障
现场处置方案	针对具体的场所、装置或设施制定	(1) 事故风险描述 (2) 应急工作职责 (3) 应急处置 (4) 注意事项

2. 应急预案的内容

(1) 综合应急预案的内容。

①总则。

a. 使用范围。

b. 响应分级。

依据事故危害程度、影响范围和生产经营单位控制事态的能力，对事故应急响应进行分级，明确分级响应的基本原则。响应分级不必照搬事故分级。

②应急组织机构及职责。

明确应急组织形式（可用图示）及构成单位（部门）的应急处置职责。应急组织机构可设置相

应的工作小组，各小组具体构成、职责分工及行动任务应以工作方案的形式作为附件。

③应急响应。

a. 信息报告。

明确应急值守电话、事故信息接收、内部通报程序、方式和责任人，向上级主管部门、上级单位报告事故信息的流程、内容、时限和责任人，以及向本单位以外的有关部门或单位通报事故信息的方法、程序和责任人。

b. 预警。

明确预警信息发布渠道、方式和内容；明确作出预警启动后应开展的响应准备工作，包括队伍、物资、装备、后勤及通信。

c. 响应启动。

确定响应级别，明确响应启动后的程序性工作，包括应急会议召开、信息上报、资源协调、信息公开、后勤及财力保障工作。

d. 应急处置。

明确事故现场的警戒疏散、人员搜救、医疗救治、现场监测、技术支持、工程抢险及环境保护方面的应急处置措施，并明确人员防护的要求。

④后期处置。

明确污染物处理、生产秩序恢复、人员安置方面的内容。

⑤应急保障。

a. 明确应急保障的相关单位及人员通信联系方式和方法，以及备用方案和保障责任人。

b. 明确相关的应急人力资源，包括专家、专（兼）职应急救援队伍及协议应急救援队伍。

c. 明确本单位的应急物资和装备的类型、数量、性能、存放位置、运输及使用条件、更新及补充时限、管理责任人及其联系方式，并建立台账。

（2）专项应急预案的内容。

①适用范围。

说明专项应急预案适用的范围，以及与综合应急预案的关系。

②应急组织机构及职责。

明确应急组织形式（可用图示）及构成单位（部门）的应急处置职责。应急组织机构以及各成员单位或人员的具体职责。应急组织机构可以设置相应的应急工作小组，各小组具体构成、职责分工及行动任务建议以工作方案的形式作为附件。

③响应启动。

明确响应启动后的程序性工作，包括应急会议召开、信息上报、资源协调、信息公开、后勤及财力保障工作。

④处置措施。

针对可能发生的事故风险、危害程度和影响范围，明确应急处置指导原则，制定相应的应急处置措施。

⑤应急保障。

应急保障包括通信与信息保障、应急队伍保障、物资装备保障、其他保障（能源保障、经费保障、交通运输保障、治安保障、技术保障等）。

（3）现场处置方案的内容。

①事故风险描述。

简述事故风险评估的结果（可用列表的形式列在附件中）。

②应急工作职责。

明确应急组织分工和职责。

③应急处置。

应急处置包括但不限于下列内容：

a. 应急处置程序。根据可能发生的事故及现场情况，明确事故报警、各项应急措施启动、应急救护人员的引导、事故扩大及同生产经营单位应急预案的衔接程序。

b. 现场应急处置措施。针对可能发生的事故，从人员救护、工艺操作、事故控制、消防、现场恢复等方面制定明确的应急处置措施。

c. 明确报警负责人、报警电话及上级管理部门、相关应急救援单位联络方式和联系人员，事故报告基本要求和内容。

d. 注意事项。注意事项包括人员防护和自救互救、装备使用、现场安全等方面的内容。

拓展：根据《生产经营单位生产安全事故应急预案编制导则》和《生产安全事故应急预案管理办法》，补充以下重要内容：

（1）事故风险单一、危险性小的生产经营单位，可以只编制现场处置方案。例如，软件销售企业针对火灾事故类别可以只编写现场处置方案。对某一种或者多种类型的事故风险，生产经营单位可以编制相应的专项应急预案，或将专项应急预案并入综合应急预案。

（2）应急预案的备案。易燃易爆物品、危险化学品等危险物品的生产、经营、储存、运输单位，矿山、金属冶炼、城市轨道交通运营、建筑施工单位，以及宾馆、商场、娱乐场所、旅游景区等人员密集场所，自应急预案发布之日起 20 个工作日内向县级以上应急管理部门备案。

记忆口诀："为一闺蜜建金矿"需备案。

（3）应急预案的演练周期如图 5-5 所示。

$$应急预案的演练周期\begin{cases} 综合预案、专项预案：每年至少演练一次 \\ 现场处置方案：每半年至少演练一次 \\ "为一闺蜜建金矿"：每半年至少演练一次 \end{cases}$$

图 5-5　应急预案的演练周期

（4）应急预案的评估。

矿山、金属冶炼、建筑施工企业和易燃易爆物品、危险化学品等危险物品的生产、经营、储存、运输企业、使用危险化学品达到国家规定数量的化工企业、烟花爆竹生产、批发经营企业和中型规模以上的其他生产经营单位，对本单位应急预案内容的针对性和实用性至少 3 年评估一次。

记忆口诀："旷野化花"＋建筑＋中型规模。

（5）应急预案的修订。

①依据的法律、法规、规章、标准及上位预案中的有关规定发生重大变化的。

②应急指挥机构及其职责发生调整的。

③安全生产面临的风险发生重大变化的。

④重要应急资源发生重大变化的。

⑤在应急演练和事故应急救援中发现需要修订预案的重大问题的。

记忆方法："4 重大 1 调整"。

(6) 应急预案的附件如图 5-6 所示。

$$应急预案的附件 \begin{cases} 生产经营单位概况 \\ 风险评估的结果 \\ 预案体系与衔接 \\ 应急物资装备的名录或清单 \\ 有关应急部门、机构或人员的联系方式 \\ 格式化文本 \\ 有关协议或者备忘录 \\ 关键的路线、标识和图纸 \end{cases}$$

图 5-6 应急预案的附件

记忆口诀："锅盖陆贤，联系文本"。

易混提示

学习本考点需要注意以下几点：

(1) 所有的企业均需要编制应急预案，高危企业需要备案和评估。

(2) 高危企业应急预案至少 3 年评估一次，出现"4 重大 1 调整"中任何一种情况均需要及时修订。

(3) 在应急预案的修订情况中，应急指挥机构及其职责发生调整的需要修订，这个指挥机构的人员一定是涉及应急预案中的应急人员，其他领导的岗位调动或职责变化不需要修订应急预案。

(4) 专项应急预案的内容包括响应启动和处置措施，响应启动包括信息上报等处置程序。

(5) 高危企业应急预案的备案时间是发布之日起的 20 个工作日内（注意工作日和日的区别）。

举一反三

[典型例题 1·单选] 2022 年 3 月 24 日，某大型机械制造厂针对本企业生产线的调整情况编制了新生产线机械伤害事故专项应急预案。下列内容不属于应急预案附件的是（　　）。

A. 有关应急部门、机构或人员的联系方式

B. 应急物资装备的名录或清单

C. 事故发生后向上级主管部门、上级单位报告事故信息的流程

D. 有关协议或备忘录

[解析] 选项 C 不属于应急预案附件的内容。

[答案] C

[典型例题 2·单选] 建筑施工单位在基坑开挖过程中，有土石方坍塌和支撑失稳高支模坍塌两种事故类型，其中，土石方坍塌包括基坑坍塌、钻孔桩坍塌等造成的人员掩埋、物体打击、触电、透水、窒息等伤害，该施工单位针对土石方坍塌事故制定了专项应急预案。下列关于专项应急预案的说法中，错误的是（　　）。

A. 应说明专项应急预案适用范围，以及与综合应急预案的关系

B. 响应启动应包括应急会议召开、资源协调，但不包括后勤及财力保障工作

C. 针对可能发生的事故危险、危害程度和影响范围，明确应急处置指导原则，制定相应的应

急处置措施

D. 应急组织机构可以设置相应的应急工作小组，各小组具体构成、职责分工及行动任务建议以工作方案的形式作为附件

［解析］响应启动明确响应启动后的程序性工作，包括应急会议召开、信息上报、资源协调、信息公开、后勤及财力保障工作，选项B错误。

［答案］B

［典型例题 3·单选］根据应急预案的分类，下列说法错误的是（ ）。

A. 某小型机械制造厂由于规模小、风险单一，只编写了触电、机械伤害现场处置方案

B. 某化工厂针对甲醇储罐区重大危险源编制了专项应急预案

C. 从总体上阐述企业中事故的应急工作原则是综合应急预案

D. 某大型化肥生产企业编制的火灾爆炸、中毒和高处坠落事故专项应急预案不可以并入该企业的综合应急预案

［解析］对于某一种或者多种类型的事故风险，生产经营单位可以编制相应的专项应急预案，或将专项应急预案并入综合应急预案，选项D错误。

［答案］D

［典型例题 4·单选］某金属冶炼企业扩建项目二期工程于2020年8月竣工。为有效提升应急处置能力，该企业计划开展如下应急管理工作：①每年组织一次专项应急预案演练；②该企业应急预案每三年进行一次预案评估；③洗选车间人员中毒专项应急预案修订完成后，应在公布20日之内向有关部门备案；④该企业重要应急资源发生变化时需要对应急预案及时进行修订。上述计划开展的应急管理工作中，符合要求的是（ ）。

A. ② B. ③
C. ① D. ④

［解析］生产经营单位应当每年至少组织一次综合应急预案演练或者专项应急预案演练，每半年至少组织一次现场处置方案演练，①错误；金属冶炼企业属于高危企业，应当至少每三年组织一次应急预案评估，②正确；该企业应在应急预案公布之日起20个工作日之内向有关部门备案，③错误；该企业重要应急资源发生重大变化时需要对应急预案及时进行修订，④错误。

［答案］A

［典型例题 5·多选］某单位针对车间车床可能出现的事故编制了现场处置方案，根据《生产经营单位生产安全事故应急预案编制导则》（GB/T 29639—2020），该方案的注意事项中应当包括（ ）。

A. 操作车床时人员个体防护方面的注意事项

B. 使用抢险救援器材方面的注意事项

C. 采取救援对策或措施方面的注意事项

D. 保证现场安全需要注意的事项

E. 现场恢复应当注意的事项

［解析］现场处置方案中注意事项的内容包括人员防护和自救互救、装备使用、现场安全等内容。

［答案］ABCD

环球君点拨

本考点经常考查规范的原文，除掌握以上内容外，建议把《生产经营单位生产安全事故应急预案编制导则》通读 2～3 遍，对考试大有帮助。

考点2 应急预案的编制程序 [2022、2021、2019、2018、2017]

真题链接

[2022·多选] 某单位实验室发生爆炸事故，造成 1 名试验人员死亡，事故原因查明后，该单位从安全管理角度进行了全面整改，并编制实验室火灾爆炸事故现场应急处置方案。根据《生产经营单位生产安全事故应急预案编制导则》（GB/T 29639—2020），现场应急处置方案的事故风险分析包含的内容有（　　　）。

A. 火灾爆炸的危害严重程度

B. 火灾爆炸发生前可能出现的征兆

C. 实验室安全岗位职责

D. 火灾爆炸可能引发的次生事故

E. 实验室火灾控制程序

[解析] 根据《生产经营单位生产安全事故应急预案编制导则》，事故风险分析主要包括：①事故类型；②事故发生的区域、地点或装置的名称；③事故发生的可能时间、事故的危害严重程度及其影响范围；④事故前可能出现的征兆；⑤事故可能引发的次生、衍生事故。

[答案] ABD

[2021·单选] 甲企业是一家建筑施工企业，乙企业是一家服装生产加工企业，丙企业是一家存在重大危险源的化工生产企业，丁企业是一家办公软件销售与服务企业。甲、乙、丙、丁四家企业根据《生产安全事故应急预案管理办法》（应急管理部令第 2 号）开展预案编制工作，关于生产经营单位应急预案编制的做法，错误的是（　　　）。

A. 甲企业董事长指定安全总监为应急预案编制工作组组长

B. 乙企业在编制预案前，开展了事故风险评估和应急资源调查

C. 丁企业编写了火灾、触电现场处置方案

D. 丙企业应急预案经过外部专家评审后，由安全总监签发后实施

[解析] 应急预案编制工作组组长为有关负责人，选项 A 正确。编制应急预案前需要进行风险评估和应急资源调查，选项 B 正确。丁企业为风险小、事故类型单一企业，可以只编写现场处置方案，选项 C 正确。应急预案在评审后，由企业主要负责人签发实施，选项 D 错误。

[答案] D

[2019·单选] 某化工企业的应急预案体系由综合应急预案、专项应急预案和现场处置方案构成，由于生产工艺发生变化，该企业组织现场作业人员及安全管理人员等共同修订现场处置方案。根据《生产经营单位生产安全事故应急预案编制导则》（GB/T 29639—2020），关于现场应急处置方案中事故风险分析的说法，错误的是（　　　）。

A. 事故风险分析应按发生的区域、地点或装置的名称进行

B. 风险分析需要考虑事故发生的可能性、严重程度及其影响范围

C. 风险分析应考虑事故扩大后与周边企业专项预案的衔接

D. 风险分析的辨识需要考虑事故可能发生的次生、衍生危险

［解析］生产经营单位编制的各类应急预案之间应当相互衔接，并与相关人民政府及其部门、应急救援队伍和涉及的其他单位的应急预案相衔接，选项C不属于事故风险分析的内容。

［答案］C

［2018·单选］某新建加油站按照有关规定建立该加油站的生产安全事故应急预案体系，为保证编制工作顺利进行，成立了以站长为组长的应急预案编制组，按照应急预案编制程序要求，编制组在应急预案编制工作前应完成的工作是（　　　）。

A. 应急资源调查、应急能力评估、应急演练评估

B. 资料收集、风险评估、应急资源调查

C. 风险评估、应急演练评估、预案格式审查

D. 编制要求培训、资料收集、应急演练评估

［解析］事故应急预案编制程序：①成立工作组；②资料收集；③风险评估；④应急资源调查；⑤应急预案编制；⑥桌面推演；⑦应急预案评审；⑧批准实施。

［答案］B

真题精解

点题：本考点几乎每年必考，分值为1～2分，主要有两种考查形式，一是排序题（8步流程），二是每一个步骤的细节知识点，这种形式一般会结合企业实际编制过程中遇到的问题作为题干背景，难度较大。

分析：根据《生产经营单位生产安全事故应急预案编制导则》，应急预案编制流程如下：

（1）成立应急预案编制工作组。

结合本单位职能和分工，成立以单位有关负责人为组长，单位相关部门人员（如生产、技术、设备安全、行政、人事、财务人员）参加的应急预案编制工作组，明确工作职责和任务分工，制订工作计划，组织开展应急预案编制工作。应急预案编制工作组应邀请相关救援队伍以及周边相关企业、单位或社区代表参加。

（2）资料收集。

应急预案编制工作组应收集下列相关资料：

①适用的法律法规、部门规章、地方性法规和政府规章、技术标准及规范性文件。

②企业周边地质、地形、环境情况及气象、水文、交通资料。

③企业现场功能区划分、建（构）筑物平面布置及安全距离资料。

④企业工艺流程、工艺参数、作业条件、设备装置及风险评估资料。

⑤本企业历史事故与隐患、国内外同行业事故资料。

⑥属地政府及周边企业、单位应急预案。

（3）风险评估。

开展生产安全事故风险评估，撰写评估报告，其内容包括但不限于以下内容：

①辨识生产经营单位存在的危险有害因素，确定可能发生的生产安全事故类别。

②分析各种事故类别发生的可能性、危害后果和影响范围。

③评估确定相应事故类别的风险等级。

事故风险分析的内容：

①可能发生的事故类型。

第五章

②事故发生的区域、地点或装置的名称。

③事故发生的可能时间、事故的危害严重程度及其影响范围。

④事故前可能出现的征兆。

⑤事故可能引发的次生、衍生事故。

（4）应急资源调查。

全面调查和客观分析本单位以及周边单位和政府部门可请求援助的应急资源状况，撰写应急资源调查报告，其内容包括但不限于以下内容：

①本单位可调用的应急队伍、装备、物资、场所。

②针对生产过程及存在的风险可采取的监测、监控、报警手段。

③上级单位、当地政府及周边企业可提供的应急资源。

④可协调使用的医疗、消防、专业抢险救援机构及其他社会化应急救援力量。

（5）应急预案编制。

应急预案编制尽可能简明化、图表化、流程化。应急预案编制工作包括但不限于以下内容：

①依据事故风险评估及应急资源调查结果，结合本单位组织管理体系、生产规模及处置特点，合理确立本单位应急预案体系。

②结合组织管理体系及部门业务职能划分，科学设定本单位应急组织机构及职责分工。

③依据事故可能的危害程度和区域范围，结合应急处置权限及能力，清晰界定本单位的响应分级标准，制定相应层级的应急处置措施。

④按照有关规定和要求，确定事故信息报告、响应分级与启动、指挥权移交、警戒疏散方面的内容，落实与相关部门和单位应急预案的衔接。

（6）桌面推演。

企业内部人员进行，模拟事故，检验预案并完善。

（7）应急预案评审。

①评审人员：参加应急预案评审的人员应当包括有关安全生产及应急管理方面的专家。评审人员与所评审应急预案的生产经营单位有利害关系的，应当回避。

②评审内容：应急预案评审内容主要包括风险评估和应急资源调查的全面性、应急预案体系设计的针对性、应急组织体系的合理性、应急响应程序和措施的科学性、应急保障措施的可行性、应急预案的衔接性。

③评审程序。应急预案评审程序包括以下步骤：

a. 评审准备。成立应急预案评审工作组，落实参加评审的专家，将应急预案、编制说明、风险评估、应急资源调查报告及其他有关资料在评审前送达参加评审的单位或人员。

b. 组织评审。评审采取会议审查形式，企业主要负责人参加会议，会议由参加评审的专家共同推选出的组长主持，按照议程组织评审；表决时，应有不少于出席会议专家人数的2/3同意方为通过；评审会议应形成评审意见（经评审组组长签字），附参加评审会议的专家签字表。

c. 修改完善。生产经营单位应认真分析研究，按照评审意见对应急预案进行修订和完善。评审表决不通过的，生产经营单位应修改完善后按评审程序重新组织专家评审，生产经营单位应写出根据专家评审意见的修改情况说明，并经专家组组长签字确认。

（8）批准实施。

通过评审的应急预案，由生产经营单位主要负责人签发实施。

拓展：编制流程第七步应急预案评审，并不是所有企业均需要评审：

矿山、金属冶炼企业和易燃易爆物品、危险化学品的生产、经营（带储存设施的）、储存、运输企业，以及使用危险化学品达到国家规定数量的化工企业、烟花爆竹生产、批发经营企业和中型规模以上的其他生产经营单位，应当对本单位编制的应急预案进行评审，并形成书面评审纪要。上述规定以外的其他生产经营单位可以根据自身需要，对本单位编制的应急预案进行论证。

记忆口诀："旷野化花＋中型规模"。

易混提示

高危企业应急预案的备案、评审、评估对比总结见表5-3。

表5-3 高危企业应急预案的备案、评审、评估对比总结

企业	备案	评审	评估
矿山企业	√	√	√
金属冶炼企业	√	√	√
易燃易爆物品、危险物品的生产、经营、储存、运输企业	√		
危化品的生产、经营、储存、运输（烟花爆竹生产、批发）企业		√	√
建筑施工企业	√		
城市轨道交通运营企业	√		
中等规模以上其他单位		√	√
人员密集场所经营单位	√		
记忆口诀	"为一闺蜜建金矿"	"旷野化花"＋中型规模	"旷野化花"＋建筑＋中型规模

举一反三

[典型例题1·多选] 应急预案编制完成后，生产经营单位应按法律法规有关规定组织评审或论证，参加应急预案评审的人员可包括有关安全生产及应急管理方面的、有现场处置经验的专家。下列属于应急预案评审内容的有（　　）。

A. 风险评估和应急资源调查的全面性　　B. 应急响应程序和措施的科学性

C. 应急组织体系的合理性　　D. 应急预案的衔接性

E. 应急恢复的及时性

[解析] 根据《生产经营单位生产安全事故应急预案编制导则》，应急预案评审内容主要包括：①风险评估和应急资源调查的全面性；②应急预案体系设计的针对性；③应急组织体系的合理性；④应急响应程序和措施的科学性；⑤应急保障措施的可行性；⑥应急预案的衔接性。选项E不属于应急预案评审内容。

[答案] ABCD

[典型例题2·单选] 生产经营单位在编制应急预案之后需要按照规定进行评审或论证，下列

企业的应急预案不需要进行评审、只需要论证的是（　　）。

    A. 某小型石膏矿生产企业

    B. 某中型金属冶炼企业

    C. 某大型商场

    D. 某小型纺织企业

[解析] 根据《生产经营单位生产安全事故应急预案编制导则》，应急预案编制过程中需要进行评审的企业包括矿山、金属冶炼、危险化学品的生产、经营、储存、运输（烟花爆竹生产、批发）以及中型规模以上其他单位。小型纺织企业在应急预案编制完成后只需要进行论证。

[答案] D

[典型例题3·单选] K市某食品加工企业根据相关法规要求成立应急预案编制小组，下列不属于该小组组成的是（　　）。

    A. 该企业应急救援队伍

    B. 该企业所在社区代表

    C. 相邻企业的应急救援队伍

    D. 该企业所在地应急管理部门相关人员

[解析] 根据《生产经营单位生产安全事故应急预案编制导则》，生产经营单位应结合本单位部门职能和分工，成立以单位有关负责人为组长，单位相关部门人员参加的应急预案编制工作组，应邀请相关救援队伍以及周边相关企业、单位或社区代表参加。

[答案] D

[典型例题4·多选] 2022年10月17日，K市某机械制造企业组织相关部门和人员展开了应对配电室火灾专项应急预案的应急演练。总指挥宣布演练开始后，现场执行组在模拟对火灾扑救时发现该企业根本就没有配备带电火灾专用的灭火器材和消防设施，总指挥只能宣布演练终止。事后经过调查，对预案编制相关人员进行了处罚。根据以上描述，该应急预案编制时可能缺失的环节有（　　）。

    A. 风险评估　　　　　　　　　　　　　B. 应急资源调查

    C. 资料收集　　　　　　　　　　　　　D. 桌面推演

    E. 应急预案评审

[解析] 该企业没有配备带电火灾专用的灭火器材和消防设施，属于应急预案编制过程中应急资源调查的缺失；在预案编制完成后需要进行桌面推演，检测预案的完整性和可实施性，本题在应急演练中才发现这些问题，可能缺失的环节是桌面推演。机械制造企业不属于高危企业，应急预案可以不用评审。

[答案] BD

■ 环球君点拨

    本考点是本节的重点内容，既是管理科目的必考点，也是专业实务案例简答题的重要考点，在学习过程中要注意理论联系实际。近几年的考查形式类似于[典型例题4]，难度很大，要求对知识点有比较深入的理解。

第三节　应急演练

▶ **考点** **应急演练** ［2023、2022、2021、2020、2019、2017、2015、2014、2013］

■ 真题链接

［2023·单选］某大型石化公司在安全生产月期间组织了桌面演练，按照应急注入信息、提出问题、分析决策、表达结果四个环节完成应急处置演练。关于桌面演练环节的说法，错误的是（　　）。

A. 灭火行动组组长根据演练方案提出灭火设备能力是否充足，属于提出问题

B. 安全防护组防护员对演练情况进行简要汇总并进行点评，属于注入信息

C. 疏散引导组引导员讨论警戒和交通管制的范围和区域问题，属于分析决策

D. 医疗救护组代表讲解并演示胸外按压和人工呼吸操作要领，属于表达结果

［解析］桌面演练通常按照四个环节循环往复进行：①注入信息：执行人员通过多媒体文件、沙盘、消息单等多种形式向参演单位和人员展示应急演练场景，展现生产安全事故发生发展情况。②提出问题：在每个演练场景中，由执行人员在场景展现完毕后根据应急演练方案提出一个或多个问题，或者在场景展现过程中自动呈现应急处置任务，供应急演练参与人员根据各自角色和职责分工展开讨论。③分析决策：根据执行人员提出的问题或所展现的应急决策处置任务及场景信息，参演单位和人员分组开展思考讨论，形成处置决策意见。④表达结果：在组内讨论结束后，各组代表按要求提交或口头阐述本组的分析决策结果，或者通过模拟操作与动作展示应急处置活动。各组决策结果表达结束后，导调人员可对演练情况进行简要讲解，接着注入新的信息。选项 B 属于应急演练的评估。

［答案］B

［2022·单选］某食品加工企业针对存在的火灾、高处坠落、触电和机械伤害等风险，编制了相应的专项预案和现场处置方案。关于该企业应急演练类型的说法，正确的是（　　）。

A. 火灾综合演练属于按组织形式开展的应急演练

B. 机械伤害实战演练属于按组织形式开展的应急演练

C. 高处坠落桌面演练属于按演练内容开展的应急演练

D. 触电实战演练属于按演练内容开展的应急演练

［解析］火灾综合演练属于按演练内容开展的应急演练，选项 A 错误。高处坠落桌面演练属于按演练组织形式开展的应急演练，选项 C 错误。触电实战演练属于按演练组织形式开展的应急演练，选项 D 错误。

［答案］B

［2022·单选］某化工企业组织了一次火灾事故演练。演练开始后，现场指挥部接到危险化学品库房发生火灾的报告，指挥部立即部署厂内消防队启动消防灭火响应，不久后火灾失控，引发临近成品储罐着火，厂内消防队已无法控制火势，指挥部立即请求园区消防队进入厂区支援。以上演练内容中，属于应急演练内容的是（　　）。

A. 应急通信　　　　　　　　　　　　　B. 指挥与协调

第五章

C. 现场处置　　　　　　　　　　　　　　D. 警戒与管制

[解析] 应急演练内容的指挥与协调：根据事故情景，成立应急指挥部，调集应急救援队伍和相关资源，开展应急救援行动。指挥部立即部署厂内消防队启动消防灭火响应，失控后指挥部立即请求园区消防队进入厂区支援，属于指挥与协调。

[答案] B

[2021·单选] 某矿山企业准备开展一次尾矿库漫坝应急演练，成立了演练组织机构，包括领导组、策划组、执行组等。策划组负责编制工作方案、演练脚本、演练安全保障方案等演练文件并经评审和完善。关于演练文件编制的说法，错误的是（　　）。

A. 漫坝演练规模及时间确定应放在演练工作方案中

B. 由执行组负责编制演练文件中的《演练观摩手册》

C. 演练过程的《指令与对白》采用表格形式

D. 漫坝演练如出现伤害的应急预案，应放在演练保障方案中

[解析] 演练工作方案包括演练的规模、时间以及参演人员和范围，选项 A 正确。演练文件中的《演练观摩手册》由策划与导调组编制，选项 B 错误。《指令与对白》属于演练脚本的内容，可以采用表格形式，选项 C 正确。演练保障方案应该包括医疗保障，选项 D 正确。

[答案] B

[2020·单选] 某石化公司组织了催化裂化装置管线泄漏的现场演练，演练完成后，进行了评估与总结。下列工作内容中，不属于评估与总结阶段的是（　　）。

A. 在演练现场，评估人员或评估组负责人对演练效果及发现的问题进行口头点评

B. 应急演练结束后，组织应急演练的部门根据问题和建议进行改进

C. 演练组织单位根据演练情况对演练进行全面总结

D. 应急演练结束后，将应急演练文字资料等归档

[解析] 选项 B 属于应急演练的持续改进。

[答案] B

[2019·单选] 某煤业集团开展应急演练，预案编制部门安全生产部按照集团要求，组织宣传部、消防支队等相关单位，成立了演练组织机构，下设执行组、评估组等专业工作组，演练结束后形成了书面总结报告。根据《生产安全事故应急演练基本规范》（AQ/T 9007—2019），演练结束后，负责预案修订的是（　　）。

A. 安全生产部　　　　　　　　　　　　　B. 评估组

C. 宣传部　　　　　　　　　　　　　　　D. 消防支队

[解析] 应急演练中发现问题应该及时修订应急预案，预案由编制部门负责修订。

[答案] A

■ 真题精解

点题：本考点每年考查分值在 3 分左右，属于本章的重点内容，同时也涉及大量的专业实务案例简答题的考点。例如，安全生产专业实务（建筑施工安全）的第九章建筑施工应急管理，涉及的应急演练的内容与本节内容几乎一样，其他安全、煤矿安全、金属非金属矿山安全、金属冶炼安全、化工安全等安全生产专业实务也涉及本节内容。

分析：

1. 应急演练的类型和原则

根据《生产安全事故应急演练基本规范》，应急演练的类型和原则如图 5-7 所示。

图 5-7　应急演练的类型和原则

2. 应急演练的内容

（1）预警与报告。

（2）指挥与协调。

（3）应急通信。

（4）事故监测：主要分析或测定现场有毒有害气体的浓度。

（5）警戒与管制。

（6）疏散与安置。

（7）医疗卫生：开展卫生监测和防疫工作。

（8）现场处置。

（9）社会沟通：召开新闻发布会或事故情况通报会。

（10）后期处置。

记忆口诀："遇纸应示警，疏医现社后"。

3. 应急演练的组织与实施

（1）演练组织机构如图 5-8 所示。

图 5-8　演练组织机构

各个小组的职责：

①领导小组：审定演练工作方案、工作经费，决定重要事项。

②策划与导调组：编制演练工作方案、演练脚本、演练保障方案，场景布置，演练进程控制。

③宣传组：编制演练宣传方案，组织新闻发布会。

④保障组：物资、场地、经费、安全保障。

⑤评估组：对演练进行评估，撰写评估报告。

（2）演练文件的内容如图 5-9 所示。

```
                         ┌演练工作方案
                         │演练脚本
          演练文件的内容 ┤演练评估方案
                         │演练保障方案
                         └演练观摩手册
```

图 5-9 演练文件的内容

记忆口诀："工作角，估保摩"。

（3）演练工作方案的内容。

①应急演练目的及要求。

②应急演练事故情景设计。

③应急演练规模及时间、参与人员及范围。

④参演单位和人员主要任务及职责。

⑤应急演练筹备工作内容。

⑥应急演练主要步骤。

⑦应急演练技术支撑及保障条件。

⑧应急演练评估与总结。

记忆口诀："目请贵人瞅住季萍"。

（4）演练脚本的内容。

①演练模拟事故情景。

②处置行动与执行人员。

③指令与对白、步骤及时间安排。

④视频背景与字幕。

⑤演练解说词等。

演练脚本是应急演练工作方案具体操作实施的文件。

（5）演练评估方案的内容。

①演练信息：应急演练目的和目标、情景描述，应急行动与应对措施简介等。

②评估内容：应急演练准备、应急演练组织与实施、应急演练效果等。

③评估标准：应急演练各环节应达到的目标评判标准。

④评估程序：演练评估工作主要步骤及任务分工。

⑤评估文件：演练评估所需要用到的相关表格等。

（6）应急演练的实施如图 5-10 所示。

```
                         ┌现场检查：人员、设备、资料
                         │演练简介：规则、内容、注意事项
                         │启动：总指挥宣布开始
          应急演练的实施 ┤执行：桌面演练执行、实战演练执行
                         │演练记录：图片、视频、文字
                         │中断：总指挥宣布
                         └结束：总指挥宣布
```

图 5-10 应急演练的实施

实施的第四步，演练的执行，包括桌面演练执行和实战演练执行，其内容如图5-11所示。

演练的执行
- 桌面演练执行
  - 注入信息：执行人员通过多媒体文件、沙盘、消息单等多种形式向参演单位和人员展示应急演练场景，展现生产安全事故发生发展情况
  - 提出问题：场景展现完毕后根据应急演练方案提出一个或多个问题，或者在场景展现过程中自动呈现应急处置任务，供应急演练参与人员根据角色和职责分工展开讨论
  - 分析决策：参演单位和人员分组开展思考讨论，形成处置决策意见
  - 表达结果：各组代表按要求提交或口头阐述本组的分析决策结果
- 实战演练执行
  - （1）演练策划与导调组对应急演练实施全过程的指挥控制
  - （2）演练策划与导调组按照应急演练工作方案（脚本）向参演单位和人员发出信息指令，传递相关信息，控制演练进程；信息指令可由人工传递，也可以用对讲机、电话、手机、传真机、网络方式传送，或者通过特定声音、标志与视频呈现
  - （3）演练策划与导调组发布控制信息，调度参演单位和人员完成各项应急演练任务；向领导小组组长报告应急演练中出现的各种问题
  - （4）演练评估组进行成绩评定并作好记录

图5-11　演练的执行

4. 应急演练的评估总结与持续改进

应急演练的评估总结与持续改进如图5-12所示。

应急演练的评估总结与持续改进
- 评估总结
  - 评估形式
    - 现场点评：演练组织人员、参演人员、评估人员
    - 人员自评
    - 评估组评估：撰写评估报告
  - 评估内容
    - 演练准备及组织实施情况
    - 演练目标的实现、演练中暴露的问题
    - 参演人员的表现
    - 演练成本效益分析
  - 评估结果：优（无差错完成）、良（差错较少达到目标）、中（明显缺陷）、差（重大错误）
  - 总结内容
    - 演练基本概要
    - 演练发现的问题、取得的经验和教训
    - 应急管理工作建议
- 持续改进：应急演练发现问题，应急预案编制部门应及时修订

图5-12　应急演练的评估总结与持续改进

5. 应急演练资料的归档和备案

应急演练资料的归档和备案如图5-13所示。

应急演练资料的归档和备案
- 需要归档的资料
  - 演练工作方案
  - 应急演练评估报告、总结报告
  - 记录演练实施过程的相关图片、视频、音频
- 需要备案的，演练组织部门（单位）应将相关资料报主管部门备案

图5-13　应急演练资料的归档和备案

拓展：本考点一般会倾向于对现场实际演练进行考查，需要注意以下几个方面：

（1）应急演练一般选择空旷、相对安全的地方。例如，加油站火灾应急演练不应在加油站进行，这符合应急演练的确保安全有序的原则。

（2）在应急演练的实施过程中，第六步是中断，第七步是结束。如果在应急演练过程中发生了真实受伤事故，总指挥会宣布演练中断，投入人员救治；如果企业发生了真实事故或者演练结束，总指挥会宣布演练结束。

（3）应急演练的参与人员一般不会是企业的所有人员，因为要保证重要岗位轮班及安全岗位战斗值班。

易混提示

学习本考点需要区分以下两个方面：

（1）应急演练的评估内容与总结内容容易混淆，一般我们认为总结内容是应急演练的一种升华，因为它提出了企业应急管理工作的建议，而评估内容主要针对本次应急演练取得的结果。

（2）备考过程中需要注意本节的内容层次。例如，应急演练的评估总结和持续改进是并列的关系，而不是被包含的关系，2020年真题考查了这一点。

举一反三

[典型例题1·单选] 某危险化学品生产企业为让员工在接近实战状态下进行事故演练，同时为规避演练中的现实风险，委托某虚拟仿真软件设计公司开发了一套"危险化学品事故应急演练模拟仿真系统"，企业员工在软件系统中可扮演不同的角色参与应急演练，有效地提高了员工应对事故的处置能力。根据应急演练的组织方式，该演练的类型属于（　　　）。

A. 实战演练　　　　　　　　　　　B. 综合演练

C. 桌面演练　　　　　　　　　　　D. 示范性演练

[解析] 桌面演练的情景和问题通常以口头或书面叙述的方式呈现，也可以使用地图、沙盘、计算机模拟、视频会议等辅助手段，有时被称为图上演练、沙盘演练、计算机模拟演练、视频会议演练等。题干中的"危险化学品事故应急演练模拟仿真系统"属于计算机模拟演练的形式，故该演练的类型属于桌面演练。而实战演练是以现场实际操作的形式开展的演练活动。

[答案] C

[典型例题2·单选] 某石油天然气生产企业模拟现场8m×2.5m×2.5m的原油储罐进行温油脱水时发生泄漏事故，大量天然气和油品喷涌而出，现场展开专项应急预案演练。下列属于该演练内容中事故监测的是（　　　）。

A. 建立应急处置现场警戒区域，实行交通管制，维护现场秩序

B. 对事故现场进行观察、分析或测定，确定事故严重程度、影响范围和变化趋势

C. 调集医疗卫生专家和卫生应急队伍开展紧急医学救援并开展卫生监测

D. 成立应急指挥部，调集应急救援队伍和相关资源

[解析] 选项A属于警戒与管制；选项C属于医疗卫生；选项D属于现场处置的内容。

[答案] B

[典型例题3·单选] 某加油站为进一步做好加油站油品泄漏导致人员中毒、窒息等事故的防范，在事故真正发生时能够有条不紊地开展应急救援工作，最大限度地减少事故对周围环境及人身造成的损失，提高员工应对风险和防范事故的能力，保证及时有效地实施应急救援，按照本单位《中毒窒息事故专项应急预案》进行实战演练。下列关于实战演练安排及实施过程的说法，正确的是（　　　）。

A. 演练开始前排放汽油，提高模拟事故真实度

B. 出现真实中毒事件，参演人员要终止演练，参与应急处置

C. 调用所有应急救援人员、车辆、物资参与实战演练

D. 在加油站演练时，应采取更加严格的防范措施

[解析] 演练时对事故的模拟是象征性的，不能真的泄漏油品，选项 A 错误。演练中不应调用所有的人员、装备、车辆，以防止演练过程中企业生产经营出现真实事故，调配不及，选项 C 错误。实战演练地点应选择在安全空旷处，不能在加油站进行实战演练，选项 D 错误。

[答案] B

[典型例题 4·多选] 2021 年 9 月 26 日，某大型石油天然气集团展开了一场针对原油储罐区油品泄漏导致火灾爆炸事故的专项应急预案演练，现场设置了领导小组、执行组、策划组、保障组和评估组，演练的内容包括人员疏散、现场警戒、火灾救援、油品隔离、指挥协调、现场处置等内容，经过 5 个多小时，演练圆满结束。关于应急演练的说法，正确的有（　　）。

A. 该应急演练属于综合演练

B. 应急演练事故情景设计应该放在演练工作方案中

C. 演练工作方案是应急演练具体操作实施的文件

D. 演练结束后应由主要负责人宣布

E. 演练保障方案应由策划与导调组负责编制

[解析] 演练脚本是应急演练工作方案具体操作实施的文件，帮助参演人员全面掌握演练进程和内容，选项 C 错误。演练总指挥宣布演练的结束，选项 D 错误。

[答案] ABE

■ 环球君点拨

本考点内容多、记忆量大，学习过程中应充分利用口诀记忆，可以降低备考负担。

第五章

第六章　生产安全事故调查与分析

第一节　生产安全事故报告

▶考点 **生产安全事故报告**［2022、2021、2018、2017、2015、2014、2013］

真题链接

［2022·单选］某企业施工过程中，将土方倒运到基坑附近的围墙内侧地坪处，因堆土导致近公共道路一段围墙向外坍塌，致使公共道路上集贸早市的经营者及行人共 44 人被压埋，造成 19 人死亡，25 人受伤的重大事故。关于事故报告时限的说法，正确的是（　　）。

　　A. 上报国务院不应超过事故发生起 7h

　　B. 上报县级应急管理部门不应超过事故发生起 3h

　　C. 上报市级应急管理部门不应超过事故发生起 4h

　　D. 上报省级应急管理部门不应超过事故发生起 6h

［解析］根据《生产安全事故报告和调查处理条例》，本题的事故造成 19 人死亡、25 人受伤，属于重大事故。特别重大事故、重大事故逐级上报至国务院应急管理部门和负有安全生产监督管理职责的有关部门，最终时限是 7h 内，选项 A 正确。企业负责人应在接到事故报告后 1h 内上报县级应急管理部门及相关部门，选项 B 错误。上报市级应急管理部门及相关部门时限是 3h，选项 C 错误。上报省级应急管理部门及相关部门时限是 5h，选项 D 错误。

［答案］A

［2022·单选］某工厂员工刘某、王某对生产线 OP1 机台进行维修时，未切断动力电源，未挂警示牌，王某在启动前未仔细观察，且 OP1 机台后门行程开关被人为使用扎带绑扎，联锁功能失效，导致刘某被运行的设备压倒死亡。该起事故支出人员伤亡费 100 万元，善后处理费 300 万元，为救人切割报废 OP1 机台损失 589 万元；停产损失 30 万元。根据《生产安全事故报告和调查处理条例》（国务院令第 493 号）规定，该事故等级是（　　）。

　　A. 一般事故　　　　　　　　　　B. 较大事故

　　C. 重大事故　　　　　　　　　　D. 特别重大事故

［解析］该起事故造成 1 人死亡，属于一般事故；该事故造成的直接经济损失为：100＋300＋589＝989（万元），该事故属于一般事故；故该起事故为一般事故。

［答案］A

［2021·单选］2021 年 4 月 10 日 13 时 13 分，H 市 G 县 L 镇某铁矿发生透水事故，22 人被困。10 日 13 时 30 分，该铁矿有关负责人抵达事故现场组织救援。10 日 19 时许，L 镇党委从该铁矿附近村民获知发生事故，随即向 G 县政府作了报告，G 县县委书记作出暂不上报的决定。11 日 18 时 46 分，H 市应急管理部门从其他渠道获悉铁矿发生事故，要求 G 县进行核实，G 县县委书记决定

以 11 日 20 时 5 分作为接报时间上报。该起事故中构成迟报瞒报的是（　　）。

  A. 该铁矿和 L 镇党委   B. H 市应急管理局和 G 县政府

  C. 该铁矿负责人和 L 镇党委书记 D. 该铁矿和 G 县政府

  ［解析］根据《生产安全事故报告和调查处理条例》，事故发生后，事故现场有关人员应当立即向本单位负责人报告；单位负责人接到报告后，应当于 1h 内向事故发生地县级以上人民政府应急管理部门和负有安全生产监督管理职责的有关部门报告。应急管理部门和负有安全生产监督管理职责的有关部门逐级上报事故情况，每级上报的时间不得超过 2h。故该起事故中构成迟报瞒报的是该铁矿和 G 县政府。

［答案］D

  ［2021·多选］2018 年某日，甲化工企业氯乙烯气柜泄漏，氯乙烯扩散至厂外区域，遇火源发生爆炸，造成 24 人死亡、21 人受伤，38 辆大货车和 12 辆小型车损毁。根据伤亡事故的不同特点，事故按照行业、致损因素和伤害程度分类。下列事故分类中，正确的有（　　）。

  A. 按照致损因素划分，该事故是火灾事故 B. 按照行业划分，该事故是危险化学品事故

  C. 按照伤害程度划分，该事故是重大事故 D. 按照致损因素划分，该事故是其他爆炸事故

  E. 按照伤害程度划分，该事故是死亡事故

  ［解析］火灾事故是按照行业划分的，选项 A 错误。按照伤害程度，事故划分为轻伤事故、重伤事故、死亡事故，选项 C 错误。

［答案］BDE

真题精解

  点题：本考点属于每年必考点，一般会结合本章其他考点考查。

  分析：生产安全事故报告相关内容如下：

  （1）事故的分级。事故应参考三个指标进行分级：死亡人数、重伤人数、直接经济损失，如图 6-1 所示。

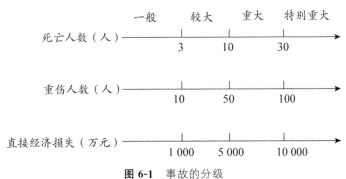

图 6-1　事故的分级

  注意：数轴临界点靠右。

  （2）事故的分类如图 6-2 所示。

事故的分类 { 按行业划分：火灾、交通、矿山、化学危险品、烟花爆竹、民用爆炸物品、建设施工、特种设备事故 / 按致损因素划分：20 类事故类别 / 按照事故造成的伤害程度划分：轻伤事故、重伤事故和死亡事故

图 6-2　事故的分类

  （3）事故的上报部门及时限要求如图 6-3 所示。

事故发生 —现场人员立即报告→ 单位负责人 —1h内→ 县安监及相关部门 —2h内→

市安监及相关部门 —2h内→ 省安监及相关部门 —2h内→ 国务院应急管理部及相关部门

图 6-3 事故的上报部门及时限要求

记忆方法："民报官 1h，官报官 2h，最长上报时限 7h"。

注意：安全生产监督管理部门是应急管理部门；安全生产监督管理的相关部门，在交通事故中指交通局，在建筑施工事故中指住建部。

事故的最终上报部门如图 6-4 所示。

事故的最终上报部门
- 一般事故——市应急管理部门及相关部门
- 较大事故——省应急管理部门及相关部门
- 重大事故——国务院应急管理部及相关部门
- 特别重大事故——国务院应急管理部及相关部门

图 6-4 事故的最终上报部门

拓展：本考点需要注意以下几点：

（1）事故分级指标中，急性工业中毒按照重伤人数考虑。

（2）事故的补报：交通、火灾事故从事故发生之日起 7 日内补报伤亡人数有效，其他事故30 日内补报有效。因事故补报造成事故等级的变化，只能升级不能降级。例如，1 月 1 日发生一起火灾事故造成了 1 人死亡、10 人重伤，属于较大事故。但是，1 月 5 日有一名重伤人员抢救无效死亡，补报有效，事故的结果变为 2 人死亡，9 人重伤，按照事故分级属于一般事故，则出现了事故由原来的较大事故降级为了一般事故，这是不允许的，所以该起事故仍然是较大事故。

（3）事故上报的内容包括以下六个方面。

①事故发生单位的概况。

②事故发生的时间、地点以及事故现场情况。

③事故的简要经过。

④伤亡人数和初步估计的直接经济损失。

⑤已经采取的措施。

⑥其他应当报告的情况。

（4）事故上报的两个特殊情况。

①情况紧急时，事故现场有关人员可以直接向事故发生地县级以上人民政府应急管理部门和负有安全生产监督管理职责的有关部门报告。

②事故现场条件特别复杂，难以准确判定事故等级，情况十分危急，上一级部门没有足够能力开展应急救援工作，或者事故性质特殊、社会影响特别重大时，可以越级上报事故。

（5）根据《生产安全事故信息报告和处置办法》，补充以下重要内容：

①第九条，发生重大、特别重大生产安全事故或者社会影响恶劣的事故的，县级、市级安全生产监督管理部门或者煤矿安全监察分局接到事故报告后，在依照规定逐级上报的同时，应当在 1h 内先用电话快报省级安全生产监督管理部门、省级煤矿安全监察机构，随后补报文字报告；必要时，可以直接用电话报告国家安全生产监督管理总局、国家煤矿安全监察局。省级安全生产监督管

理部门、省级煤矿安全监察机构接到事故报告后，应当在 1h 内先用电话快报国家安全生产监督管理总局、国家煤矿安全监察局，随后补报文字报告。国家安全生产监督管理总局、国家煤矿安全监察局接到事故报告后，应当在 1h 内先用电话快报国务院总值班室，随后补报文字报告。

②第二十六条，较大涉险事故是指涉险 10 人以上的事故、造成 3 人以上被困或者下落不明的事故、紧急疏散人员 500 人以上的事故、因生产安全事故对环境造成严重污染（人员密集场所、生活水源、农田、河流、水库、湖泊等）的事故、危及重要场所和设施安全（电站、重要水利设施、危化品库、油气站和车站、码头、港口、机场及其他人员密集场所等）的事故、其他较大涉险事故。

■ 易混提示

本考点需要区分以下两点：

（1）事故分级指标中，经济损失是事故造成的直接经济损失，不包括间接经济损失；事故上报的内容中，上报的也是直接经济损失。

（2）事故上报内容中，③是事故的简要经过，不是详细经过。

■ 举一反三

[典型例题 1·单选] 某集团公司有六家下属公司，上一年度有三家公司发生生产安全事故。其中，甲公司事故造成 1 人重伤，住院费 10 万元，造成停产损失 1 000 万元；乙公司事故未造成人员伤亡，造成直接经济损失 900 万元；丙公司有毒气体泄漏紧急疏散人员 600 人。根据《生产安全事故信息报告和处置办法》（原国家安全监管总局令第 21 号），集团公司上一年度共发生较大涉险事故（　　）次。

A. 0

B. 1

C. 2

D. 3

[解析] 根据《生产安全事故信息报告和处置办法》，紧急疏散人员 500 人以上的事故属于较大涉险事故，本题只有丙公司符合题意。

[答案] B

[典型例题 2·单选] 某建筑施工企业发生生产安全事故后，事故现场有关人员、单位负责人、各级地方人民政府应按照规定及时报告。下列关于事故报告的说法中，正确的是（　　）。

A. 单位负责人接到事故报告后，应在 2h 内向事故发生地县级以上人民政府报告

B. 一般事故应逐级上报至省级人民政府安全生产监督管理部门

C. 事故报告应包括发生的时间、地点以及事故现场情况、事故的简要经过

D. 火灾事故自发生之日起 30 日内，事故造成的伤亡人数发生变化的，应及时补报

[解析] 根据《生产安全事故报告和调查处理条例》，单位负责人接到事故报告后，应在 1h 内向事故发生地县级以上人民政府应急管理部门及相关部门报告，选项 A 错误。一般事故应逐级上报至设区的市级人民政府应急管理部门，选项 B 错误。火灾事故补报期限是 7 日，选项 D 错误。

[答案] C

[典型例题 3·单选] 2023 年 1 月 1 日，某化工厂发生一起火灾事故，造成 2 人死亡、30 人重伤、20 人急性工业中毒，造成直接经济损失 1 000 万元。1 月 7 日，1 名重伤人员抢救无效死亡。该起事故属于（　　）。

A. 一般事故

B. 较大事故

C. 重大事故　　　　　　　　　　　　　D. 特别重大事故

[解析] 根据《生产安全事故报告和调查处理条例》，该起事故造成 2 人死亡、50 人重伤，造成直接经济损失 1 000 万元，属于重大事故。火灾事故 7 日内补报有效，不能因事故的补报而降低事故等级，所以该起事故仍然属于重大事故。

[答案] C

[典型例题 4·单选] 2023 年 3 月 1 日，某化工企业发生液氯泄漏事故，造成数人急性工业中毒，企业负责人组织应急救援力量将中毒人员送往医院并对泄漏点堵漏，事故报告后有数名中毒人员在医院陆续死亡，对该起事故进行定性的最迟日期是（　　）。

A. 2023 年 3 月 7 日　　　　　　　　　B. 2023 年 3 月 30 日

C. 2023 年 4 月 10 日　　　　　　　　　D. 2023 年 5 月 1 日

[解析] 交通事故补报期限是 7 日；其他事故补报期限是 30 日。本题是液氯泄漏事故，在 30 日内补报有效，所以对该起事故进行定性的最迟日期是从事故发生当天开始计算的第 30 日。

[答案] B

[典型例题 5·多选] 2022 年 4 月 18 日 23:10，某化工企业 2♯储罐区危化品发生泄漏并发生爆炸事故，主要负责人及时向属地县级应急管理部门和相关部门报告，则其报告的内容应包括（　　）。

A. 化工厂的简要情况，事故发生的时间 23:10，地点 2♯储罐区

B. 现场救援中，对泄漏点进行堵漏时已经采取的措施

C. 事故已经造成或者可能造成的伤亡人数（包括下落不明的人数）和最终的直接经济损失

D. 事故的详细经过

E. 事故发生的直接原因和间接原因

[解析] 事故报告的是人员伤亡和直接经济损失情况，不是最终直接经济损失，选项 C 错误。应报告事故的简要经过，不是详细经过，选项 D 错误。事故发生的直接原因和间接原因不属于上报内容，选项 E 错误。

[答案] AB

环球君点拨

本考点在法规、专业实务科目中也会涉及，属于重点内容。事故的分级按照数轴形式记忆比较简单，需注意数轴的临界值归属。

第二节　事故调查与分析

▶ 考点　**事故调查与分析**［2023、2022、2021、2020、2019、2018、2017、2015、2014、2013］

真题链接

[2023·单选] 甲省乙市丙县的某化工企业，位于本省丁市戊县的分公司发生危险化学品爆炸事故，造成 2 人死亡，10 人重伤，直接经济损失 200 余万元，负责组织此次事故调查的是（　　）。

A. 丁市人民政府　　　　　　　　　　　B. 丙县人民政府

C. 乙市人民政府　　　　　　　　　　　D. 戊县人民政府

［解析］造成 2 人死亡，10 人重伤，直接经济损失 200 余万元，该事故为较大事故，由事故发生地市级人民政府负责调查。

［答案］A

［2022·单选］某省甲市乙县一制药公司不锈钢浓缩罐未按常压设备使用，发生一起爆炸事故，造成 3 人死亡、5 人受伤，部分设备损坏和房屋倒塌，直接经济损失 746 万元。根据《生产安全事故报告和调查处理条例》，下列关于事故调查组成员组成的说法，错误的是（　　）。

A. 受甲市委托由乙县应急局牵头，邀请县纪委监委、公安局以及工会派员组成事故调查组

B. 经甲市政府批准，成立由市应急局局长任组长的事故调查组

C. 由甲市应急局、纪委监委、公安局、工信局、市场监管局、工会派员组成事故调查组

D. 邀请甲市检察院，聘请消防、爆炸、特种设备、化工安全等多名专家参与事故调查

［解析］该事故造成 3 人死亡、5 人受伤，造成直接经济损失 746 万元，属于较大事故，由甲市人民政府负责调查，甲市人民政府可以委托有关部门进行调查。事故调查组的组成包括有关人民政府、应急管理部门、负有安全生产监督管理职责的有关部门、公安机关、人民检察院、监察机关、工会。本题中，甲市政府可以委托给市级政府下属的有关部门进行调查，但是不可以是下一级的县级，选项 A 错误。

［答案］A

［2020·单选］甲市乙区一地铁施工项目采用矿山法进行车站施工时发生火药爆炸，造成 1 人死亡。事故调查结束后，事故调查组提交了事故调查报告，提出了相应的防范和整改措施。负责对该事故落实防范和整改措施进行监督检查的部门是（　　）。

A. 甲市负责安全生产监督管理的部门　　　　B. 甲市住建部门

C. 乙区负责安全生产监督管理的部门　　　　D. 乙区住建部门

［解析］该起事故造成 1 人死亡，属于一般事故，应由县级人民政府负责调查，县级安全生产监督管理部门负责对企业落实防范和整改措施进行监督检查。本题中，该起事故发生在甲市乙区，故由乙区负责安全生产监督管理的部门对该事故落实防范和整改措施进行监督检查。

［答案］C

［2019·单选］某住宅楼施工项目生产经理安排施工人员张某等 3 人将钢管、木方等材料从 4 层搬运至该层悬挑钢平台，3 人在平台上对钢管进行绑扎过程中，因堆料超载导致平台倾覆，3 人及材料一同坠落至地面，坠落的钢管砸中 1 名地面作业人员，事故共造成 4 人死亡。关于该事故调查与分析的说法，正确的是（　　）。

A. 张某 3 人违章操作是造成事故的直接原因

B. 事故调查组应由所在地县级人民政府负责组织

C. 项目生产经理应负事故的直接责任

D. 事故调查组应聘请项目建设单位技术总监参与调查

［解析］事故的直接原因是 3 人违章操作，张某等 3 人是事故的直接责任者，项目生产经理是事故的领导责任者，选项 A 正确，选项 C 错误。事故共造成 4 人死亡，属于较大事故，应由市级人民政府负责调查，选项 B 错误。事故调查组的组成不能与事故发生单位有利害关系，选项 D 错误。

［答案］A

［2018·单选］某省 5 月 31 日 9 时发生一起载客电梯由观光层坠落至电梯井底事故，事故造成

多人伤亡。当地省政府 6 月 1 日公布了事故调查组成员并于当日开始展开事故调查工作。为确保事故调查处理技术可靠，事故调查组在成立当天就委托具有相关资质的单位对电梯进行了多项技术鉴定，其中最长一项鉴定的天数为 75 天。在省政府未批准延期的情况下，事故调查组提交事故调查报告的最迟日期是（　　）。

A. 6 月 30 日

B. 10 月 12 日

C. 8 月 14 日

D. 9 月 30 日

[解析] 事故调查的期限是自事故发生之日起 60 日内提交事故调查报告，技术鉴定所需时间不计入该时限，提交事故调查报告的时限可以顺延。该起事故发生在 5 月 31 日，60＋75＝135（日），故 10 月 12 日是提交事故调查报告的最迟日期。

[答案] B

■ 真题精解

点题：本考点是每年必考点，分值一般为 2～4 分，内容少、分值高，是重要拿分点。

分析：事故调查与分析内容如下：

（1）根据《生产安全事故报告和调查处理条例》，事故调查的组织如图 6-5 所示。

$$事故调查的组织\begin{cases}一般事故——县政府或授权有关部门（无人员伤亡，可授权企业自己调查）\\ 较大事故——市政府或授权有关部门\\ 重大事故——省政府或授权有关部门\\ 特别重大事故——国务院或授权有关部门\end{cases}$$

图 6-5　事故调查的组织

需要注意以下几点：

①事故调查是政府的职责，四级事故对应四级政府。

②对于没有造成人员伤亡的一般事故，政府可以授权事故单位自己调查。

③上级人民政府可以调查应该由下级人民政府负责调查的事故。

④事故发生地与事故发生单位不在同一行政区域时，由事故发生地人民政府负责调查，单位所在地人民政府派人参加。

⑤由于事故补报导致的等级变化，可以另行成立事故调查组。例如，1 月 1 日发生一起火灾事故，死亡 2 人，重伤 8 人，属于一般事故，当天由县政府成立事故调查组进行调查，5 天后，1 名重伤者死亡，事故等级变成了较大事故，应由市政府调查，所以市级人民政府可以另行组织事故调查组进行调查。

（2）事故调查组由有关人民政府、应急管理部门、安监相关部门、人民检察院、监察机关、公安机关、工会、专家（必要时可以聘请）组成（"7＋1"）。

人民政府调查并指定组长；由政府委托的，仍由政府指定组长；人民政府授权有关部门调查事故，由政府指定或者授权的部门指定组长。

需要注意以下几点：

①事故调查组的组成是"7＋1"，专家不是必须的成员，可以根据实际情况进行调整。

②调查组的安监相关部门一般包括交通部门、住建部门、市场监管部门、纪委监委、工信局等部门。

③调查组对现场进行调查取证时应不少于 2 人，可以采用"一对一"或"多对一"的取证

形式。

（3）事故调查组的职责：

①查明事故发生的经过。

②查明事故发生的原因。

③查明人员的伤亡情况。

④查明事故的直接经济损失。

⑤认定事故性质和事故责任分析。

⑥对事故责任者提出处理建议。

⑦总结事故教训。

⑧提出防范和整改措施。

⑨提交事故调查报告。

需要注意以下几点：

①事故发生的原因如图6-6所示。

$$事故发生的原因\begin{cases}直接原因：人的不安全行为、物的危险状态、环境因素\\间接原因：管理缺陷\\其他原因\end{cases}$$

图6-6 事故发生的原因

②事故的经济损失如图6-7所示。

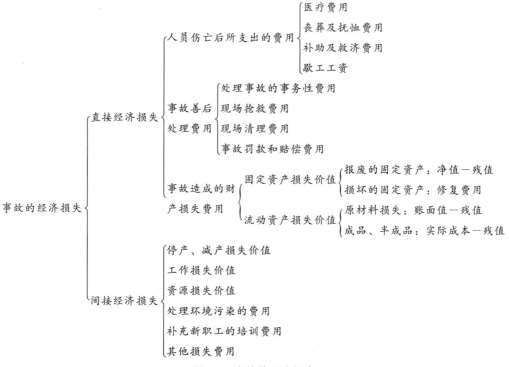

图6-7 事故的经济损失

③事故性质和事故责任的划分如图6-8所示。

- 事故的性质和责任
  - 事故性质
    - 责任事故："人祸"
    - 非责任事故："天灾"
  - 事故责任
    - 直接责任者：与事故发生最直接的人
    - 领导责任者：起领导责任的人
    - 主要责任者：对事故责任更大的人

图 6-8 事故性质和事故责任的划分

例如，安全总监王某违章指挥李某不系安全带进行高处作业，导致李某脚滑坠落死亡。该起事故是一起责任事故，事故的直接责任者是李某，领导责任者是王某，主要责任者也是王某。

④事故调查组对事故责任者提出处理建议，没有实施处罚的权力。

⑤企业在整改过程中要接受职工和工会的监督，接受应急管理部门及相关部门的监督检查。

（4）事故调查的期限及批复时限如图 6-9 所示。

- 事故调查的期限及批复时限
  - 提交时限：
    - 事故发生之日起 60 日内，特殊情况可以延长 60 日
    - 技术鉴定时间不计，顺延
  - 提交单位：负责调查的人民政府
  - 批复时限：
    - 一般事故：县政府，15 天内
    - 较大事故：市政府，15 天内
    - 重大事故：省政府，15 天内
    - 特别重大事故：国务院，30 天内，特殊情况延长 30 天

图 6-9 事故调查的期限及批复时限

拓展：本考点需要注意以下两点：

（1）事故调查报告的提交期限：60＋60＋技术鉴定；事故谁调查谁批复。

（2）事故发生后不仅需要进行现场分析，而且需要进行事故后的深入分析。事故分析方法通常有综合分析法、个别案例技术分析法以及系统安全分析法。

易混提示

本考点需要区分以下两点：

（1）事故的直接经济损失中，事故罚款是对企业的罚款，而不是对企业负责人的罚款。

（2）负责一般事故调查的是县政府，但是一般事故最终上报的部门是市级应急管理部门及相关部门。事故的上报和调查是不一样的，需要区分。

举一反三

[典型例题 1 · 单选] 2022 年 5 月 1 日 10:00，某石油化工企业在 A 省 B 市 C 县的一天然气生产矿井发生井喷，井喷后作业人员应急处置不当，含有大量硫化氢的有毒气体向下风向扩散，造成周围群众 10 人死亡、100 人急性中毒。12:10，该企业负责人接到现场人员的电话，立即奔赴现场展开救援，并于 12:30 向 C 县应急管理部门及相关部门上报。根据《生产安全事故报告和调查处理条例》，下列说法正确的是（　　）。

A. 该起事故由 A 省人民政府负责调查

B. 该企业负责人构成了迟报事故的责任

C. 该起事故最晚于当日 19:10 前上报至国务院

D. 该企业工会可以参加事故调查组负责事故的调查

[解析] 该事故造成 10 人死亡、100 人急性中毒，属于特别重大事故，由国务院负责调查，选项 A 错误。该起事故发生在 10：00，现场有关人员应该立即上报给企业负责人，负责人应该在 11：00 之前上报至县级应急管理部门及相关部门，本题现场人员没有及时上报，负责人 12：10 才接到报告，已经构成了迟报事故的责任，企业对事故的上报不应把自身管理原因当成迟报事故的原因，选项 B 正确。该起事故为特别重大事故，最终上报至国务院，最长时限是 7h，故应最晚在 17：00 前上报，选项 C 错误。事故调查组的成员不包括企业的工会，选项 D 错误。

[答案] B

[典型例题 2·单选] 某天然气厂一作业区二站新更换的分离器液位计玻璃板正常生产中突然爆裂，发生天然气泄漏。站长杨某，值班员王某、赵某按照应急处理方案更换了玻璃板，试压合格后，恢复正常生产。3h 后，分离器液位计玻璃板再一次爆裂，杨某立即组织关井、关站，并控制气源、火源。造成液位计玻璃板爆裂的直接原因是（　　）。

　　A. 王某、赵某操作失误　　　　　　　　B. 杨某违章指挥

　　C. 玻璃板材质存在缺陷　　　　　　　　D. 应急处置不当

[解析] 玻璃板正常生产中突然爆裂，相关人员不但做出了正确处置，而且在短时间内出现同样问题的情况下，又进一步采取了更为安全的措施，整个过程站长杨某指挥正确，值班员王某、赵某操作无误，应急处置得当。液位计玻璃板出现频繁爆裂的原因是其自身质量存在缺陷。

[答案] C

[典型例题 3·单选] 化工厂将污水车间污油罐罐顶安装雷达液位计工作发包给 B 安装公司。施工方案要求拆下罐顶人孔盖板，移至安全地点，开孔、焊接液位计接头后重新安装。施工人员为赶时间，直接在罐顶动火，导致罐内闪爆，罐顶崩开，2 名工人从罐顶摔下，造成 1 死 1 伤。下列关于此事故责任认定的说法中，正确的是（　　）。

　　A. 化工厂安全管理部门负责人存在管理失职，是事故间接责任者

　　B. 施工人员直接在罐顶动火引发事故，是事故直接责任者

　　C. 安装公司现场负责人未进行技术交底，是事故主要责任者

　　D. 化工厂主要负责人安全管理不到位，是事故领导责任者

[解析] 施工人员直接在罐顶动火导致罐内闪爆，是事故直接责任者和主要责任者。题干中没有提及安装公司现场负责人和化工厂主要负责人、部门负责人的相关管理，故选项 A、C、D 与题干不符。

[答案] B

[典型例题 4·单选] 危险化学品生产经营企业 A 位于甲市乙县某化工园区内，主要生产甲醇产品。2021 年 8 月 1 日，该企业一辆载有 20t 甲醇的危险化学品运输车从乙县开往丙市丁县，在刚驶入丁县行政区域 1km 处发生侧翻，导致甲醇泄漏并起火。经当地消防部门应急抢险，未造成人员伤亡，但造成直接经济损失 500 万元。关于该事故调查与分析的说法，不正确的是（　　）。

　　A. 该起事故应由乙县人民政府组织事故调查组进行调查，丁县人民政府派人参加

　　B. 该起事故可以由 A 企业组织事故调查组进行调查

　　C. 该起事故调查组的组长可以由丁县人民政府指定，也可以由该企业指定

　　D. 在不考虑特殊情况下，事故调查组应该最晚在 9 月 29 日前提交调查报告

[解析] 事故发生地与事故发生单位不在同一个县级以上行政区域的，由事故发生地人民政府

负责调查，事故发生单位所在地人民政府应当派人参加，选项 A 错误。未造成人员伤亡的一般事故，县级人民政府也可以委托事故发生单位组织事故调查组进行调查，选项 B 正确。事故调查组组长可以由有关人民政府指定，也可以由授权组织事故调查组的有关部门指定，选项 C 正确。事故调查组应当自事故发生之日起 60 日内提交事故调查报告，特殊情况下，经负责事故调查的人民政府批准，提交事故调查报告的期限可以适当延长，但延长的期限最长不超过 60 日，选项 D 正确。

[答案] A

[典型例题 5·单选] 2021 年 3 月 1 日，某注册在甲县的施工企业，在乙县作业时发生生产安全事故，造成 2 人死亡、1 人受伤，直接经济损失 100 万元。乙县人民政府组织相关部门于 2021 年 3 月 10 日成立了事故调查组，对该起事故进行了调查，事故调查组委托某鉴定机构进行技术鉴定，技术鉴定用时 20 天，则事故调查组最迟应于（　　）提交事故调查报告。

A. 2021 年 6 月 28 日　　　　　　　　　B. 2021 年 7 月 8 日

C. 2021 年 7 月 18 日　　　　　　　　　D. 2021 年 7 月 28 日

[解析] 事故发生日为 3 月 1 日，事故调查一般时长 60 天，从事故发生之日开始算，经县政府批准可最多延长 60 天，即 120 天，技术鉴定时间 20 天不计入事故调查期限，因此，该事故最长调查时间为 140 天，即截至 2021 年 7 月 18 日。

[答案] C

[典型例题 6·单选] 某生产经营企业在进行设备安装过程中发生一起事故，造成 1 人当场死亡、2 人重伤。该起事故发生医疗费用 20 万元、补助和救济费用 17 万元、丧葬及抚恤费用 150 万元、歇工工资 4 万元、清理现场费用 8 万元、停产造成的产量损失 12 万元、污水处理费用 2 万元、流动资产损失 5 万元、补充新员工的培训费用 2 万元、事故罚款 40 万元。根据《企业职工伤亡事故经济损失统计标准》，该起事故造成的直接经济损失是（　　）万元。

A. 244　　　　　　　　　　　　　　　B. 256

C. 258　　　　　　　　　　　　　　　D. 204

[解析] 该起事故造成的直接经济损失＝20＋17＋150＋4＋8＋5＋40＝244（万元）。

[答案] A

环球君点拨

本节内容是整章的重点，考试大纲要求考生应能够根据安全生产相关法律法规和政策规定，运用事故调查技术和方法进行生产安全事故调查取证、原因分析、性质认定，制定事故防范措施。所以，事故调查的组织、事故调查组的组成及职责是必须掌握的内容，每年必考。

第七章　安全生产监管监察

▶考点　安全生产监管监察的方式 [2022、2020、2014]

真题链接

[2022·单选] 甲地安全监管部门在某危险化学品生产企业检查监管时，发现该企业应急物品中的滤毒罐防护类型选择不合理，也没配备符合规范要求的气密型化学防护服，监管部门根据相关规定对企业进行处罚。本次监管的方式属于（　　）。

 A. 事后监督管理的行为监察   B. 事中监督管理的技术监察

 C. 事中监督管理的行为监察   D. 事后监督管理的技术监察

[解析] 安全监管部门对企业滤毒罐、气密型化学防护服的监管属于事中监督管理的技术监察。

[答案] B

[2020·单选] 某企业安全管理人员在组织员工学习应知应会培训课后，针对"安全生产监管监察"的内容进行了讨论。关于安全生产监管体制的说法，错误的是（　　）。

 A. 应急管理部依法对全国安全生产实施综合监督管理

 B. 生态环境部等有关部门对其行业安全生产实行行业监管

 C. 特种设备监察实行国家垂直管理

 D. 煤矿安全监管实行国家监察与地方监管相结合

[解析] 国家对特种设备实行省以下垂直管理，对矿山实行国家垂直管理，选项 C 错误。

[答案] C

[2020·单选] 安全生产监督管理有监督检查、行政许可和行政处罚等多种形式。行政执法人员在执法时，须出示有效的行政执法证件。关于行政执法时出示证件的说法，正确的是（　　）。

 A. 对煤化工企业行政执法时，应出示企业所在地县级人民政府制作的证件

 B. 对煤矿行政执法时，应出示企业所在地省煤矿安全生产监察局制作的证件

 C. 对机械企业行政执法时，应出示企业所在地市级负责安全生产监督管理的部门制作的证件

 D. 对建筑施工企业行政执法时，应出示企业所在地省级住建部门制作的证件

[解析] 安全生产行政执法人员在执行公务时，必须出示国务院有关部门或者县级以上地方人民政府统一制作的有效行政执法证件。

[答案] A

[2014·单选] 我国对从事特种设备的设计、制造、安装、修理、维护保养、改造的单位实施资质许可，并对部分产品出厂实施安全性能监督检验，对在用的特种设备实施定期检验和注册登记。上述要求属于特种设备安全监察方式中的（　　）。

 A. 设备准用和监督检查制度   B. 市场准入和监督检查制度

 C. 市场准入和设备准用制度   D. 行政许可和监督检查制度

[解析] 市场准入制度主要是对从事特种设备的设计、制造、安装、修理、维护保养、改造的

单位实施资质许可，并对部分产品出厂实施安全性能监督检验。对在用的特种设备通过实施定期检验，注册登记，施行准用制度。

[答案] C

真题精解

点题：本章属于非重点内容，每年考查分值在1分左右。

分析：安全生产监管监察内容如下：

（1）执法人员的执法证件的制作：国务院有关部门或县级以上地方人民政府统一制作。

（2）目前我国安全生产监督管理的体制是：

①综合监管与行业监管相结合。应急管理部是国务院主管安全生产综合监督管理的组成部门，依法对全国安全生产实施综合监督管理。交通运输、水利、住房和城乡建设等国务院有关部门分别对交通、水利、建筑等行业和领域的安全生产工作负责监督管理，即行业监管或专业管理。

②国家监察与地方监管相结合。针对某些危险性较高的特殊领域，如煤矿，国家为了加强安全生产监督管理工作，专门建立了国家监察机制。

③政府监督与其他监督相结合。

（3）安全生产监督管理的方式如图7-1所示。

安全生产监督管理的方式
- 事前监督管理：安全生产许可证、危险化学品使用许可证、危险化学品经营许可证、矿长安全资格证、生产经营单位主要负责人安全资格证、安全管理人员安全资格证、特种作业人员操作资格证的审查或考核和颁发，以及对建设项目安全设施和职业病防护设施"三同时"审查
  - （记忆方法：证的审考颁＋"三同时"）
- 事中监督管理（许可证检查）
  - 行为监管：监督检查生产经营单位安全生产的组织管理，对违章操作、违反劳动纪律的不安全行为严肃纠正和处理
  - 技术监管：对新建、扩建、改建项目的"三同时"监察；对单位防护措施与设施完好率、使用率的监察；对个人防护用品的监察；对危险性较大的设备、特殊工种作业的监察
  - （记忆方法：行为监管针对人、管理，技术监管针对物）
- 事后监督管理：事故后的应急救援、调查处理

图7-1 安全生产监督管理的方式

拓展：（1）我国矿山安全监察体制的特点如图7-2所示。

我国矿山安全监察体制的特点
- 实行垂直管理：国家矿山安全监察局、国家矿山安全监察局省级局到设在各地的监察处，实行垂直管理，人、财、物全部归中央管理
- 监察和监管分开：监察—矿山安全监察机构；监管—地方人民政府的有关部门
- 分区监察：矿山安全监察局设在各地的监察处不是以现有行政区域为基础的
- 国家监察

图7-2 我国矿山安全监察体制的特点

（2）我国特种设备安全监察的方式如图7-3所示。

市场准入制度：主要是对从事特种设备的设计、制造、安装、修理、维护保养、改造的单位实施资格许可，并对部分产品出厂实施安全性能监督检验

设备准用制度：对在用的特种设备通过实施定期检验，注册登记，施行准用制度

监督检查制度：监督检查的目的是预防事故的发生，通过检验发现影响产品安全性能的质量问题，用行政执法的手段纠正违法违规行为

我国特种设备安全监察的方式 行政许可制度

图 7-3 我国特种设备安全监察的方式

易混提示

学习本章内容需要区分以下两点：

（1）矿山施行国家垂直管理，特种设备施行省以下垂直管理。

（2）矿山安全监察体制的特点中的"分区监察"，矿山安全监察局设在各地的监察处不是以现有行政区域为基础的，因为我国矿山分布不均，应根据实际情况设立监察处。

举一反三

[**典型例题 1·单选**] 某地下金属矿山企业建立了监测监控系统、井下人员定位系统、紧急避险系统、压风自救系统、供水施救系统和通信联络系统等安全避险"六大系统"。为了保证系统运行的可靠性，当地安全监督管理部门组织专业技术人员对危害性较严重的作业场所和特殊工种作业进行了监督检查，该种监管方式属于（　　）。

A. 事前监督管理　　　　　　　　　　B. 事中技术监察

C. 事中行为监察　　　　　　　　　　D. 事后监督管理

[**解析**] 事中的技术监察是指对"物"的监察，本题安全监督管理部门组织专业技术人员对危害性较严重的作业场所和特殊工种作业进行的监督检查属于事中技术监察。

[答案] B

[**典型例题 2·单选**] 住房和城乡建设部门负责监督管理建筑行业的安全生产工作，应急管理部门指导、协调和监督这些部门的安全生产监督管理工作，这体现了我国安全生产监督管理的（　　）体制。

A. 国家监察与地方监管　　　　　　　B. 综合监管与行业监管

C. 政府监督与其他监督　　　　　　　D. 企业主体责任

[**解析**] 住房和城乡建设部门的监督管理是行业监管，应急管理部门的安全生产监督管理是综合监管，因此体现了综合监管与行业监管的体制。

[答案] B

[**典型例题 3·单选**] 改革煤矿安全监察管理体制，建立独立管理的安全监督机构，是世界产煤国家的通用做法，其他产煤国家无论是实行市场经济体制，还是实行计划经济体制，无论是发达国家，还是发展中国家，都设有独立的国家矿山安全监察机构。下列关于我国矿山安全监察体制特点的说法，正确的是（　　）。

A. 国家矿山安全监察局实行中央垂直管理

B. 国家矿山安全监察局实行监察和管理一体化管理

C. 以现有行政区域为基础设置矿山安全监察处

第七章

D. 国家矿山安全监察局代表矿山行业对矿山安全行使监察职能

[解析] 国家矿山安全监察局不承担矿山安全监管的职责，只实行对矿山安全的监察职责，选项 B 错误。国家矿山安全监察局设立在各地的监察处不是以现有行政区域为基础的，而是根据矿山安全工作的重点，在大中型矿区和矿山比较集中的地区，往往一个矿山安全监察处的监察范围包括多个行政地市和县，选项 C 错误。国家矿山安全监察局代表国家行使对矿山安全的监察职能，选项 D 错误。

[答案] A

[典型例题 4·单选] 某特种设备安全监察处在对特种设备制造企业的检查中，对制造企业的资格许可情况进行了核查，并对部分产品出厂实施安全性能监督检验。该种特种设备安全监察方式属于（　　）。

A. 市场准入制度
B. 设备准用制度
C. 监督监察制度
D. 事故应对和调查处理

[解析] 市场准入制度主要是对从事特种设备的设计、制造、安装、修理、维护保养、改造的单位实施资格许可，并对部分产品出厂实施安全性能监督检验。

[答案] A

■ 环球君点拨

本章为非重点内容，分值低，在备考过程中应合理安排复习时间。考生应将历年考查过的知识点及拓展分析的内容作为主要学习内容，做到有的放矢。

第八章 安全生产统计分析

考点 统计图表及指标计算 [2023、2022、2021、2020、2019、2018、2017]

真题链接

[2022·单选] 某企业按照《企业职工伤亡事故分类》（GB 6441—1986）对本企业发生的自 2011 年至 2021 年的生产安全事故进行事故类型起数和占比统计。根据统计图的一般选用原则，表示不同事故类别的起数和不同事故起数占事故总起数的占比，选用的统计图应为（ ）。

A. 条图和圆图

B. 直方图和散点图

C. 线图和散点图

D. 直方图和圆图

[解析] 条图表示数值大小（不同事故类别的起数），圆图表示百分比大小（不同事故起数占事故总起数的占比），选项 A 正确。

[答案] A

[2022·单选] 某市应急管理局统计该市"十三五"期间事故指标。在"十三五"期间，该市平均从业人员为 50 万人，共发生伤亡事故 120 起，非伤亡事故 40 起，死亡人数共计 180 人。其中有一起瓦斯爆炸事故，死亡 30 人；有一起交通事故，死亡 10 人；有一起火灾事故，死亡 10 人；其余事故均为一般和较大事故，共计死亡 130 人。该市"十三五"期间的事故统计指标计算正确的是（ ）。

A. 重大事故率为 0.012 5

B. 千人死亡率为 0.26

C. 特大事故率为 0.018 75

D. 万人火灾死亡率为 0.2

[解析] 重大事故有交通事故一起、火灾事故一起，故重大事故率＝2/120≈0.016 67，选项 A 错误。千人死亡率＝180/500 000×1 000＝0.36，选项 B 错误。瓦斯爆炸事故为特别重大事故，故特大事故率＝1/120≈0.008 33，选项 C 错误。万人火灾死亡率＝10/500 000×10 000＝0.2，选项 D 正确。

[答案] D

[2021·单选] 常用的事故统计分析方法有综合分析法、统计图表法等。某企业绘制了如下事故类型、事故频数、事故累计数的统计图。该图采用的事故统计分析方法是（ ）。

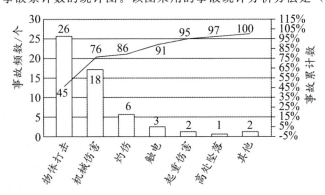

A. 相对指标法

B. 排列图法

C. 统计图表法

D. 分类图法

[解析] 排列图法是将直方图和折线图结合到同一张统计图中。某企业绘制的统计图同时采用了直方图和折线图的表现形式，故该图采用的事故统计分析方法为排列图法。

[答案] B

[2019·单选] 某企业采用相对指标比较法进行事故统计与分析，下列事故指标中，属于相对指标的是（　　）。

A. 直接经济损失　　　　　　　　　　B. 死亡人数

C. 百万工时伤害率　　　　　　　　　D. 损失工作日

[解析] 相对指标是伤亡事故的两个相联系的绝对指标之比，表示事故的比例关系，如千人死亡率、千人重伤率、百万工时伤害率等。

[答案] C

真题精解

点题：本章属于非重点内容，虽然每年必考，但是分值较低，考查分值在 2 分左右。

分析：安全生产统计分析内容如下：

（1）统计图的一般选用原则见表 8-1。

表 8-1　统计图的一般选用原则

资料的性质和分析目的	宜选用的统计图	关键词
比较分类资料各类别数值大小	条图	"数值"
分析事物内部各组成部分所占比重（构成比）	圆图或百分条图	"比重"
描述事物随时间变化趋势或描述两现象相互变化趋势	线图、半对数线图	"两现象、趋势"
描述双变量资料的相互关系的密切程度或相互关系的方向	散点图	"双变量"
描述连续性变量的频数分布	直方图	"频数分布"
描述某现象的数量在地域上的分布	统计地图	"地域"

（2）事故统计指标体系如图 8-1 所示。

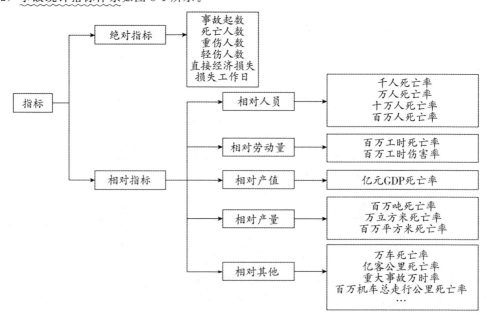

图 8-1　事故统计指标体系

规律：相对指标由于是比值，均带有"率"字。

（3）关键指标计算。

①千人死亡率＝死亡人数/从业人数×1 000。

②千人重伤率＝重伤人数/从业人数×1 000。

③百万工时死亡率＝死亡人数/总工时×10^6。

总工时＝总人数×250 工作日×8h，按照题干数字计算。

④百万工时伤害率＝伤害人数/总工时×10^6。

伤害人数＝死亡人数＋重伤人数＋轻伤人数。

⑤工作损失价值＝损失的天数/总天数×利税。

损失的天数：死亡一人按照损失 6 000 个工作日计算，重伤、轻伤损失的工作日数一般题干会给出。

⑥重大事故率＝重大事故的起数/总事故起数×100％。

⑦万人火灾死亡率＝火灾导致的死亡人数/总人数×10 000。

（4）常用的伤亡事故统计分析方法如图 8-2 所示。

常用的伤亡事故统计分析方法
- 综合分析法：综合分析法是将大量的事故资料进行总结分类，从各种变化的影响中找出事故发生的规律性
- 分组分析法：按事故发生的经济类型、事故发生单位所在行业、事故发生原因、事故类别、事故发生所在地区、事故发生时间和伤害部位等进行分组汇总统计伤亡事故数据
- 算术平均法：利用公式计算平均数值
- 相对指标比较法：利用相对指标比较，在一定程度上说明安全生产情况
- 统计图表法：利用趋势图、柱状图、饼图进行事故统计
- 排列图：排列图也称主次图，是直方图与折线图的结合
- 控制图：又叫管理图，把质量管理控制图中的不良率控制方法引入伤亡事故发生情况的测定中

图 8-2　常用的伤亡事故统计分析方法

拓展：统计资料的类型如图 8-3 所示。

统计资料的类型
- 计量资料：有度量衡单位，可通过测量得到，多为连续性资料，如质量、长度
- 计数资料：没有度量衡单位，通过枚举或记数得到，多为间断性资料
- 等级资料：每一个观察单位没有确切值，各组之间有性质上的差别或程度上的不同，如轻、重、缓、急

图 8-3　统计资料的类型

易混提示

学习本考点需要注意以下两点：

（1）计算指标中的从业人数是指平均人数。例如，某企业上半年平均人数 50 人，下半年平均人数 100 人，要按照全年平均人数（50＋100）/2＝75（人）计算。

（2）计算百万工时伤害率时、计算分母总工时需要注意，在题干没有给出已知条件时，按照每个人每天工作 8h、一年工作 250 个工作日计算。如果题干给出了数字，按照题干已知数字计算。

举一反三

[典型例题 1·单选] 某大型工程建设公司多年来积累了大量的安全生产数据，技术人员拟用统计图方式分析事故与隐患之间的关系，以便作为安全生产管理决策的依据。下列统计图中，适用于描述事故与隐患之间关系变化的是（　　）。

A. 百分条图　　　　　　　　　　　B. 雷达图

C. 散点图　　　　　　　　　　　　D. 直方图

[解析] 散点图适用于描述双变量资料的相互关系的密切程度或相互关系的方向。

[答案] C

[典型例题 2·单选] 某石油天然气生产企业为了更好地安全管理，在对企业近 5 年来发生的安全生产事故进行统计分析后，分管安全的副总经理组织相关人员对安全生产的统计进行交流分析。生产科王某说，统计上所说的误差泛指测量值与真值之差，样本指标与总体指标之差，误差不可避免；安全科刘某说，近 5 年企业发生的导致重伤或死亡的事故为 3 起，根据事故法则推断出轻伤事故的起数，这项统计资料属于计数资料；物资科赵某说，企业所有物资的采购方分布在全国各地，考虑到质量和运输成本，将各个供货商地理位置描绘成地域上的分布，在价格一样的情况下优先考虑近距离运输，这种统计图表属于统计地图；销售科吕某说，原油的产量与销售额之间呈正比关系，但是原油的价格又受到国际油价的影响，国际原油价格直接影响企业的产量，描述二者直接的相关关系可以选用线图。根据统计学原理，以上四人的观点中，说法错误的是（　　）。

A. 王某　　　　B. 刘某　　　　C. 赵某　　　　D. 吕某

[解析] 计数资料没有度量衡单位，通过枚举或记数得来，多为间断性资料。刘某根据海因里希事故法则推断出轻伤事故的起数，有度量衡单位，属于计量资料而不是计数资料。

[答案] B

[典型例题 3·单选] A 和 B 两家建筑公司，A 公司的职工人数是 300 人，B 公司的职工人数是 800 人，A 公司在上一年度的施工作业中造成 4 名职工重伤，B 公司在上一年度的施工作业中造成 2 名职工重伤。A 公司和 B 公司上一年度的千人重伤率分别是（　　）。

A. 13 和 3　　　　　　　　　　　　B. 5 和 8

C. 6 和 7　　　　　　　　　　　　D. 10 和 8

[解析] A 公司上一年度的千人重伤率＝A 公司重伤人数/从业人数×1 000＝4/300×1 000≈13；B 公司上一年度的千人重伤率＝B 公司重伤人数/从业人数×1 000＝2/800×1 000＝2.5≈3。

[答案] A

[典型例题 4·单选] 甲企业设机关部门 4 个，员工 30 人；生产车间 5 个，员工 500 人；辅助车间 1 个，员工 45 人。员工每天工作 8h，全年工作日数为 300 天。2021 年，甲企业发生各类生产安全事故 3 起，2 名员工死亡，4 人重伤，12 人轻伤。甲企业 2021 年百万工时伤害率为（　　）。

A. 12.06　　　　　　　　　　　　B. 12.75

C. 10.67　　　　　　　　　　　　D. 13.04

[解析] 甲企业 2021 年百万工时伤害率＝伤害人数/总工时×10^6＝$\dfrac{2+4+12}{(30+500+45)\times 8\times 300}\times 10^6$≈13.04。

[答案] D

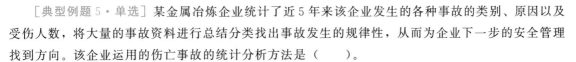

[典型例题 5·单选] 某金属冶炼企业统计了近 5 年来该企业发生的各种事故的类别、原因以及受伤人数，将大量的事故资料进行总结分类找出事故发生的规律性，从而为企业下一步的安全管理找到方向。该企业运用的伤亡事故的统计分析方法是（　　）。

A. 分组统计法　　　　　　　　　　B. 综合分析法

C. 排列图法　　　　　　　　　　　D. 统计图表法

[解析] 综合分析法是将大量的事故资料进行总结分类，从各种变化的影响中找出事故发生的规律性。

[答案] B

[典型例题 6·单选] 某企业上年度发生一起生产安全事故，造成 1 人死亡、5 人重伤、3 人轻伤。该企业上年度利税 8 000 万元、平均职工人数 400 人。上年度法定工作日数按 250 日计算，重伤损失工作日按 260 天计算，轻伤损失工作日按 40 日计算。该企业上年度工作损失价值是（　　）万元。

A. 204　　　　　　　　　　　　　B. 564

C. 594　　　　　　　　　　　　　D. 375

[解析] 该企业上年度工作损失价值＝损失的天数/总天数×利税＝$\dfrac{6\,000+260\times5+40\times3}{400\times250}\times$ 8 000≈594（万元）。

[答案] C

■ 环球君点拨

本章考点在历年真题中的考查主要有两个方向：一是统计图表的运用；二是统计指标的计算。统计指标有很多，备考时应以上述指标计算为主要学习内容，其他内容可根据实际情况合理安排学习时间。

亲爱的读者：

　　如果您对本书有任何 感受、建议、纠错，都可以告诉我们。

我们会精益求精，为您提供更好的产品和服务。

　　祝您顺利通过考试！

扫码参与问卷调查

环球网校注册安全工程师考试研究院